全国职业教育数字化资源共建共享成果
首届全国机械行业职业教育精品教材

3D打印技术概论

主　编　高　帆
副主编　杨海亮　马延庭
参　编　史毓勇　李仲立　仲健维
　　　　王　爽　张建国　虞嘉丞
主　审　袁长有　王浩钢

机械工业出版社

本书是根据教育部数字化资源共建共享联盟于2014年编写的《3D打印技术教学大纲》，同时参考相关职业资格标准编写的。3D打印让人们对未来充满了无穷无尽的想象，用户把所想概念融入产品中进行大胆假设将成为现实。

本书共七章，内容包括3D打印概论、正向三维工程设计、逆向工程设计、3D打印工艺设计及材料分析、制作及后处理、桌面3D打印机的拆装与维修、3D打印相关软件的安装。

本书可作为职业院校数控、机电、模具等专业教材，也可以作为相关专业参考用书或3D打印爱好者的入门教程，还可作为科普类读物。

为便于教学，本书配套网络资源，选择本书作为参考用书的教师和读者可登录 www.zh-cn.ptc.com 和 www.cimatron.com.cn 网站，注册和免费下载相关资源。

图书在版编目（CIP）数据

3D打印技术概论/高帆主编. —北京：机械工业出版社，2015.8（2025.6重印）

ISBN 978-7-111-51209-7

Ⅰ.①3… Ⅱ.①高… Ⅲ.①立体印刷-印刷术 Ⅳ.①TS853

中国版本图书馆CIP数据核字（2015）第195648号

机械工业出版社（北京市百万庄大街22号 邮政编码100037）
策划编辑：齐志刚 责任编辑：齐志刚 叶蕾薇
责任校对：李 盼 封面设计：马精明
责任印制：常天培
河北虎彩印刷有限公司印刷
2025年6月第1版第10次印刷
184mm×260mm · 11.5印张 · 282千字
标准书号：ISBN 978-7-111-51209-7
定价：45.00元

电话服务 网络服务
客服电话：010-88361066 机 工 官 网：www.cmpbook.com
010-88379833 机 工 官 博：weibo.com/cmp1952
010-68326294 金 书 网：www.golden-book.com
封面无防伪标均为盗版 机工教育服务网：www.cmpedu.com

前　言

本书是为贯彻《国务院关于大力推进职业教育改革与发展的决定》，落实数字化资源共建共享计划，推进职业教育信息化建设和教学改革，全面提高教学质量，解决职业教育教学在3D打印技术方向无合适教材使用的现状，根据教育部共建共享联盟于2014年编写的《3D打印技术教学大纲》，同时参考相关职业资格标准编写的。

本书主要介绍3D打印技术，重点强调培养学生的思维创造和设计能力，并培养学生将设想变为产品的动手能力。本书编写过程中力求体现简单易学的特色，并注重新技术的普及与推广。本书编写模式新颖，采用团队通力协作、校企深度合作的模式完成。

本书在教学上有以下几点建议：①教学模式采用理实一体化教学；②课程安排在二年级下学期更为合适；③学时可安排在60学时左右。

全书共七章，由安阳市中等职业技术学校高帆主编，编写人员及具体分工如下：蚌埠市高级技工学校史毓勇编写第一章，佳木斯职业学院马延庭编写第二章第一、二节及第五章第一节，王爽编写第二章第三、四节，佳木斯技师学院仲健维编写第二章第五、六节，安阳市中等职业技术学校杨海亮编写第三章第一节及第四章第一、二节，李仲立编写第三章第二节，高帆编写第五章第二节和第六章、第七章，嘉兴技师学院虞嘉丞编写第四章第三、四节，张建国编写第四章第五、六节。全书由袁长有、王浩钢主审。

在编写过程中，编者参阅了国内外出版的有关书籍和资料，得到了上海福斐科技发展有限公司和郑州叁迪科技有限公司的技术支持，在此一并表示衷心的感谢！

由于编者水平有限，书中不妥之处在所难免，恳请读者批评指正。

编　者

目 录

第一章　3D 打印概论

第一节　3D 打印的历史

3D 打印机出现在 20 世纪 90 年代中期，实际上是利用光固化和纸层叠等技术的快速成型装置。它与普通打印机的工作原理基本相同，打印机内装有液体或粉末等“打印材料”，与计算机连接后，通过计算机控制把“打印材料”一层层叠加起来，最终把计算机上的蓝图变成实物。这种打印技术称为 3D 立体打印技术。

一、3D 打印简史

1984 年，Charles Hull 发明了将数字资源打印成三维立体模型的技术。1986 年，Chuck Hull 发明了立体光刻工艺，利用紫外线照射将树脂凝固成型，以此来制造物体，并获得了专利。随后他成立一家名为 3D Systems 的公司，专注发展 3D 打印技术。1988 年，3D Systems 开始生产第一台 3D 打印机 SLA-250，体型非常庞大。

1988 年，Scott Crump 发明了另外一种 3D 打印技术——热熔解积压成型（FDM），利用蜡、ABS 树脂、聚碳酸酯（PC）、尼龙等热塑性材料来制作物体，随后也成立了一家名为 Stratasys 的公司。

1989 年，C. R. Dechard 博士发明了选区激光烧结技术（SLS），利用高强度激光将尼龙、蜡、ABS 树脂、金属和陶瓷等材料的粉末烧结，直至成型。

1993 年，麻省理工学院教授 Emanual Sachs 创造了三维打印（3DP）技术，将金属、陶瓷的粉末通过黏结剂粘在一起成型。1995 年，麻省理工学院的毕业生 Jim Bredt 和 Tim Anderson 修改了喷墨打印机方案，变为把约束溶剂挤压到粉末床，而不是把墨水挤压在纸张上，随后创立了现代的三维打印企业 Z Corporation。

1996 年，3D Systems、Stratasys、Z Corporation 分别推出了型号为 Actua 2100、Genisys、Z402 的三款 3D 打印机产品，第一次使用了“3D 打印机”的称谓。

2005 年，Z Corporation 推出了世界上第一台高精度彩色 3D 打印机 SpeCTRum 2510。同一年，英国巴斯大学的 Adrian Bowyer 发起了开发 3D 打印机项目 RepRap，目标是通过 3D 打印机本身，能够制造出另一台 3D 打印机。2008 年，第一个基于 RepRap 的 3D 打印机发布，代号为 Darwin，它能够打印自身 50% 的元件，体积仅一个箱子大小。

2010 年 11 月，第一台用巨型 3D 打印机打印出整个身躯的轿车出现，它的所有外部组件都由 3D 打印制作完成，包括用 Dimension 3D 打印机和由 Stratasys 公司数字生产服务项目 RedEye on Demand 提供的 Fortus 3D 成型系统制作完成的玻璃面板。

2011 年 8 月，世界上第一架 3D 打印飞机由英国南安普顿大学的工程师创建完成。同年 9 月，维也纳科技大学开发了更小、更轻、更便宜的 3D 打印机，这个超小 3D 打印机重 1.5kg，报价约 1200 欧元。

2012 年 3 月，维也纳大学的研究人员宣布利用二光子平版印刷技术突破了 3D 打印的最小极限，展示了一辆长度不到0.3mm的赛车模型。同年7月，比利时International University College Leuven的一个研究组测试了一辆几乎完全由3D打印的小型赛车，其车速达到了140km/h。同年12月，美国分布式防御组织成功测试了3D打印的枪支弹夹，如图1-1所示。

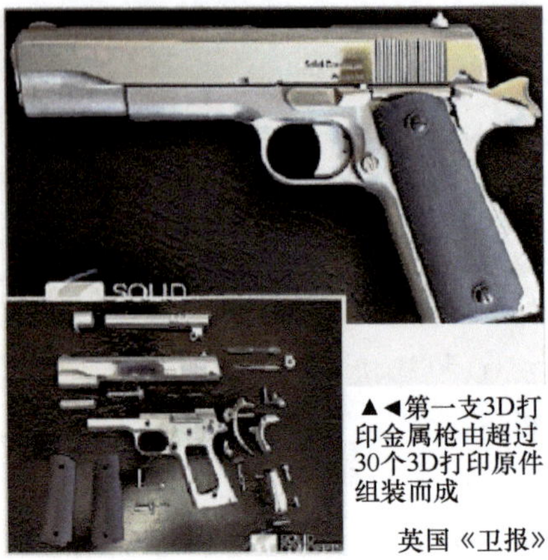

▲◀第一支3D打印金属枪由超过30个3D打印原件组装而成

英国《卫报》

图 1-1

二、我国3D打印发展简史

1990年，华中科技大学王运赣教授在美国参观访问时接触了刚问世不久的快速成型机。最初，王运赣教授想从最早出现的基于光敏树脂原料的光固化立体成型技术做起。然而，液态光敏树脂材料的价格太高，华中科技大学转攻以纸为原料的分层实体制造技术（LOM）。1991年，华中科技大学在时任校长、已故著名机械制造专家黄树槐的主持下，成立快速制造中心，研发基于纸材料的快速成型设备。1994年，华中科技大学快速制造中心研制出国内第一台基于薄材纸的LOM样机，1995年参加北京机床博览会时引起轰动。LOM技术制作冲模，约比传统方法节约1/2成本，生产周期也大大缩短。

1992年，西安交通大学卢秉恒教授（国内3D打印业的先驱人物之一）赴美做高级访问学者，发现了快速成型技术在汽车制造业中的应用，回国后随即转向研究这一领域，1994年成立先进制造技术研究所。1995年9月18日，卢秉恒教授（现为中科院院士）的样机在国家科委论证会上获得了很高的评价，并争取到了“九五”国家重点科技攻关项目250万元的资助。1997年，卢秉恒团队卖出了国内第一台光固化快速成型机。

我国的3D打印起步并不晚，像彦永年、王华明、王运赣、史玉升、卢秉恒等教授都是早期就加入研究的先驱。总体而言，我国在核心技术方面有先进的一面，但在产业化方面的发展还稍显滞后。

经过20多年的发展，这个产业以美国、以色列、德国领跑全球，中国紧随其后。

第二节　3D打印技术的发展状况

一、3D打印：第三次工业革命

2012年3月19日，美国总统奥巴马在卡内基梅隆大学宣布创立美国“制造创新国家网络”计划，由政府主导、联邦政府和工业部门共同斥资10亿美元，逐步建立15个“制造创新中心”，组成创新网络。

2012年4月21日，英国《经济学人》刊文《第三次工业革命》，认为3D打印技术将与其他数字化生产模式一起，推动第三次工业革命的实现。

2012年8月16日，美国“国家增材制造创新中心”作为其首个“样板示范”创新中心剪彩成立。作为新技术研究、开发、示范、转移和推广的基础平台，它号称要成为增材制造技术全球卓越中心，并提升美国制造全球竞争力。

3D打印机的出现是对生产方式的一个革新，使设计师与产品之间建立了直接联系。它一方面保证了设计者的想法和创意能够原汁原味地体现出来，另一方面可以大大降低制作成本（图 1-2）。而随着科技的不断进步，3D 打印机用于大规模制造变为可能。

图 1-2

二、3D 打印发展现状

1. 3D 打印规模化发展

3D 打印规模化发展尚需 8 ~ 10 年。3D 打印机的用途很广，但是目前还处于概念设计阶段。3D 打印技术的产业化主要体现在先进材料的突破、生产成本的降低、工艺的完善及应用规模的扩大。Wohlers 公司发布的报告称，2011 年，全球 3D 打印市场规模为 17.1 亿美元，年增长率达 29.4%，并将保持两位数的增长势头；2015 年，快速成型制造业的产品销售额与服务将达到 27 亿美元；2019 年，将会增长到 65 亿美元。3D 打印产业发展快速，预计通过 8 ~ 10 年时间将实现规模化发展。虽然我国的 3D 打印技术已经取得了长足的进步，但主要还停留在设计和样机开发阶段，尚未实现规模化生产。2012 年，世界增材制造的总产值大概是 11 亿美元，而我国是两亿元人民币左右。我国在 3D 打印研究方面比较领先，主要研究力量集中在武汉、深圳、北京、西安等城市。2013 年，中国首个 3D 打印工业园落户武汉东湖高新区。2015 年，我国可以初步实现产业化，预计到 2020 年实现产业化。

2. 3D 打印个人消费

3D 打印个人消费将成为亮点。3D 打印技术会像计算机和网络一样进入普通家庭，价格越来越便宜，性能却越来越卓越，将融入甚至改变人们的生活。

经过 20 多年的探索和发展，3D 打印技术有了长足的进步，目前已经能够在 0.01mm 的单层厚度上实现 600dpi 的精细分辨率。目前国际上较先进的产品可以实现 25mm/h 的垂直速率，并可实现 24 位色彩的彩色打印。

我国有 40 多家 3D 打印企业，如北京隆源、深圳普力得科技、武汉滨湖机电、长沙华曙高科、南京紫金立德、宝岩自动化、西安铂力特等，能拿出产品的有近 10 家，其中产量过百台的仅 4 家，而拥有核心技术的就更少了。我国的 3D 打印产业，整体面临核心环节对外依赖、耗材技术滞后等重大制约问题。在硬件方面，自动化控制系统与国外相比还有较大的差距，运行稳定性有待提高；在软件方面与国外也有很大差距。3D 打印的核心在软件。软件之于 3D 打印机，好比大脑之于人。缺了软件，设计师灵感再多，也变不成模型，打不出实物。作为 3D 打印支撑技术的软件系统，现为美国、以色列几家大公司控制，国内近乎空白。在市场方面，3D 打印的需求九成在欧美，全球行业集中度极高，欧美两家龙头企业已占七成份额。过度依赖外需、内需启动缓慢，使国产 3D 打印产业的生存现状不容乐观。从核心技术、应用材料到市场渠道，我国 3D 产业链与国外的差距还很大。

从理论上来讲，能够设计或想象出来的东西，全部能打印出来。相信在未来，3D 打印确实能改变几乎整个制造业。但现在，3D 打印技术及其产业还很不成熟，仍然处于“拓荒阶段”，替代不了传统制造业。目前，3D 打印技术具有制造物体周期短，适应单件个性化需求，在大型薄壁件、蜂窝状复杂结构部件、钛合金等难加工、易热成型零件制造方面具有较大优势。但这也只是对传统工艺的补充，是“锦上添花”的技术。现在 3D 打印技术存在着制造成本高、制造效率低、制造精度尚不能令人满意、工艺与装备研发不充分、尚未进入大规模工业应用等方面的问题。因此，不能把 3D 打印万能化。现今的 3D 打印技术还不能打印超过 1000 个零部件的物体，打印材料昂贵而且有限，打印尺寸也受限制，打印出的东西在机械强度、电气属性等方面暂时都无法与传统制造业相抗衡。现今，3D 打印技术只有跟传统制造业的改造与提升相结合，才有更大的生存空间。

第三节 3D 打印技术的分类

3D 打印技术实际上是一系列快速原型成型技术的总称，其基本原理都是叠层制造，由疾速原型机在 X—Y 平面内经过扫描的办法构成工件的截面形状，而 Z 坐标连续地做层面厚度的位移，最终构成三维制件。

3D 打印机可以从很多方面进行分类，如成型技术、应用领域、打印尺寸精度和打印材料等。

一、按照成型技术分类

当前市场上的疾速成型技术分为 3DP 技术、熔融层积成型技术、立体平版（SLA）印刷技术、选区激光烧结技术、激光（DLP）成型技术和紫外线（UV）成型技术等。

1. 3DP 技术

选用 3DP 技术的 3D 打印机运用规范喷墨打印技术，将液态连接体铺放在粉末薄层上，以打印横截面数据的办法逐层创立各部件，创建三维实体模型。选用这种技术打印成型的样品模型与实际产物具有相同的颜色，还能够将五颜六色的剖析成果直接描绘在模型上，模型样品传递的信息较多。

2. 熔融层积成型技术

熔融层积成型技术是将丝状的热熔性材料加热融化，同时三维喷头在计算机的操控下，依据截面概括信息，将材料挑选性地涂敷在作业台上，疾速冷却后形成一层截面。一层成型完成后，机器作业台降低一个高度（即分层厚度）再成型下一层，直至形成整个实体外形，如图 1-3 所示。其成型材料品种多，成型件强度和精度较高，首要适用于成型小塑料件。

图 1-3

3. 立体平版印刷技术

立体平版印刷技术以光敏树脂为原料，经过计算机操控激光，按零件的各分层截面信息在液态的光敏树脂外表进行逐点扫描，被扫描区域的树脂薄层发生光聚合反应而固化，构成零件的一个薄层。一层固化完成后，作业台下移一层厚的间隔，然后在原先固化好的树脂外表上再敷一层新的液态树脂，直至得到三维实体模型。该办法成型速度快，自动化程度高，可成型任意杂乱形状，尺寸精度高，首要应用于杂乱和高精度的精密工件快速成型。

4. 选区激光烧结技术

选区激光烧结技术采用红外激光器作为能源，使用的造型材料多为粉末材料。加工时，首先将粉末预热到稍低于其熔点的温度，然后在刮平棍子的作用下将粉末铺平；激光束在计算机的控制下根据分层截面信息进行有选择的烧结，一层完成后再进行下一层烧结，全部烧结完后去掉多余的粉末，就可以得到一个烧结好的零件。目前成熟的工艺材料为蜡粉及塑料粉，用金属粉或陶瓷粉进行烧结的工艺还在研究之中。该办法制造工艺简单，材料可选范围广，成本较低，成型速度快，首要应用于铸造业直接制造快速成型模具。

5. 激光成型技术

激光成型技术和立体平版印刷技术相似，不过它是运用高分辨率的数字光处理器投影仪来固化液态光聚合物，逐层进行光固化的。因为每层固化时经过幻灯片似的片状固化，因而其速度比同类型的立体平版印刷技术速度更快。该技术成型精度高，在材料特点、细节和表面质量方面可媲美注射成型的耐用塑料部件。

6. 紫外线成型技术

紫外线成型技术和立体平版印刷技术相似，不一样的是它使用紫外线照射液态光敏树脂，一层一层地由下而上堆栈成型，成型的过程中不产生噪声，在同类技术中成型的精度最高，一般应用于精度需求高的珠宝和手机外壳等。

二、按照打印材料分类（表 1-1）

表 1-1

序号	加工方式	主要加工对象	加工方式简介
01	激光烧结成型	热塑性塑料、金属粉末、陶瓷粉末	利用激光照射材料，使材料熔融后烧结成型
02	熔融沉积成型	热塑性塑料、金属、蜡、可食用材料	将热熔性材料加热融化，通过喷头挤出，而后固化成型
03	分层实体制造	纸、金属膜、塑料薄膜	将一层层被加工材料相互黏结，然后切割成型
04	粉末黏结成型	陶瓷粉末、金属粉末、塑料粉末、石膏粉末	铺设粉末，然后喷射黏结剂，让材料粉末黏结成型
05	电子束熔化成型	金属	利用电子束轰击材料，使材料熔融后烧结成型
06	光固化成型	光敏树脂	通过紫外光或者其他光源照射凝固成型，逐层固化

三、按照应用领域分类

3D 打印机按照应用领域一般分为 4 类：桌面型 3D 打印机、多色桌面级 3D 打印机、工业级 3D 打印机和多色工业级 3D 打印机。工业级 3D 打印机（图 1-4）的精度虽然可以达到几微米，但成本高达几十万元甚至上百万元，一般的家庭很难接受，相比来说，桌面级 3D 打印机比较亲民，几千到几万元就可以购买。

图 1-4

第四节　3D 打印技术未来的发展

3D 打印（3D Printing）技术作为快速成型领域的一种新兴技术，目前正成为迅猛发展的潮流。近一段时间，3D 打印技术吸引了国内外新闻媒体和社会公众的热切关注。英国《经济学人》杂志封面的文章对 3D 打印技术的发展做了介绍并进行了展望，文章认为：3D 打印技术未来的发展将使大规模的个性化生产成为可能，这将会带来全球制造业经济的重大变革。很多新闻媒体人乐观地认为 3D 打印产业将成为下一个具有广阔前景的朝阳产业。图 1-5 中为 3D 打印的建筑。

图 1-5

一、3D 打印产业的未来发展前景

《Wohlers Report 2014》介绍了 3D 打印的所有方面，包括其历史、应用、进程、制造商。该报告还涵盖了政府、学术界和产业界等在研究与开发、投资、协作活动等方面的发展，并对该产业在世界上的情况进行了总结。

3D 打印技术要进一步扩展其产业应用空间，目前仍面临着多方面的瓶颈和挑战。

1. 成本

现有 3D 打印机的造价仍普遍较为昂贵，给其进一步普及应用带来了困难。

2. 打印材料

目前 3D 打印的成型材料多采用化学聚合物，选择的局限性较大，成型品的物理特性较差，而且安全方面也存在一定隐患。

3. 精度、速度和效率

目前 3D 打印成品的精度还不尽如人意，打印效率还远不适应大规模生产的需求，而且受打印机工作原理的限制，打印精度与速度之间存在严重冲突。

4. 产业环境

3D 打印技术的普及将使产品更容易被复制和扩散，制造业面对的盗版风险将大增，现有知识产权保护机制难以适应产业未来发展的需求。

Gartner 公司 2011 年发布的最新技术发展展望报告判断：3D 打印技术目前正在进入概念炒作的高峰阶段，其技术还有待充分成熟，主流市场也有待进一步培育。Gartner 公司研究人员认为，3D 打印技术成熟到适应市场需求还需要 5 ~ 10 年的时间。在这一较为漫长的发展过程中，产业可能会面临增长期望落空、技术遭遇瓶颈以及投资撤离等风险。

总之，从中长期来看，3D 打印产业具有较为广阔的发展前景，但目前产业到成熟阶段尚有较大距离，对于 3D 打印市场规模的短期发展不宜过分高估。因此，现阶段产业界对 3D 打印领域的投入应以加强创新研发、技术引进和储备为主，尤其要重视自主知识产权的建设和维护，争取在未来的市场竞争中占据有利地位（图 1-6）。如受到概念炒作影响，在技术尚未充分完善的现阶段大规模投入产能进行扩张，则投资回报将面临较大的风险。

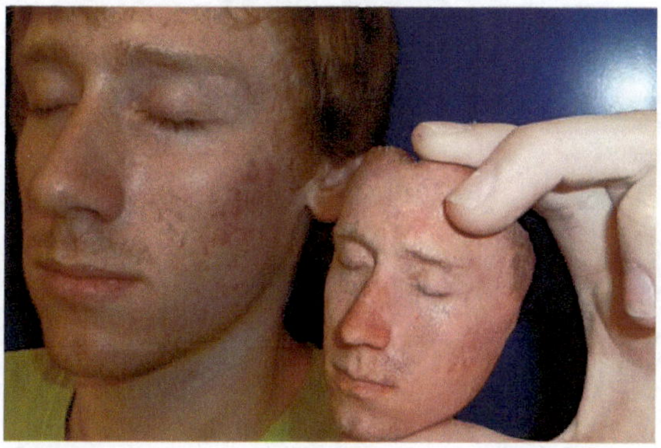

图 1-6

二、3D 打印技术未来发展的主要趋势

随着智能制造的进一步发展成熟，新的信息技术、控制技术、材料技术等不断被广泛应用到制造领域，3D 打印技术也将被推向更高的层面。未来，3D 打印技术的发展将体现出精密化、智能化、通用化以及便捷化等趋势，主要如下：

提升 3D 打印的速度、效率和精度，开拓并行打印、连续打印、大件打印和多材料打印的工艺方法，提高成品的表面质量和物理性能，以实现直接面向产品的制造；开发更为多样的 3D 打印材料，如智能材料、功能梯度材料、纳米材料、非均质材料和复合材料等，特别是金属材料直接成型技术有可能成为今后研究与应用的又一个热点；3D 打印机的体积小型化、桌面化，成本更低廉，操作更简便，更加适应分布化生产、设计与制造一体化的需求以及家庭日常应用的需求；软件集成化，实现计算机辅助设计/计算机辅助工艺过程设计/快速成型技术（CAD/CAPP/RP）的一体化，使设计软件和生产控制软件能够无缝对接，实现设计者直接联网控制的远程在线制造；拓展 3D 打印技术在生物医学、建筑、车辆、服装等更多行业领域的创造性应用。

第五节 3D 打印技术的应用市场

一、应用领域

1. 功能应用

通过与数控加工、铸造、金属冷喷绘、硅胶模等制造手段相结合，3D 打印技术在模具、模型和零件制造方面已经成为重要手段。其功能应用分类如图 1-7 所示。

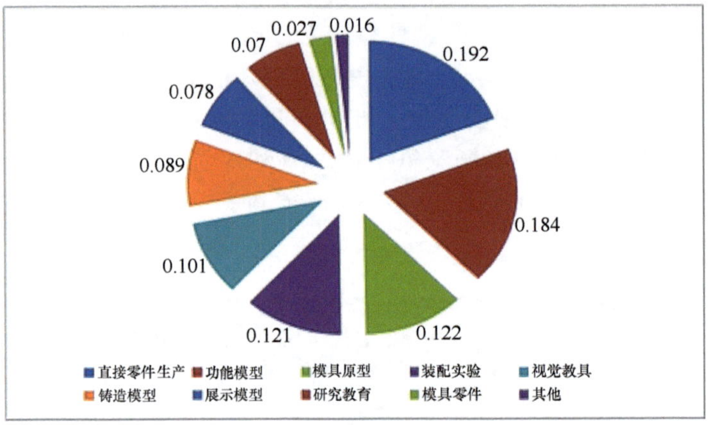

图 1-7

2. 具体行业

3D 打印技术在消费电子产品、航天航空、交通运输、生物医学等领域得到了广泛的应用。从趋势上来看，在航空器和口腔医学领域的增速较快。其市场应用分类如图 1-8 所示。

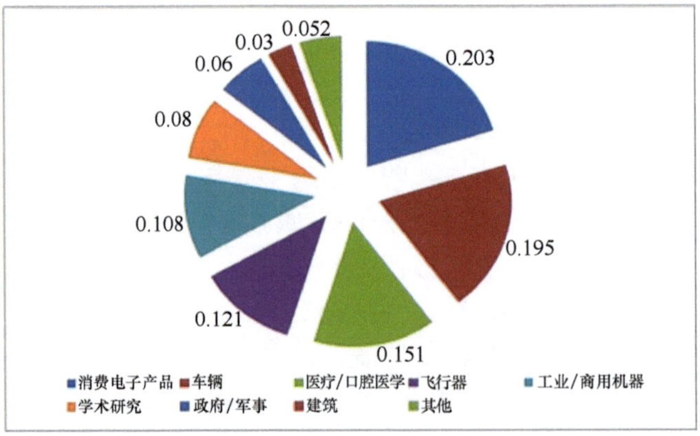

图 1-8

二、行业增速

1）工业级打印机的销售自 1988 年刚发明时的 34 台，已发展至 2012 年 7771 台的规模，24 年间年均复合增速达 25.4%，产值达 6.2 亿美元，目前保持稳步增长的态势。

2）美国是 3D 打印设备的主要保有区域，2010 年美国保有量占比 38.3%，中国占比 8.6%。

3D 打印全球服务和设备市场规模如图 1-9 所示。

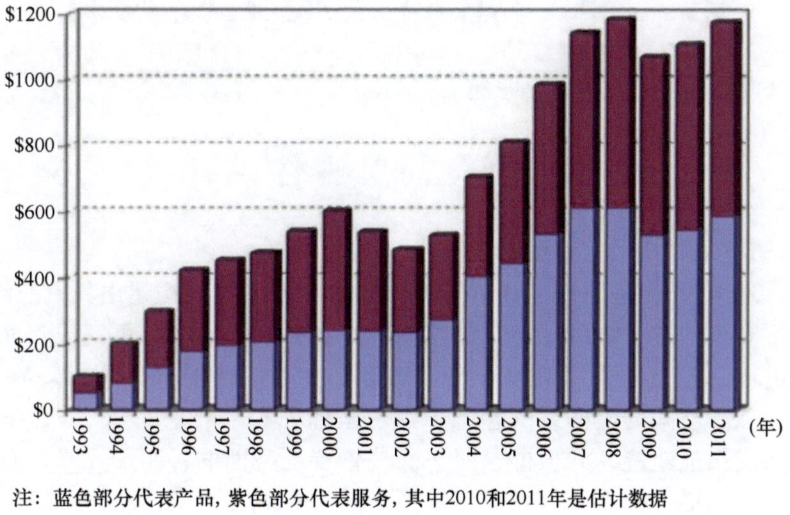

图　1-9

3D 打印未来市场展望如图 1-10 所示。

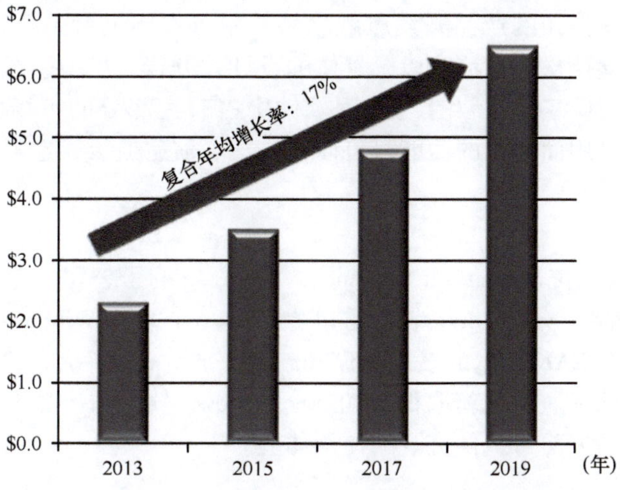

图　1-10

第二章　正向三维工程设计

第一节　简单零件设计

一、3D 建模技术简介

通俗来讲，3D 建模就是通过三维制作软件在虚拟三维空间构建出具有三维数据的模型。三维建模设计不同于二维绘图设计。二维绘图设计在一个平面上即可完成，而三维建模设计在三维空间中进行，建立的模型具有长度、高度和宽度三个方向的尺寸。在三维建模设计中，首先建立在工作空间的坐标系（包括原点、坐标轴和基准平面），然后在草绘平面绘制模型的特征截面或扫描轨迹，并根据参照平面放置特征截面的各图形元素，对二维特征截面进行拉伸、旋转和扫描等操作，可生成三维模型的基础特征。特征是构成三维模型的基础，各种各样的三维模型就是由不同的特征按照一定的设计要求进行组合所形成的集合体。

下面介绍机械类常用 3D 建模软件。

1. CATIA

CATIA 是法国达索公司的产品开发旗舰软件。它可以帮助制造厂商设计他们未来产品的整套解决方案，并支持从项目前阶段、具体的设计、分析、模拟、组装到维护在内的全部工业设计流程。目前，CATIA 在设计与工程软件中占有大部分的市场份额。CATIA 的界面赏心悦目，并且拥有易用而强大的功能，可以为汽车、航空航天、造船等行业提供强大的功能支持。

2. SolidWorks

SolidWorks 为达索系统（Dassault Systemes，S. A）下的子公司，专门负责研发与销售机械设计软件的视窗产品。SolidWorks 软件是世界上第一个基于 Windows 开发的三维 CAD 系统，由于技术创新符合 CAD 技术的发展潮流和趋势，成为 3D 解决方案的全球领导者，帮助数百万的工程师和设计师通过创新取得成功。SolidWorks 软件在产品设计、仿真、发布、数据管理和环境影响评估方面可提供直观的使用体验。

3. UG

UG（Unigraphics NX）是 Siemens PLM Software 公司出品的一个产品工程解决方案，它为用户的产品设计及加工过程提供了数字化造型和验证手段。UG 针对用户的虚拟产品设计和工艺设计的需求，提供了经过实践验证的解决方案。它功能强大，可以轻松实现各种复杂实体及造型的构建。UG 在诞生之初主要基于工作站，但随着 PC 硬件的发展和个人用户的迅速增长，其在 PC 上的应用取得了迅猛的增长，已经成为模具行业三维设计的一个主流应用。

4. Creo Parametric

Creo Parametric 是美国 PTC 公司于 2010 年 10 月推出的 CAD 软件包。Creo Parametric 是整合了 PTC 公司三个软件（Pro/Engineer 的参数化技术、CoCreate 的直接建模技术和 ProductView 的三维可视化技术）的新型 CAD 软件包，针对不同的任务将采用更为简单化的子应用方式，所有子应用采用统一的文件格式。Creo Parametric 的前身是 Pro/Engineer 软件，Pro/Engineer 是参数化技术的最早应用者，在目前的三维造型软件领域中占有重要地位，作为当今世界机械 CAD/CAE（计算机辅助工程）/CAM（计算机辅助制造）领域的新标准而得到业界的认可和推广，是现今主流的 CAD/CAM/CAE 软件之一，特别是在国内产品设计领域占据重要位置。

5. Cimatron CAD/CAM

Cimatron CAD/CAM 系统是以色列 Cimatron 公司的 CAD/CAM/PDM（产品数据管理）产品，是较早在微机平台上实现三维 CAD/CAM 全功能的系统。该系统提供了比较灵活的用户界面，优良的三维造型和工程绘图，全面的数控加工，各种通用、专用数据接口以及集成化的产品数据管理。Cimatron CAD/CAM 系统自从 20 世纪 80 年代进入市场以来，在国际上的模具制造业备受欢迎。近年来，Cimatron 公司为了在设计制造领域发展，着力增加了许多适合设计的功能模块，每年都有新版本推出，市场销售份额增长很快。

二、拉伸和旋转

以下所有操作均在 Creo 环境中运行。

1. 拉伸

通过将 2D 草绘截面沿与草绘平面垂直的方向平移一定距离而生成的 3D 几何称为拉伸几何或拉伸。拉伸可以添加或移除材料，最终生成的拉伸几何可以是实体或曲面，如图 2-1 所示。按住 <Ctrl> 键可以同时选择多个草绘区域以用于拉伸。

图 2-1

【操作步骤】

1）创建或打开至少具有一个草绘截面的零件。

2）单击“拉伸”按钮。

3）选择具有草绘线和实体边的封闭草绘区域，出现“选项”工具栏和线性拖动器，系统将自动创建拉伸实体。

4）拖拉线性拖动器来调整拉伸的深度和方向，或者双击深度值并输入新值。

拉伸参数如图 2-2 所示。

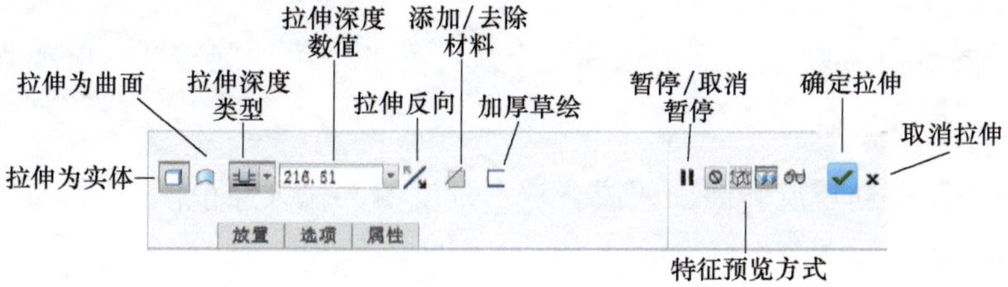

图 2-2

——创建实体拉伸。

——创建曲面拉伸。

——自草绘平面以指定深度值拉伸截面。

下拉列表框——设置“侧 1”的深度值。

——在各个方向上，以指定深度值的一半拉伸草绘平面每一侧的截面。

——将截面从放置参考拉伸至其到达的第一个曲面。此选项在“装配”模式下不可用。

——将截面从放置参考拉伸至其到达的最后一个曲面。

——将截面拉伸，使其与选定曲面相交。此选项在“装配”模式下不可用。

——将截面拉伸至一个选定点、曲线、平面或曲面。

——将拉伸深度方向反向至草绘的另一侧；反向移除功能，从草绘的相对侧移除材料；将加厚方向切换到草绘的一侧、另一侧或两侧。

——沿拉伸移除材料，以便为实体特征创建切口或为曲面特征创建面组修剪。

——为草绘添加厚度以创建薄实体、薄实体切口或进行薄曲面修剪。激活“加厚”按钮后，弹出可用于设置厚度值的下拉列表框。

2. *旋转*

通过绕中心线旋转草绘的截面来创建特征。旋转几何可以是实体，也可以是曲面，如图 2-3所示。旋转可以添加或移除材料。

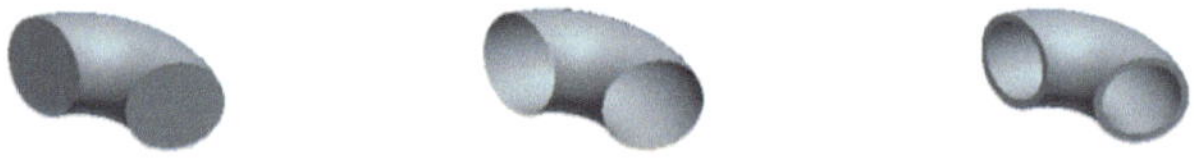

旋转为实体　　旋转为曲面　　旋转为薄板

图 2-3

【操作步骤】

1）创建或打开带有线性图元的草绘。

2）单击“旋转”（Revolve）按钮。

3）选择要进行旋转的草绘截面，出现“选项”工具栏。

4）单击按钮并在草绘平面上选择一个线性参考来用作旋转轴，出现角度拖动器。

5）单击或按钮。

6）旋转拖动器以创建旋转曲面，或者双击角度值并输入新值。

三、扫描和抽壳

1. *扫描*

将二维截面沿着指定的轨迹线扫描生成三维实体特征。使用扫描建立增料或减料特征时，首先要有一条轨迹线，如图 2-4 所示，然后再建立沿轨迹线扫描的特征截面。

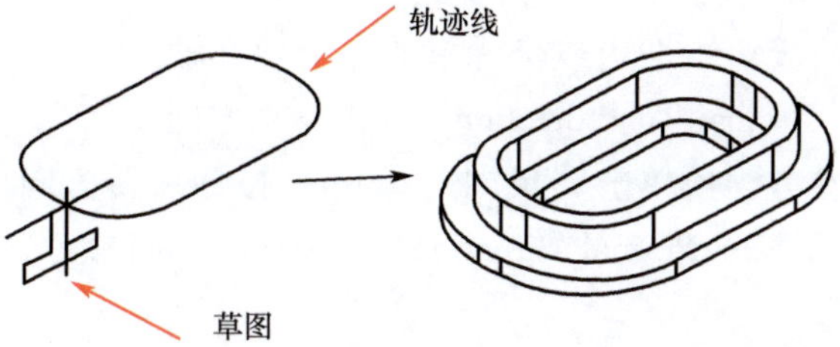

图　2-4

【操作步骤】

1）在“模型”（Model）选项卡中单击“扫描”（Sweep）按钮，“扫描”选项卡随即打开。

2）选择一条或多条轨迹，切换至“参考”（References）选项卡，单击“轨迹”（Trajectories）收集器，然后选择现有曲线链或边链。

注意：

① 按住 <Ctrl> 键以选择多个轨迹，按住 <Shift> 键以选择形成链的多个图元。如果需要，请单击“细节”（Details）选项打开“链”（Chain）对话框来选择轨迹段。

② 选择的第一个链随即变成原始轨迹，一个箭头出现在原始轨迹上，从轨迹的起点指向扫描将要跟随的路径。单击该箭头，将轨迹的起点更改到轨迹的另一个端点。

③ 移除轨迹时，用鼠标右键单击并选择“移除”（Remove）选项。这对除原点轨迹外的所有轨迹均有效。如要移除 X 轨迹或法向轨迹，需先清除 X 或 N 复选框以移除属性，然后移除轨迹。不能替换或移除存在相切参考的轨迹。

3）更改截面类型时，在“扫描”选项卡上单击按钮创建大小和形状保持不变的截面，或单击按钮创建大小和形状可以变化的截面。

注意：除非指定了截面类型，否则开始选择轨迹时，系统会自动设置截面类型。如果选择了一条轨迹，截面类型会被设置为恒定；如果选择了多条轨迹，截面类型会被设置为可变。单击“截面类型”命令，可覆盖自动设置。

4）单击按钮创建实体扫描，或单击按钮创建曲面扫描。

5）沿着扫描移除材料，可单击按钮。单击按钮反向移除材料的草绘侧。

6）给出扫描厚度，可单击按钮，然后输入或选择厚度值。可使用按钮在草绘的一侧、另一侧或两侧之间切换加厚方向。

7）对于移除材料的曲面扫描，单击“面组”（Quilts）收集器，然后选择要修剪的面组。

8）切换至“参考”选项卡，然后按下列要求选择相应的项。

① 在“截平面控制”（Section Plane Control）列表中，单击以下选项来确定如何定向截平面（扫描坐标系的 Z 方向）。

a. “垂直于轨迹”（Normal To Trajectory）。如果需要在水平/竖直控制下选择“自动”（Automatic）选项，可单击“起点的 X 方向参考”（X Direction Reference At Start）收集器，并选择基准平面或基准曲线、线性边或坐标系的一个独立轴。

b. “垂直于投影”（Normal To Projection）。单击“方向参考”（Direction Reference）收集器并选择用于投影的参考，再单击“反向”（Flip）按钮反转方向。

c. “恒定法向”（Constant Normal Direction）。单击“方向参考”收集器并选择用于投影的参考。

② 在“水平/竖直控制”（Horizontal/Vertical Control）列表中，单击以下选项来确定如何绕草绘平面法向的框架旋转，即沿扫描如何定向（扫描坐标系的 XY 轴）。

a. “自动”（Automatic）。截平面由 XY 方向自动定向。计算 X 矢量的方向，以使扫描几何扭转程度最低。对于没有任何参考曲面的原点轨迹，“自动”为默认选项。

注意：将直边的草绘截面指定为“自动”定向，必须已草绘了这些直边并指定了“起点的 X 方向参考”。

b. “垂直于曲面”（Normal to Surface）。截平面 Y 轴垂直于原点轨迹所在的曲面。如果原点轨迹参考为曲面上的曲线、曲面的单侧边、曲面的双侧边或实体边、由曲面相交创建的曲线或两条投影曲线，则此为默认选项。

c. “X 轨迹”（X- Trajectory）。截平面的 X 轴通过指定的 X 轨迹和沿扫描截平面的交点。

9）设置相切的步骤如下。

① 切换至“相切”（Tangency）选项卡。

② 在“轨迹”列表框中选择一条轨迹。

③ 切换至“参考”选项卡，单击一个选项将扫描截面设置为包含一条中心线，该中心线在选定轨迹的“侧 1”（字体 1）或“侧 2”（字体 2）与曲面相切，或与“选定”（字体）曲面相切。

10）通过下列选项之一，创建或检索沿轨迹扫描的截面。

① 创建截面。单击按钮打开草绘器，在轨迹起点的虚线交叉处草绘截面，然后单击“确定”（OK）按钮关闭草绘器。

② 检索用作截面的草绘，步骤如下。

a. 单击按钮，草绘器随即打开，在轨迹的起点会显示虚线交叉。

b. 在“草绘”（Sketch）选项卡中单击“文件系统”（File System）按钮，弹出“打开”（Open）对话框。

c. 选择要用作截面的草绘，然后单击“打开”按钮，对话框随即关闭。

d. 单击虚线交叉，选定截面会出现在轨迹的起点处，“移动和调整大小”（Move & Resize）对话框随即打开。

e. 更改对话框中的任何值以标注与轨迹中显示的虚线交叉相对应的截面，然后单击鼠标左键。

f. 单击“确定”按钮，出现扫描的预览。

11）切换至“选项”（Options）选项卡，然后按下列要求设置选项。

① 封闭曲面扫描的端点，勾选“封闭端”（Capped Ends）复选框。

② 消除扫描端点合并到邻近实体处的间隙，勾选“合并端”（Merge Ends）复选框。

③ 沿轨迹选择位置来草绘截面，单击“草绘放置点”（Sketch Placement Point）文本框，然后单击原点轨迹上的某点，不影响扫描的起始点。如果“草绘放置点”为空，则将扫描的起始点用作草绘截面的默认位置。

12）单击按钮。

2. 抽壳

抽壳用于将实体内部掏空，只留一个特定壁厚的壳。它可用于指定从壳移除的一个或多个曲面。如果未选择要移除的曲面，则会创建一个封闭壳，将零件的整个内部都掏空，且空心部分没有入口，如图2-5所示。在这种情况下，用户可在以后添加必要的切口或孔来获得特定的几何。如果反向厚度侧（例如通过输入负值或单击“壳”（Shell）选项卡上的按钮），壳厚度将被添加到零件的外部。

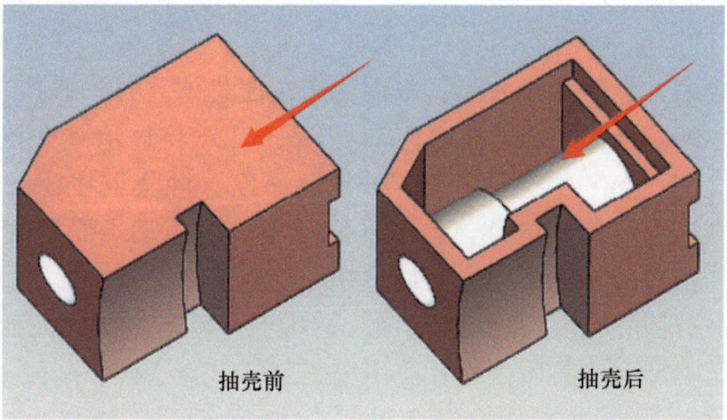

图　2-5

定义壳时，用户也可选择要在其中分配不同厚度的曲面，可为每个此类曲面指定单独的厚度值。但是，无法为这些曲面输入负的厚度值或反向厚度侧。厚度侧由壳的默认厚度确定。

“壳”特征允许选择相邻的相切曲面，可移除或偏移（独立地或采用不同的厚度）在一个或多个边界上与其相邻曲面相切的曲面。在发生壳偏移分离的相切边上，将构造垂直封闭曲面以封闭间隙。

用户也可通过在“排除曲面”（Exclude Surface）收集器中指定曲面来排除一个或多个曲面，使其不被壳化，此过程称为部分壳化。还可以使用相邻的相切曲面来排除曲面。排除多个曲面时，可在按住 <Ctrl> 键的同时选择这些曲面。如果材料垂直于在“排除曲面”收集器中指定的曲面，则 Creo Parametric 不能壳化它们。

当 Creo Parametric 创建壳时，在创建“壳”特征之前添加到实体的所有特征都将被掏空。

【操作步骤】

1）在“模型”选项卡中单击“壳”按钮，“壳”选项卡随即打开。Creo Parametric在所有曲面内部应用默认厚度来创建“封闭”壳，然后显示预览几何。默认厚度值显示在图形窗口中和“壳”选项卡上的“厚度”（Thickness）下拉列表框内。

2）在创建“壳”特征的过程中移除曲面。切换至“参考”选项卡，单击“移除曲面”（Removed Surfaces）收集器，然后选择一个或多个曲面。Creo Parametric 将移除选定曲面并更新预览几何。

注意：用户也可在进入“壳”工具前选择要移除的曲面。创建或重新定义“壳”特征时，通过在“参考”选项卡中激活“移除曲面”（Removed Surfaces）收集器，可随时选择要移除的其他曲面或清除选择某些先前选定的曲面。开始创建或重新定义“壳”特征时，此收集器始终处于活动状态。

3）修改壳厚度。在“壳”选项卡的“厚度”下拉列表框内输入一个值或选择一个值；也可以拖动控制滑块或双击厚度值，然后键入或选择新值。

4）反向壳侧。单击按钮，也可使用“壳”快捷菜单上的“反向”命令。

5）指定具有不同厚度的曲面。打开“参考”选项卡，单击“非默认厚度”（Non-Default Thickness）收集器，然后选择曲面；也可使用快捷菜单上的“非默认厚度”命令。

对于每个具有非默认厚度的选定曲面，Creo Parametric 将显示一个控制滑块和一个关联的厚度值。系统还将在“参考”选项卡的“非默认厚度”收集器中添加带有曲面名称和厚度值（初始值等于默认壳厚度）的线。修改非默认厚度可拖动控制滑块，也可在“非默认厚度”收集器或图形窗口的相应框中输入或选择一个新值。

6）从壳化过程中排除曲面。打开“选项”选项卡，单击“排除曲面”收集器，然后选择一个或多个要从壳中排除的曲面；或者使用快捷菜单中的“排除曲面”命令。

7）单击按钮。

四、产品设计案例

做类似造型时，一般先分析造型方法。该造型大致可以包含旋转特征、拉伸特征、抽壳、倒角等命令的综合使用。

【实体图】（图2-6）

图 2-6

【造型分析】（表 2-1）

表　2-1

序　　号	造型分布图	主 要 命 令
1	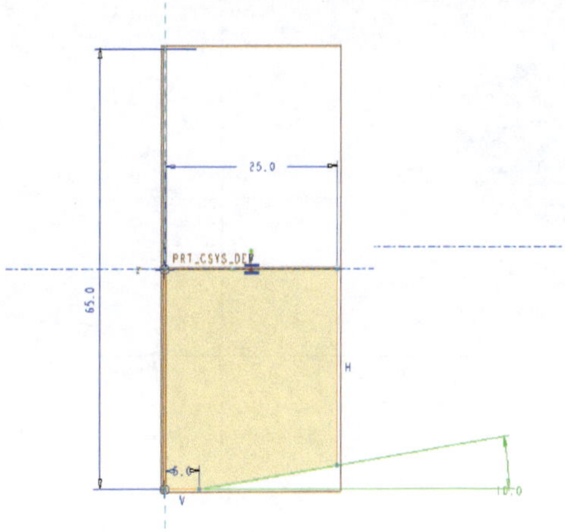	草图
2	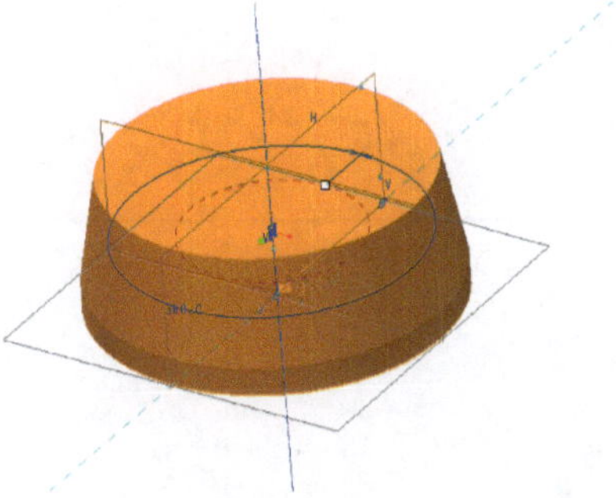	旋转
3	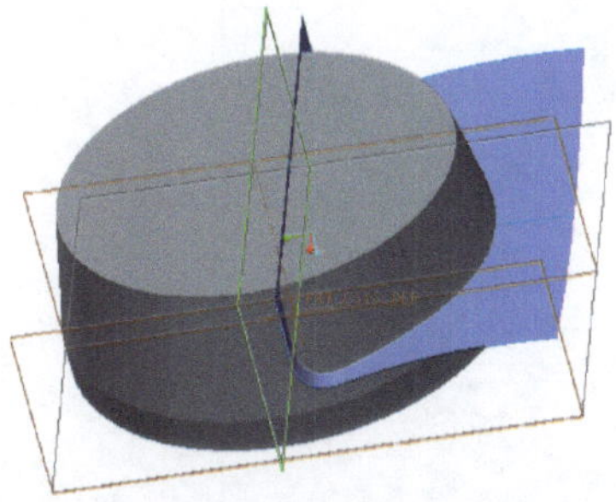	边界混合
4	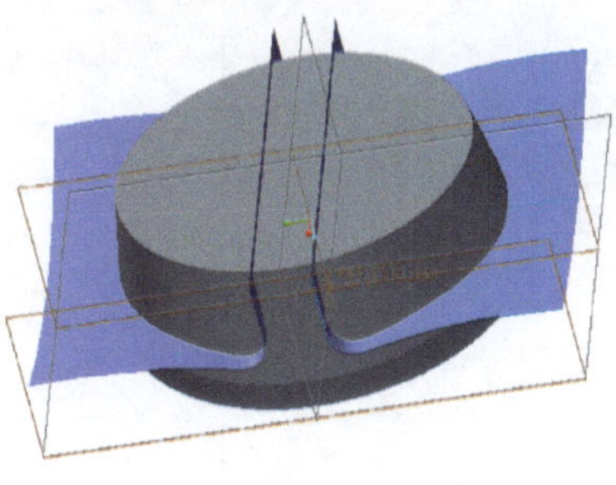	镜像

（续）

序号	造型分布图	主要命令
5	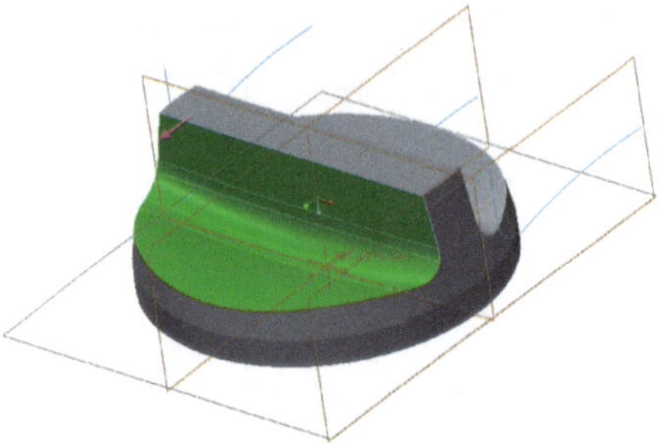	实体化
6	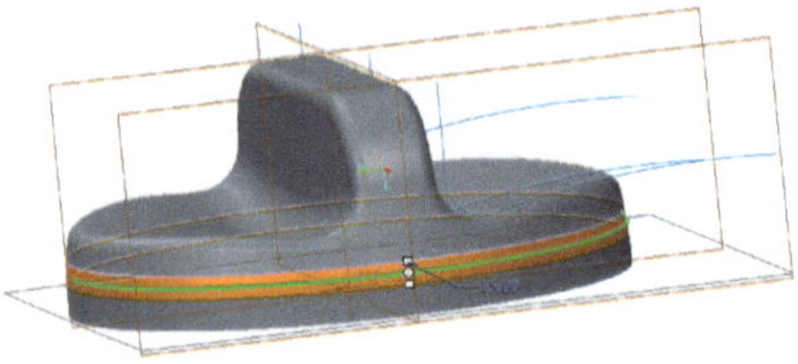	倒圆角
7	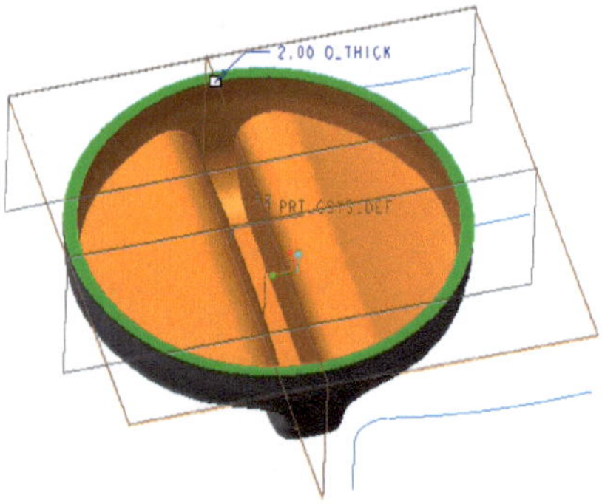	抽壳
8	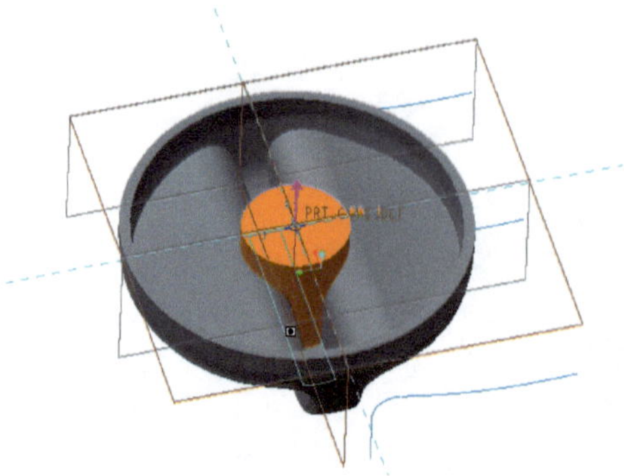	拉伸

（续）

序　号	造型分布图	主要命令
9	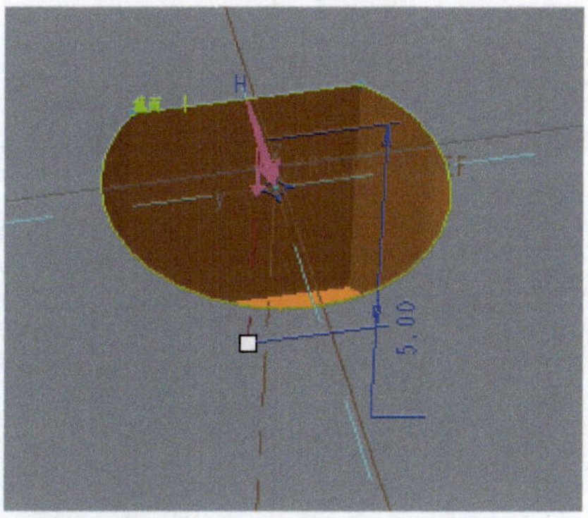	去除材料
10	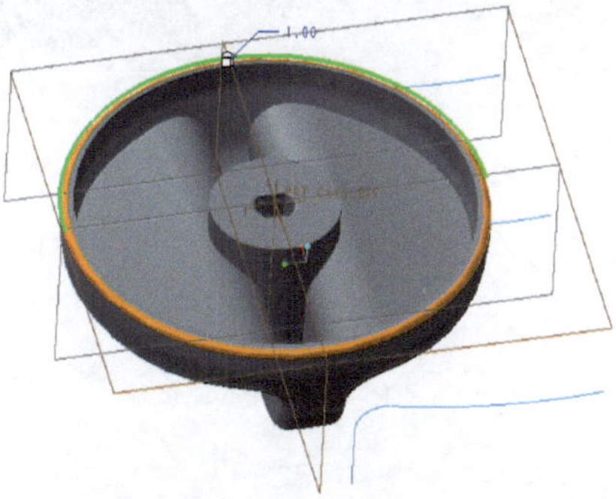	倒圆角

【操作步骤】

1）绘制草图 1，如图 2-7 所示。

2）使用旋转命令创建实体，如图 2-8 所示。

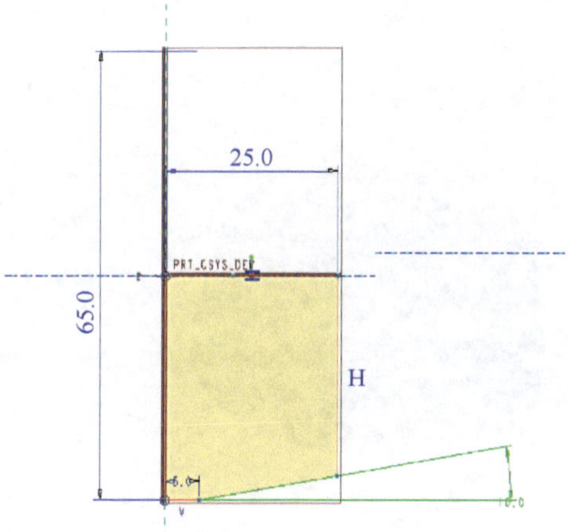

图　2-7

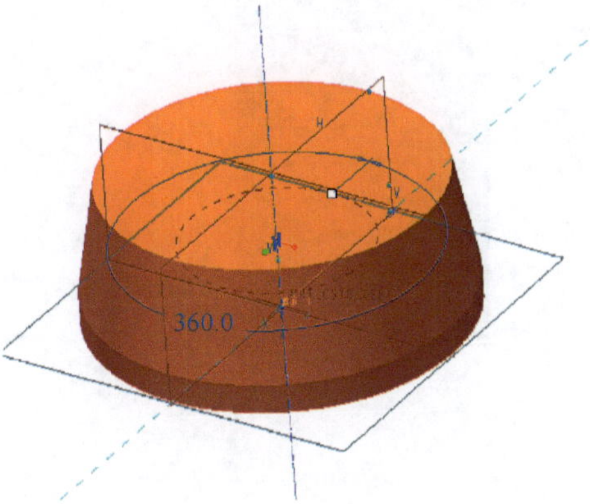

图　2-8

3）偏移基准面，距离为 35mm，如图 2-9 所示。

4）绘制草图 2，如图 2-10 所示。

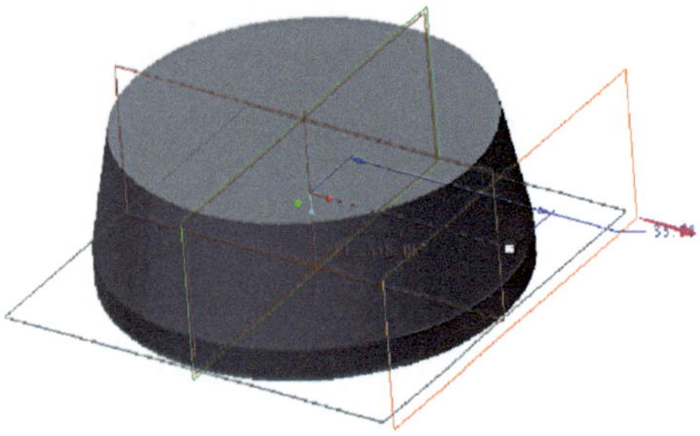

图 2-9

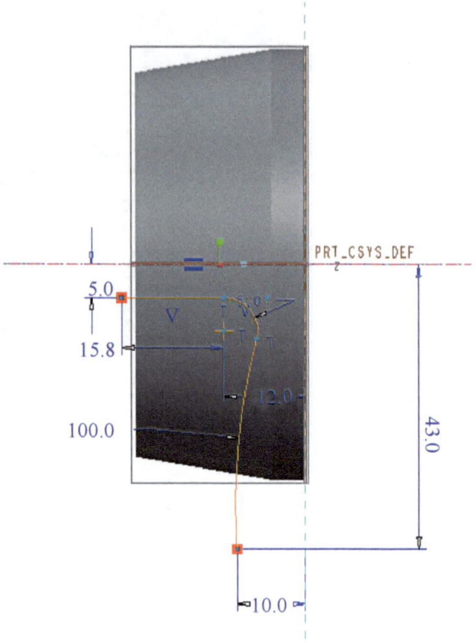

图 2-10

5）绘制草图 3，如图 2-11 所示。

6）镜像草图 3，如图 2-12 所示。

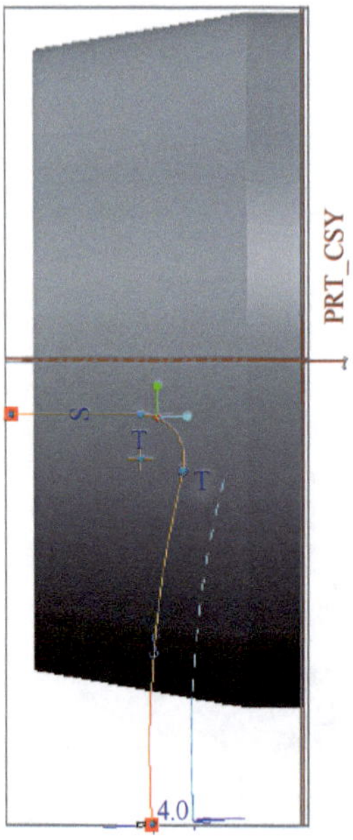

图 2-11

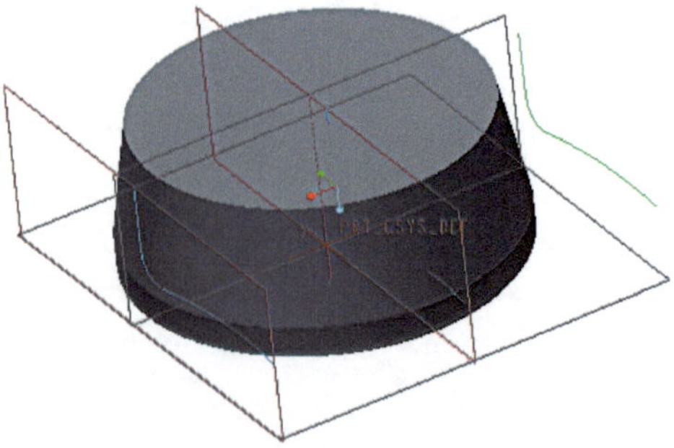

图 2-12

7）用边界混合命令创建曲面，如图 2-13 所示。

8）用镜像命令镜像曲面，如图 2-14 所示。

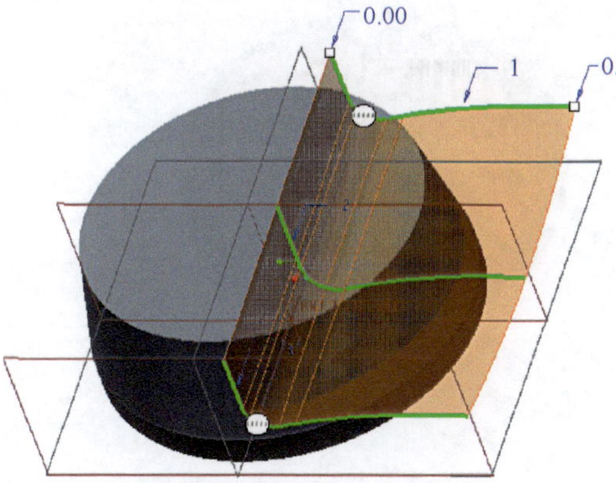

图 2-13

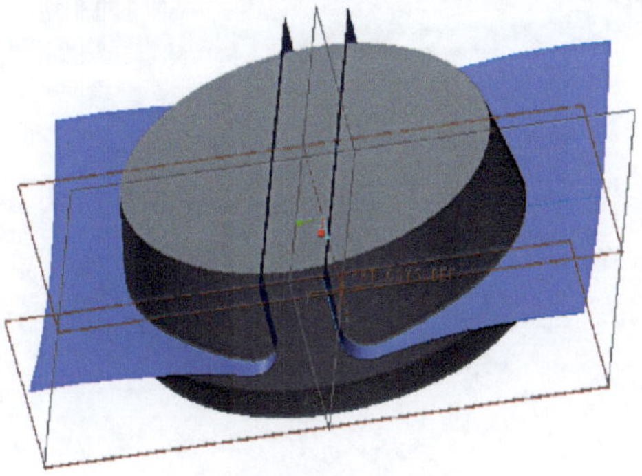

图 2-14

9）用实体化命令创建曲面，如图 2-15 所示。

10）用同样的方法创建另一边曲面，如图 2-16 所示。

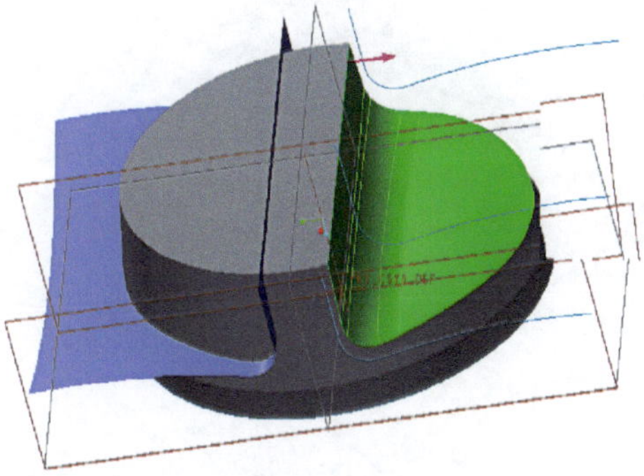

图 2-15

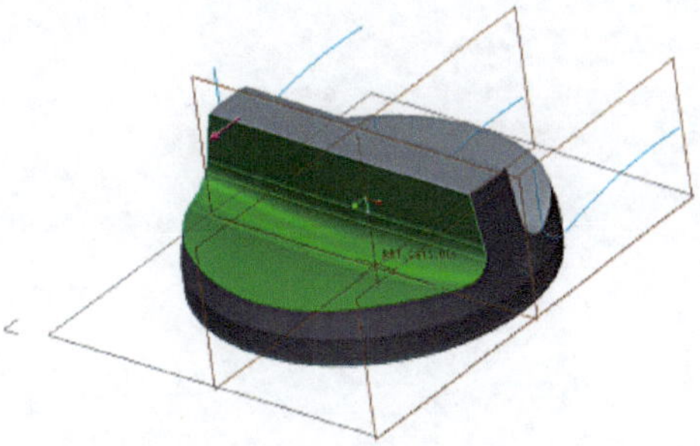

图 2-16

11）用倒圆角命令倒 R12mm 圆角，如图 2-17 所示。

12）倒 R2mm 圆角，如图 2-18 所示。

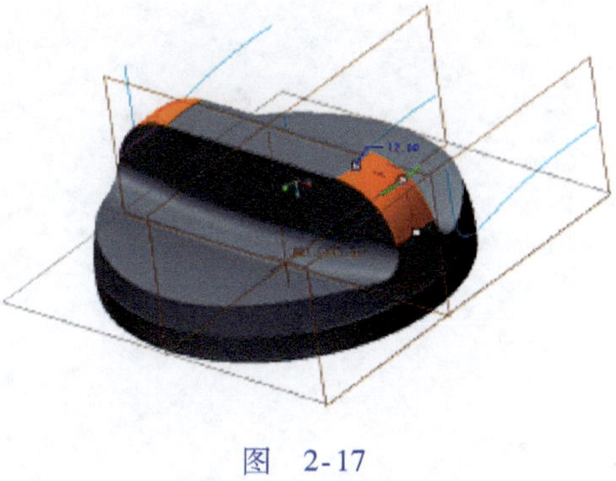

图 2-17

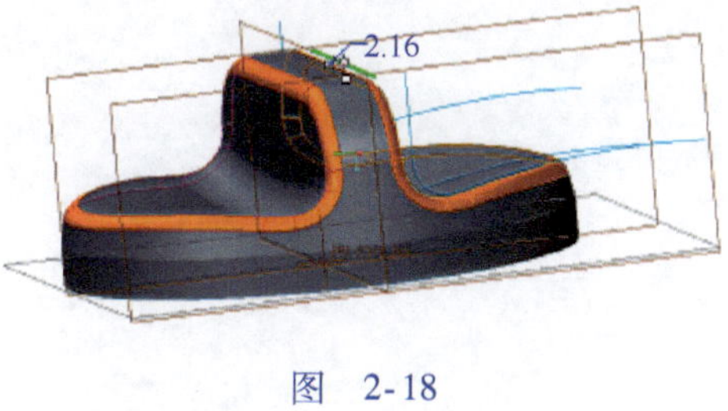

图 2-18

13）倒 R15mm 圆角，如图 2-19 所示。

14）用抽壳命令抽壳，厚度为 2mm，如图 2-20 所示。

图　2-19

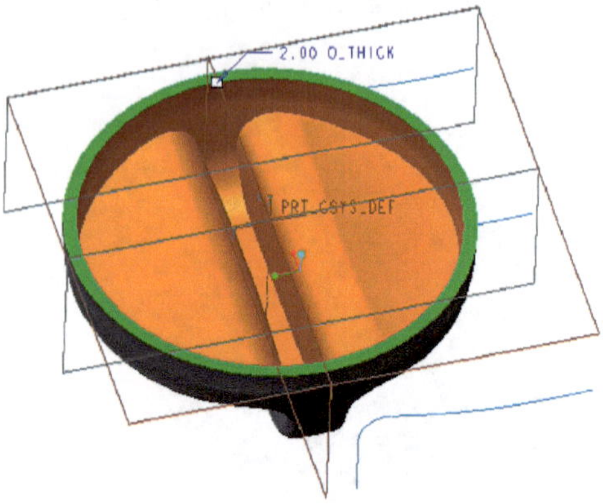

图　2-20

15）绘制草图 4，如图 2-21 所示。
16）使用拉伸命令，参数设置为拉伸至选定曲面相交，如图 2-22 所示。

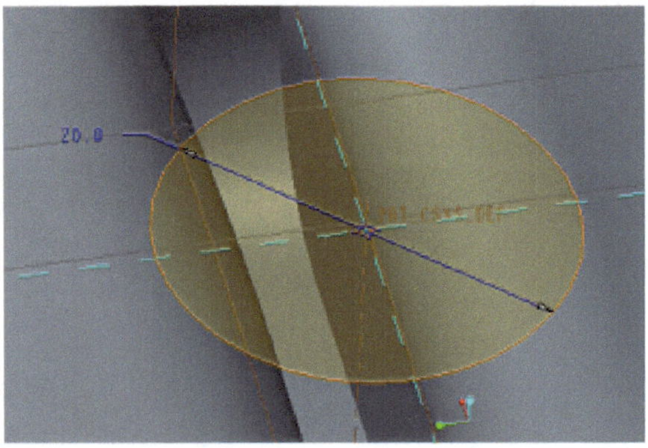

图　2-21

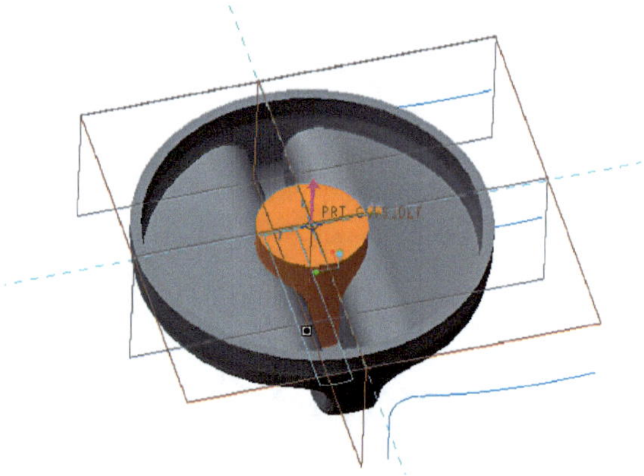

图　2-22

17）绘制草图 5，如图 2-23 所示。
18）切除材料，距离为 5mm，如图 2-24 所示。

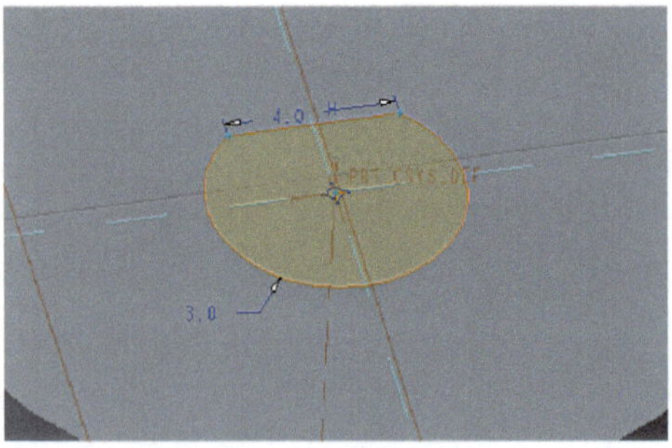

图　2-23

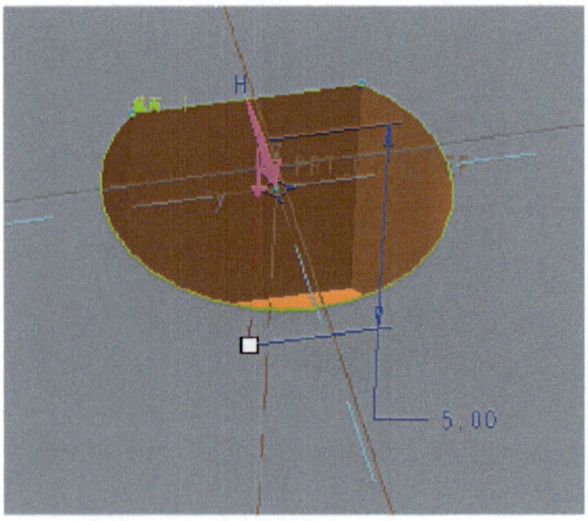

图　2-24

19）倒 $R0.5$mm 圆角，如图 2-25 所示。

20）倒 $R1$mm 圆角，如图 2-26 所示。

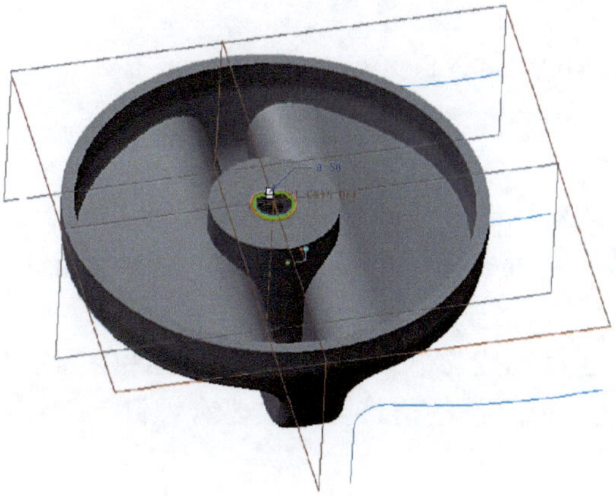

图　2-25

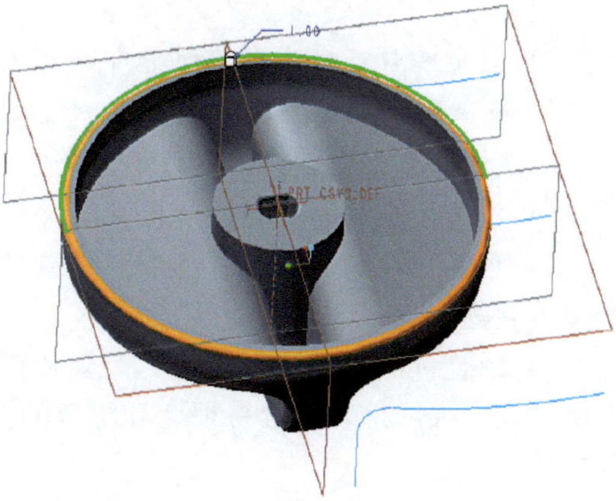

图　2-26

第二节　钣金造型

一、钣金建模技术简介

1. 钣金加工的应用

钣金加工在航天、铁路交通、环保设备、空调电器、烟草机械、包装印刷、工程机械和纺织机械等许多行业都有广泛的应用，如图 2-27 所示。

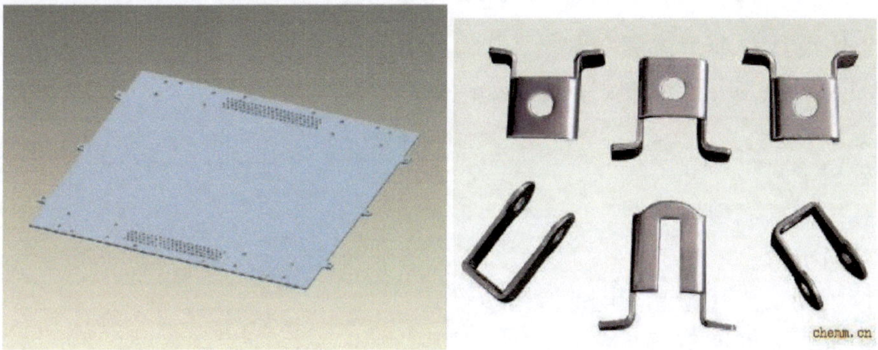

图　2-27

2. 钣金成型的优点

1）产品有薄壁中空特性，所以既质量轻又坚固耐用。

2）零件组装便利。

3）材料利用率高。

4）钣金成型能够获得其他加工方法难以加工或无法加工的复杂形状零件。

3. 钣金成型的相关概念

1）钣金：指厚度均一的金属薄板，通过一些加工方法将其加工成符合应用要求的零件。

2）钣金成型：将钣金的平整区域弯曲某一角度或弯为圆弧状，经过拉伸和扭转等成型的过程。

3）钣金展开：将成型的钣金件展开成平面薄板的过程。

4. 钣金设计的要点

一般情况下，钣金设计有以下几个要点。

1）注意钣金的厚度与设计尺寸的关系问题，如要求的尺寸长度是否包括钣金厚度。

2）考虑钣金制造的工艺和加工制造是否容易、是否会增加制造的成本、是否会降低生产率等问题。

3）钣金件的相互连接方式、钣金和塑料件的连接固定方式及钣金和其他零件的固定和连接方式、维修拆装的难易程度和配合的公差问题。钣金件的连接方式主要有螺钉、铆钉和电焊等。

4）钣金的强度设计。强度设计将直接影响产品的寿命，有时为了增加钣金的强度而增加一些冲压凸起。

5）钣金组装的优先顺序和安装空间的合理化、便利化。

5. 钣金加工方法

1）冲裁加工。即钣金的落料，是按照钣金件的展开轮廓从钣金卷板或平板上冲裁出坯料，以做进一步的加工。

2）折弯加工和卷曲加工。折弯加工指将板料通过折弯机折成一定角度，卷曲加工指将平板卷成一定半径的弧形。

3）冲压加工。指用事先加工好的凸模和凹模，利用金属的延展性加工出各种凹凸的形状。

6. 钣金件设计与加工流程

1）CAD 设计（利用 CAD 软件画出钣金件工程图）。

2）选取材料。

3）剪板机下料。

4）冲孔、模具成型。

5）折弯机折弯。

6）后续辅助工艺（抛光、电镀、喷沙等）。

7. 钣金加工常用设备

剪板机（数控剪板机如图 2-28a 所示，液压剪板机如图 2-28b 所示，闸式剪板机如图 2-29a所示）、压力机（图 2-30a）、手动啤机（图 2-30b）、折弯机（图 2-29b）、攻丝机、压铆机、切割机（激光、线切割、等离子、水切割，钣金切割机如图 2-31 所示）、碰焊机、氩焊机以及喷粉和喷漆设备等。

二、钣金壁特征

1. 钣金壁特征

钣金模型的建立与实际加工相同，首先必须建立一个毛坯，也称为第一面壁，后续所有的钣金特征都是在该壁上进行添加、修改或删除等操作而完成的。在新建一个钣金模型时，

a) b)

图 2-28

a) b)

图 2-29

a) b)

图 2-30

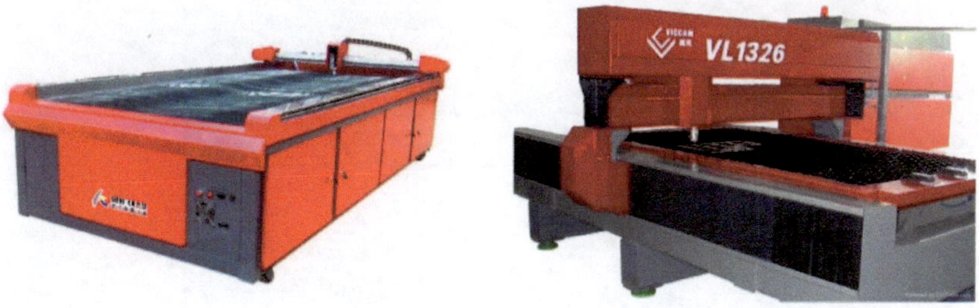

图 2-31

只有壁特征可用。因此，在 Creo 的钣金件设计中，壁特征是最基本也是最重要的，其特征生成的选项也是最多的。

2. 创建基本壁类特征

在钣金设计中创建第一壁特征时，只有“平面”“拉伸”“旋转”“边界混合”“扫描”“扫描混合”“混合”“旋转混合”命令能使用。因此，这些方式被归结为壁的基本成型模式。

（1）使用“平面”命令创建平整壁特征　平整壁特征就是一块厚度均匀的金属薄板。平整件的制作方法是利用一个封闭的截面拉伸出钣金的厚度来生成钣金件，是一种常用的生产第一壁的操作方法。

（2）实例演练　具体讲解图 2-32 所示钣金件的制作过程。

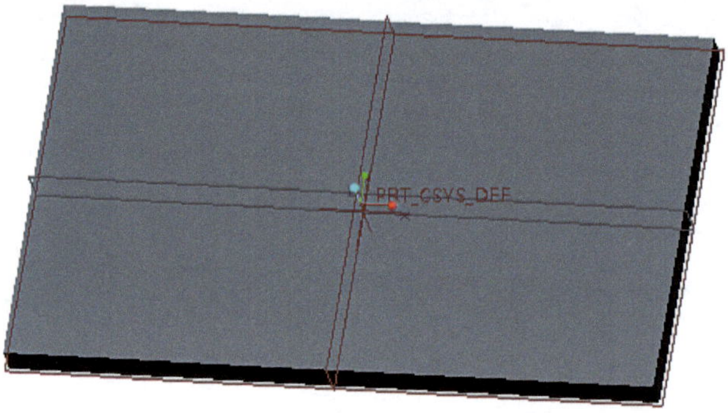

图　2-32

1）在工具栏单击“新建”按钮 ，打开“新建”对话框。在“类型”选项组中选中“零件”单选按钮，在“子类型”选项组中选中“钣金件”单选按钮，在“名称”文本框中输入一个文件名，取消勾选“使用默认模板”复选框，如图 2-33 所示。

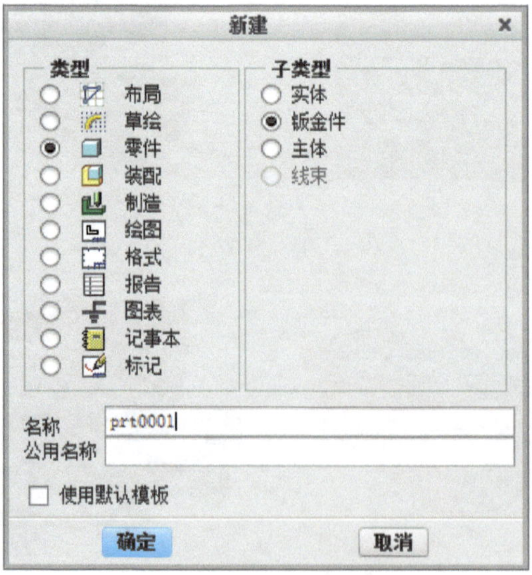

图　2-33

2）单击“确定”按钮，打开“新文件选项”对话框。在模板列表框中选择“mmns_part_sheetmetal”模板，表示选用钣金特征设计模板，单位是mm、N、s，如图2-34所示。

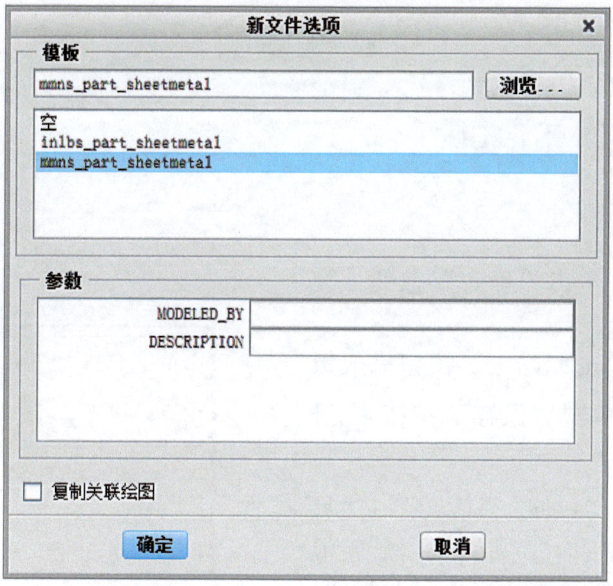

图　2-34

3）单击“确定”按钮，进入钣金设计环境。此时，在系统工作区中出现3个基准参考平面，并自动创建了一个基准坐标系，如图2-35所示。

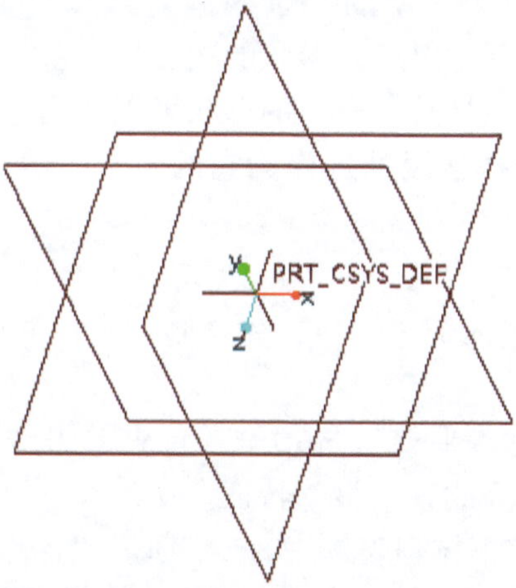

图　2-35

4）单击“平面”按钮，出现“平面”选项卡，如图2-36所示。

图2-36中①是新建钣金件的壁厚，可在下拉列表框中输入钣金的壁厚“2.00”，②是钣金件加厚的方向。

5）在工作区选择基准面TOP作为草绘平面，然后可以在工作区绘制一个封闭截面，如图2-37所示。

图 2-36

6）绘制完成后，单击“确定”按钮，完成草图的绘制。

7）完成后，再单击“确定”按钮完成钣金件第一壁的建模，单击“保存”按钮进行保存。

（3）其他　使用“拉伸”“旋转”“边界混合”“扫描”“扫描混合”“混合”“旋转混合”命令创建钣金件第一壁的操作与此类似，可以创建不同初始形状的第一壁。

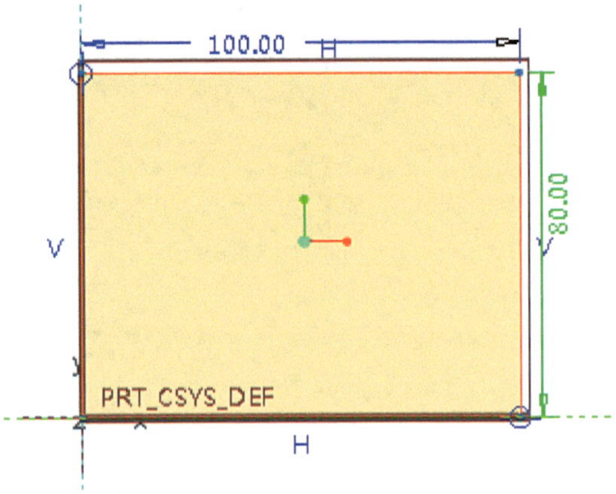

图 2-37

三、平整壁和法兰壁的应用

1. 壁特征

（1）平整壁　平整壁指以第一壁的一条边为附着边，用已绘制的轮廓创建出所需形状的次要平整壁，它们之间是相互连接的。平整壁的附着边只可以是直线段，但是其折弯边的形状可以根据草绘截面的不同而不同。

（2）法兰壁　法兰壁指选择连续的边作为它的轨迹，然后使用开放的草绘截面沿附着边扫描而得到的附加钣金壁。

2. 平整壁的创建和使用

1）首先新建钣金零件，进入钣金模块，先绘制一个拉伸或者平面特征作为钣金的第一壁，如图 2-38 所示。

单击“平整”命令，出现“平整”选项卡。首先单击“放置”选项卡，如图 2-39 所示，要求选择钣金的一条边作为放置平整壁特征。

① 控制平整壁的形状。该下拉列表框中有“矩形”“梯形”“L 形”“T 形”“用户自定义”等选项，选择“用户自定义”可以在草绘环境下绘制所需要的形状。

② 定义平整壁与主钣金壁之间的夹角。用户可以输入度数或选择默认的角度。

③ 控制平整壁厚度的增长方向。

④ 控制折弯半径。默认是钣金壁厚，可以更改并输入新的数值。

⑤ 控制折弯半径所在侧。折弯半径分内侧、外侧两种。

2）“形状”选项卡如图 2-40 所示。

①“草绘”按钮用于在图 2-39 的①中选择“用户自定义”时在草绘环境下绘制。

②“打开”按钮用于打开已经在草绘下绘制好的草绘。

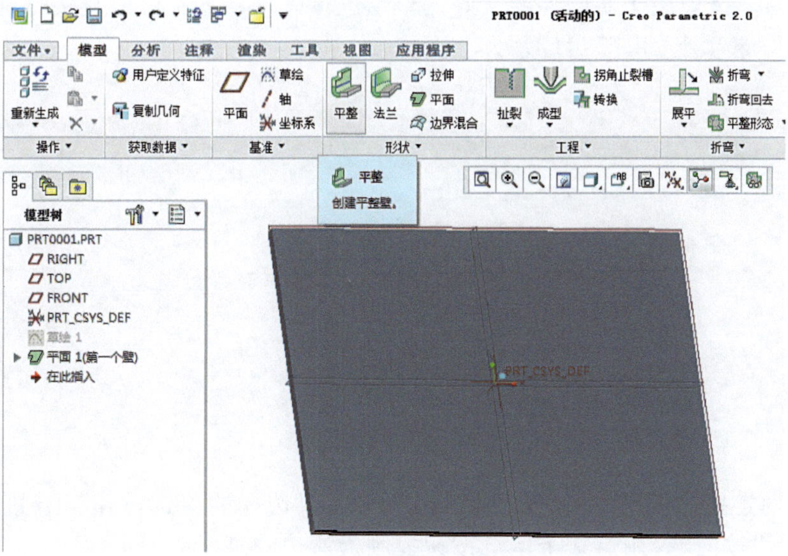

图　2-38

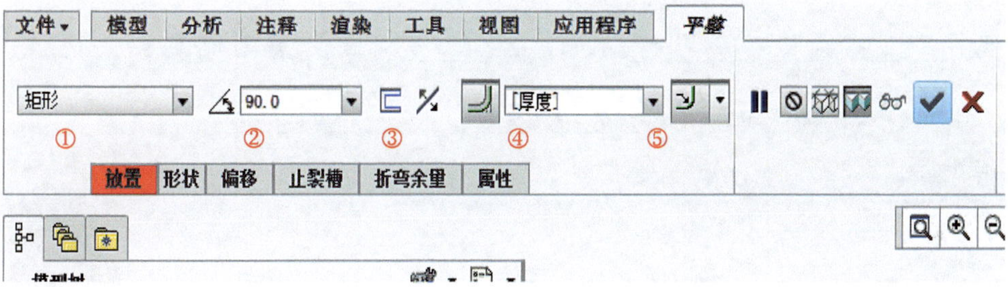

图　2-39

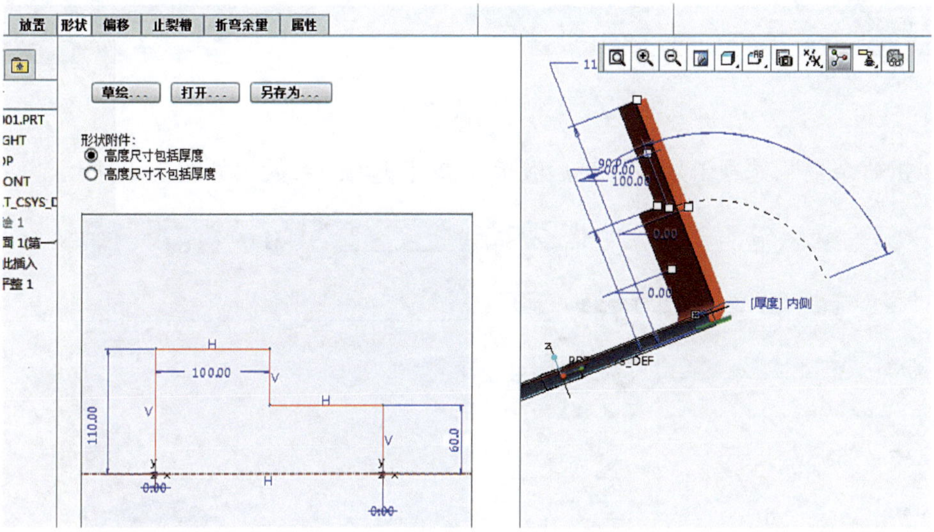

图　2-40

③“另存为”按钮用于对已经定义好的草绘进行保存，下次可以直接打开使用。

3）“偏移”选项卡如图 2-41 所示。

图 2-41

勾选“相对连接边偏移壁”复选框，有 3 个可以选择的单选按钮，分别是“添加到零件边”“自动”“按值”，用这 3 个单选按钮控制折弯边的高度。

4）止裂槽是在加工钣金的过程中由于折弯出现开裂而增加的工艺槽。其分为 4 种：拉伸止裂槽、扯裂止裂槽、矩形止裂槽和长圆形止裂槽，如图 2-42 所示。

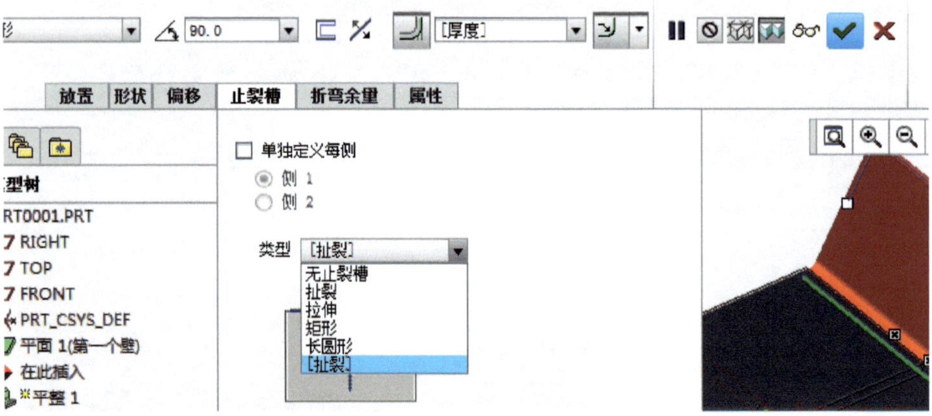

图 2-42

5）“折弯余量”选项卡用来计算后续钣金展开使用的系数，如图 2-43 所示。

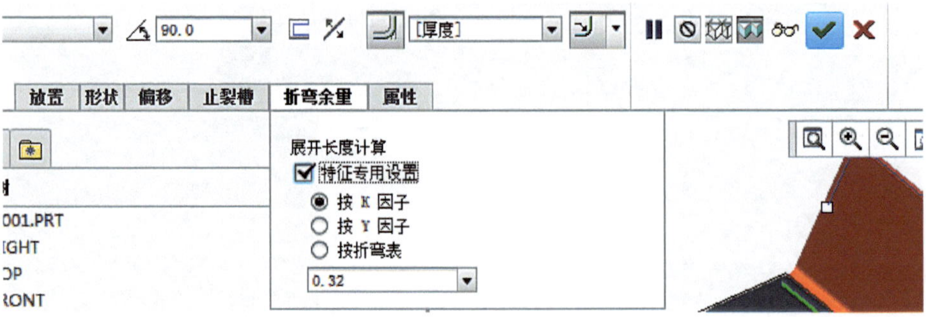

图 2-43

6）“属性”选项卡可以为此钣金重新命名。

3. 法兰壁的创建和使用

1）创建第一壁后，单击“法兰”命令弹出图 2-44 所示的选项卡。法兰其实与扫面一样，选择连续的边作为它的轨迹，然后使用开发的草绘界面进行扫面得到附加钣金壁。其中，④、⑤、⑥、“放置”选项卡、“形状”选项卡、“偏移”选项卡、“止裂槽”选项卡、“折弯余量”选项卡、“属性”选项卡的功能与平整壁相同。

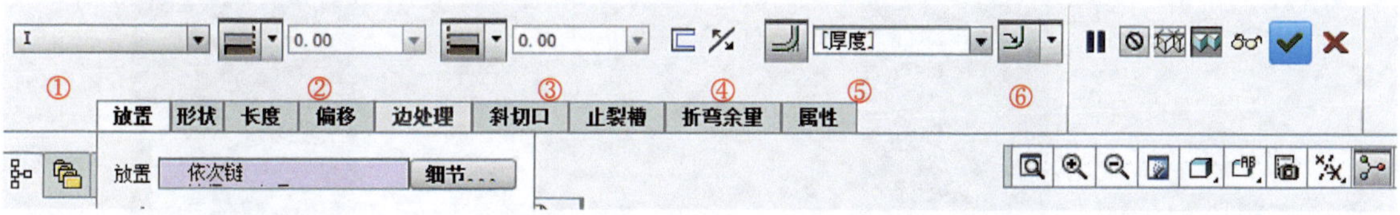

图 2-44

图 2-44 的①中有 I、弧、S、打开、平齐、鸭形、CZ、用户自定义等几种形式可供选择。

2）“长度”选项卡。

链端点：指在一个拉伸方向上，拉伸到所选链的端点处。

盲：即用户输入值。

对称：两边对称拉伸。

至选定的：指定到选定的点、线或面。

无：指所选链拉伸的位置。

3）“边处理”选项卡指对两个相邻的附加法兰的处理，当只选择一个边或者链的时候，它是灰色的，不可以使用。当用户再选择一边的时候，“边处理”选项卡可以使用，如图 2-45 所示。

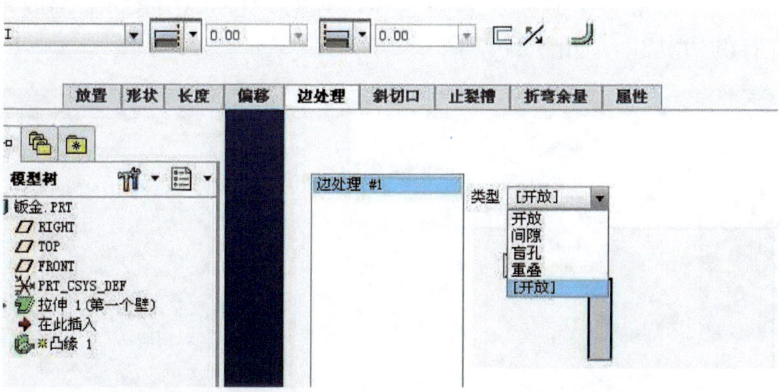

图 2-45

4）“斜切口”选项卡可在扫描法兰壁的两个相切壁段的相交部分添加斜切口，并指定斜切口的宽度值和斜切口末端与放置链之间的偏移距离，如图 2-46 所示。

四、扯裂和转换特征的应用

1. “扯裂”工具

使用“扯裂”工具撕裂一片连续钣金件材料，以便在展平设计时，钣金件沿着已扯裂

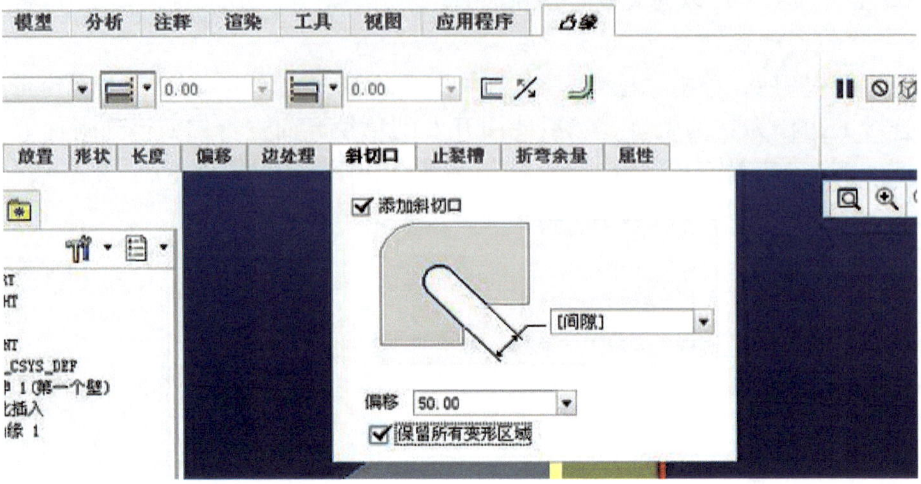

图 2-46

的截面撕裂。“边扯裂”和“扯裂连接”工具也可在创建“转换”特征时使用，共有以下 4 个扯裂工具。

“边扯裂”：沿一条边撕裂钣金件，可为已扯裂的边定义边处理。

“曲面扯裂”：从模型中切除整个曲面片并从模型中移除体积块。

“草绘扯裂”：沿草绘线撕裂钣金件，可排除曲面，使其免于扯裂。

“扯裂连接”：在两个基准点、两个顶点或一个基准点和一个顶点之间扯裂钣金件。

用户可使用“扯裂连接”工具按直线撕裂钣金件材料的平面截面并连接现有边缝。扯裂连接端点必须是一个基准点或顶点，若是顶点时还必须位于边缝的末端或零件边界上。扯裂连接不可与现有的边共线，如图 2-47 所示。

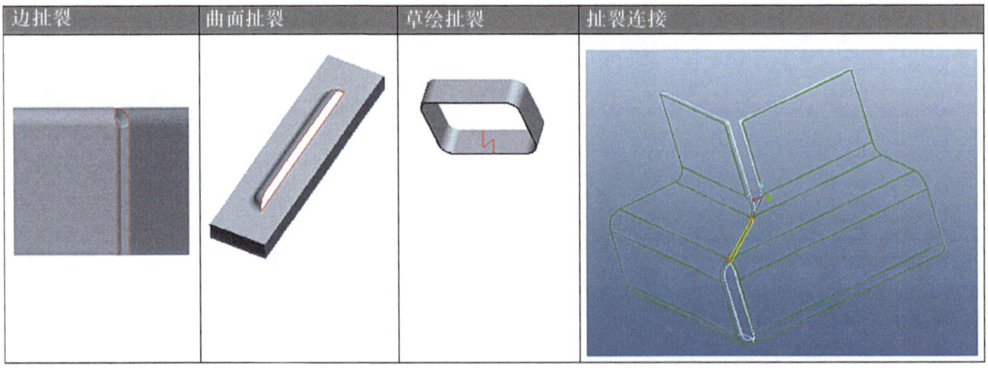

图 2-47

2. 创建转换特征

用户可在零件模式下使用“转换为钣金件”工具将实体零件转换为钣金件。创建第一壁时将参考实体零件几何。对于块状零件，使用“壳”工具来移除一个或多个壁并设置壁厚。对于厚度恒定的薄板伸出项，使用“驱动曲面”工具选择一个曲面作为驱动曲面并设置壁厚。

选择“转换为钣金件”工具，在“零件”模式中，在“模型”选项卡的“操作”选项组中单击“转换为钣金件”按钮。

使用“转换”工具添加必要的特征，以使钣金件成为可延展和可制造的钣金件。使用“转换”工具可将这些特征作为单一特征进行添加，也可使用单独的工具分别添加各个特征，如图2-48所示。通过“转换”工具可添加以下特征。

“边缝”：沿选定零件边添加扯裂。

注意：在使用“转换”工具添加边缝时，系统将自动添加任何所需的边折弯。

“扯裂连接”：添加连接两个基准点、两个顶点或一个基准点和一个顶点的直线扯裂。

“边折弯”：向选定的锐边上添加折弯。

“拐角止裂槽”：向选定的拐角添加止裂槽。

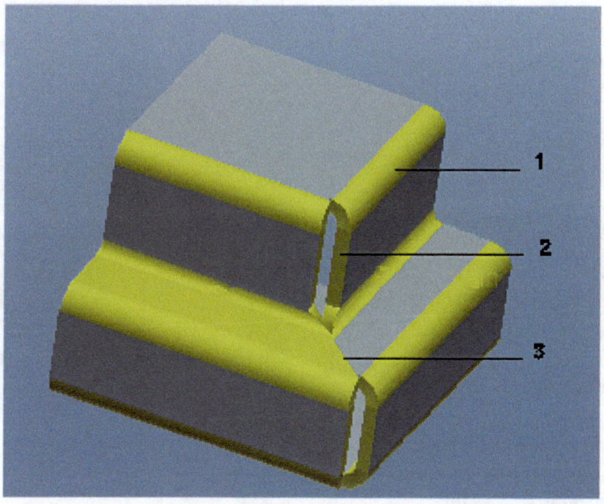

图　2-48

1—边折弯　2—边缝　3—连接扯裂

“转换”工具的两种使用方法如图2-49所示：对块状零件采用“壳”方法；对厚度恒定的薄板伸出项采用“驱动曲面”方法。

五、钣金的成型

1. 成型

成型是钣金件壁用模板（参考零件）模制成型，将参考零件的几何合并到钣金零件来创建成型特征。利用“凸模”和“凹模”参考零件，使用装配类型约束来确定模型中成型的位置。当用户在钣金设计中放入凸模或凹模零件时，系统会创建外部参考。

创建两种类型的钣金成型特征，凸模和凹模。两种成型类型都可创建相同的几何。

1）凸模：只使用参考零件的几何制作钣金件壁模具。凸模使用整个形状参考零件来使钣金件变形。

2）凹模：制作钣金件模具使用参考零件形成由边界平面包围的几何（凸或凹）。

转换操作前的实体零件	转换操作后的钣金件
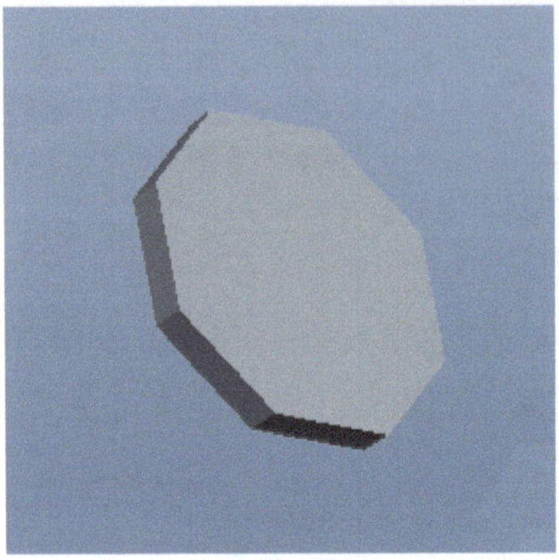	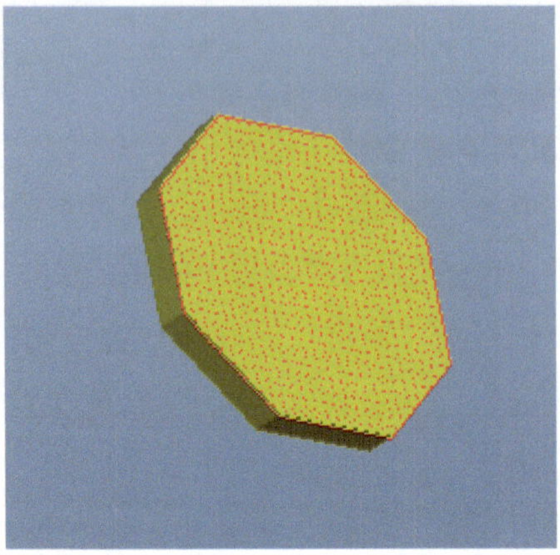
驱动曲面方法，将曲面指定为驱动曲面	
	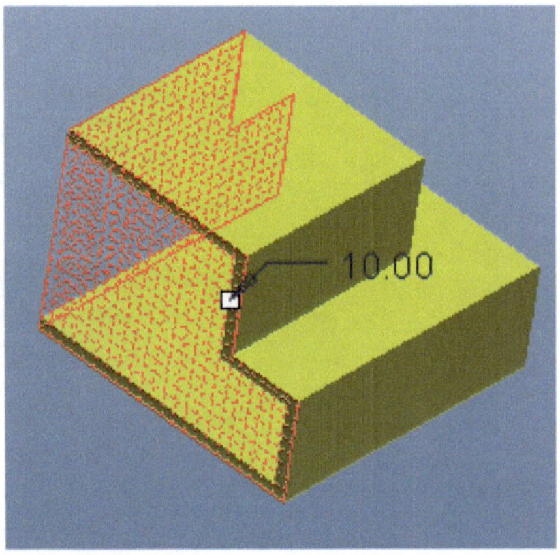
抽壳转换方法，移除钣金件曲面	

图 2-49

凹模需要平面/边界平面包围整个凹模形状以应用正确的几何，种子曲面收集周围的几何以创建用于使钣金件变形的相应成型形状，如图 2-50 所示。

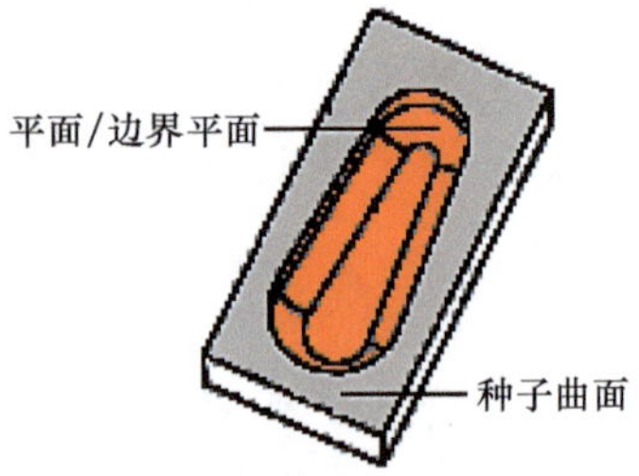

图 2-50

2. 使用界面放置凸模

1）在“模型”选项卡中单击“凸模”（Punch Form）按钮。“凸模”选项卡随即打开。

2）从“凸模模型”列表中选择具有凸模界面的最近使用的凸模或标准凸模，或单击按钮，浏览具有凸模界面的其他凸模。

注意：使用“punch_models_directory”配置选项指定不同的位置以检索凸模模型。

3）确保已选中项。

4）从列表中单击“界面放置”选项。

5）单击“凸模复制”选项。

6）单击“放置”（Placement）按钮，“放置”选项卡随即打开，凸模约束类型会自动出现在“约束”（Constraint）列表中。

7）在钣金件上选择放置参考。

8）使冲孔方向相反，则单击按钮。

9）单击“选项”按钮，“选项”选项卡随即打开，执行任一下列操作。

① 勾选两个“放置”复选框中的一个或两个，实现对锐边倒圆角，提供所有半径信息。

② 选择要从冲孔中排除的任何曲面。

③ 添加“刀具名称”（Tool Name）和“坐标系”（Coordinate System）的制造信息。

注意：为零件自动设置制造信息时，在“注释”（Annotate）选项卡中单击“注释特征”（Annotation Feature）按钮，再单击按钮。单击“成型”（Forming）按钮并选择要从冲孔中排除的曲面，单击“制造”（Manufacturing）按钮并设置刀具名称和坐标系。

10）单击“确定”按钮。

3. 创建一个凹模

1）在“模型”选项卡中单击“成型”按钮，再单击“凹模”（Die Form）按钮，弹出“选项”菜单。

2）定义如何使用冲孔参考零件并单击“完成”（Done）按钮。

① 参考——成型从属于参考冲孔零件。重新生成钣金件时，对参考零件所做的任何更改都进行参数化更新。如果参考零件不能定位，则钣金件成型几何将冻结。

② 复制——成型使用复制的几何并独立于参考成型零件。

3）选择冲孔参考零件。冲压参考零件会在一个单独的窗口中打开，“成型”和“元件放置”（Component Placement）对话框随即打开。

预定义的约束将自动出现在约束列表中。只要选择预定义的约束，“约束已启用”（Constraint Enabled）选项都将被系统默认选择。

4）按任意顺序在参考零件上选择所需的参考约束，并且在钣金件上选择对应的约束，以定义放置约束。选择一对有效参考后，将自动选择一个相应的约束类型。

5）选取约束类型，然后选择参考。

注意：有关约束和元件放置界面的详细信息可搜索“帮助中心”的“装配”区域。

6）为“距离”（Distance）和“角度偏移”（Angle Offset）约束设置偏移值。反向偏移方向时，单击“反向”按钮。

注意：

① 删除约束，选择该约束，然后单击鼠标右键，选择“删除”（Delete）命令。

② 创建附加约束，可单击“新建约束”（New Constraint）按钮，先前配置的约束将被移除，新约束将与先前显示的约束一同出现，选取一个预定义的约束类型或配置一个新约束，即附加约束。

③ 移除或添加附加约束来解决冲突。取消勾选“约束已启用”（Constraint Enabled）复

选框以禁用约束。

④ 在默认情况下将启用约束方向假设。取消勾选“允许假设”（Allow Assumptions）复选框以禁用放置假设。

⑤ 关闭约束，可单击鼠标右键并选择“禁用”（Disable）命令，再选择“启用”（Enable）命令可将其打开。

7）当状况为“完全约束”（Fully Constrained）、“部分约束”（Partially Constrained）或“无约束”（No Constraints）时，单击“确定”按钮，系统将使用当前约束来放置参考零件。如果状况是“约束无效”，则不能将参考零件放置在钣金件中，必须先完成约束定义。

8）从参考零件中选择边界平面。边界平面是包围模具几何的曲面。

9）从参考零件中选择种子曲面。种子曲面可以为实际模具几何的任何截面。

① 排除曲面。选择“成型”对话框中的“排除曲面”（Exclude Surf）命令并单击“定义”（Define）按钮，选择要排除的成型特征曲面，然后单击“完成参考”（Done Refs）按钮。

② 指定坐标系。选择“成型”对话框中的“坐标系”（Csys）命令并单击“定义”按钮。

③ 更改坐标系。选择“成型”对话框中的“刀具名称”命令并单击“定义”按钮。

10）单击“确定”按钮。

成型参考零件可包含多个凹模型或凸模型的几何。

① 创建无限数量的凹模模型，确保在每个凹模实例间留有合适的距离。

② 创建带两个侧面的冲孔模型，在匹配曲面时，可选择所需的侧面。

六、产品设计案例

1）创建第一钣金壁特征。单击工具栏中的“拉伸”按钮，并选择相关基准面，进入草绘界面，如图 2-51 所示，完成相关草图的创建。

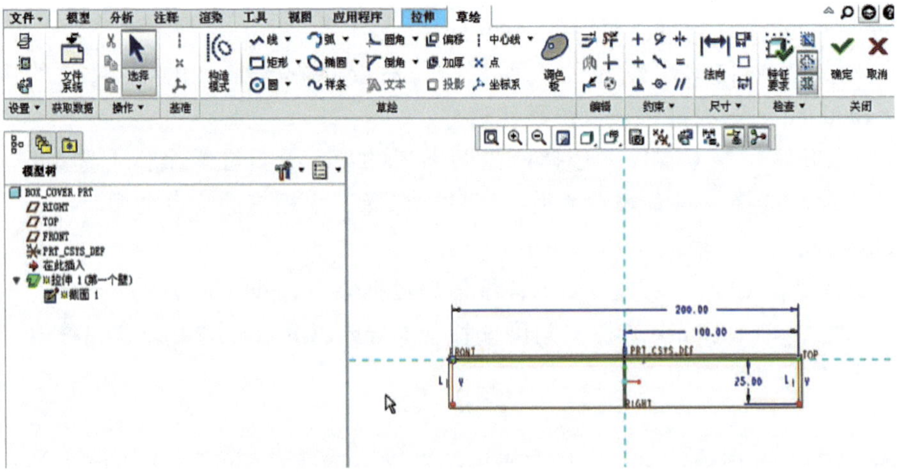

图 2-51

2）完成第一钣金壁的创建，如图 2-52 所示。

3）创建凸缘法兰壁特征。单击工具栏中的“法兰”按钮切换至“草绘”选项卡，如图 2-53所示，完成相关草图的创建。

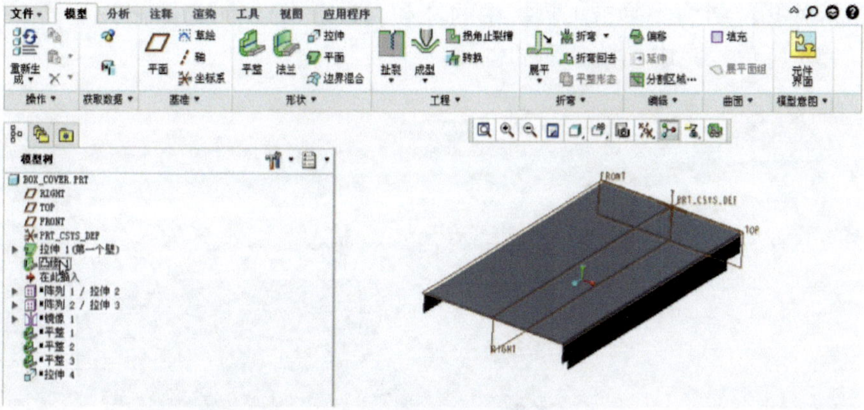

图　2-52

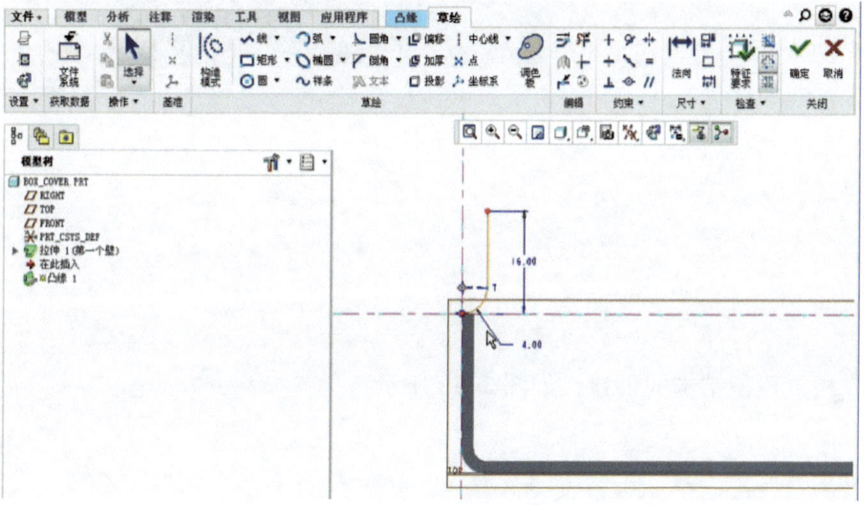

图　2-53

4）完成相关凸缘法兰壁的创建，如图 2-54 中黄色部分所示。

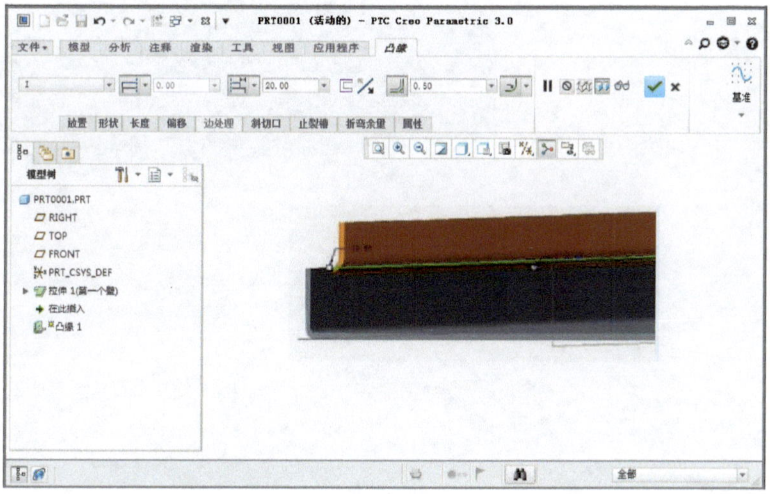

图　2-54

5）创建相关孔位结构。单击工具栏中的“拉伸”按钮，并选择相关基准面，进入草绘界面，如图 2-55 所示，完成相关草图的创建。

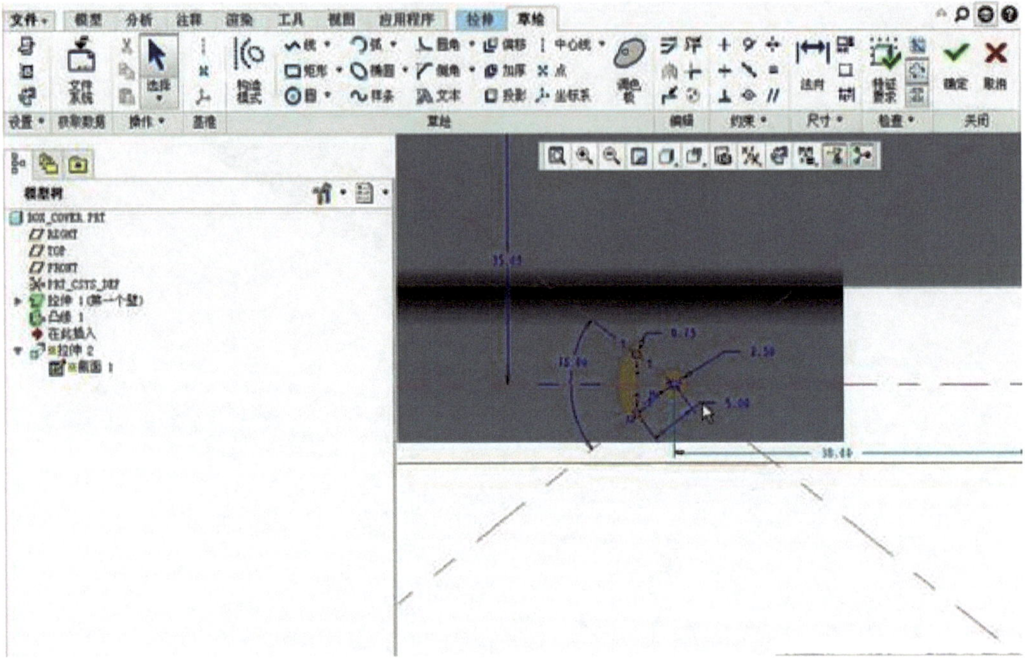

图 2-55

6）完成相关孔位结构的创建，如图 2-56 所示。

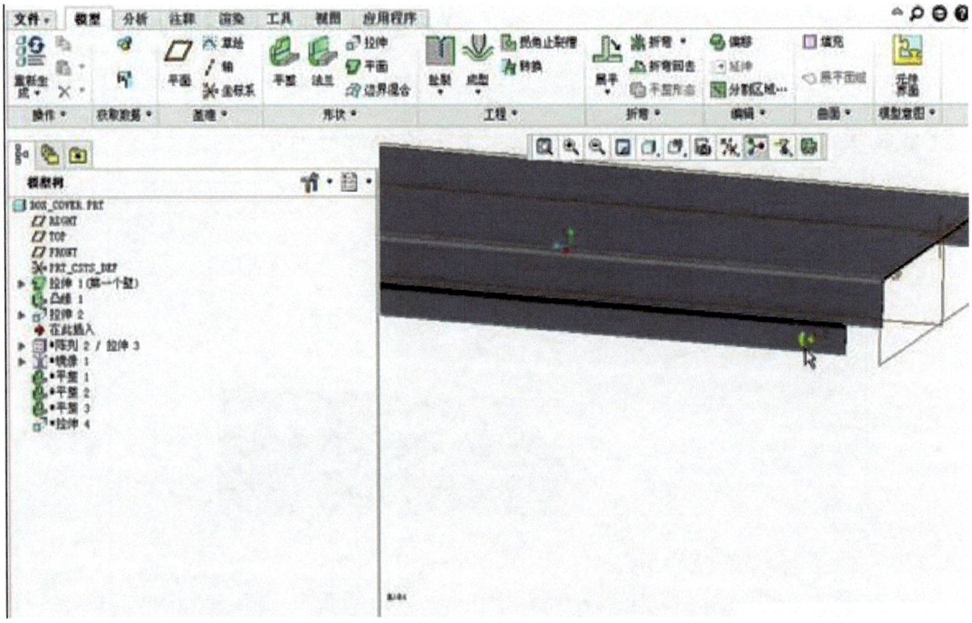

图 2-56

7）完成孔位特征的复制处理。单击工具栏中的“阵列”按钮完成上一步所创建的孔位特征的复制处理，如图 2-57 所示。

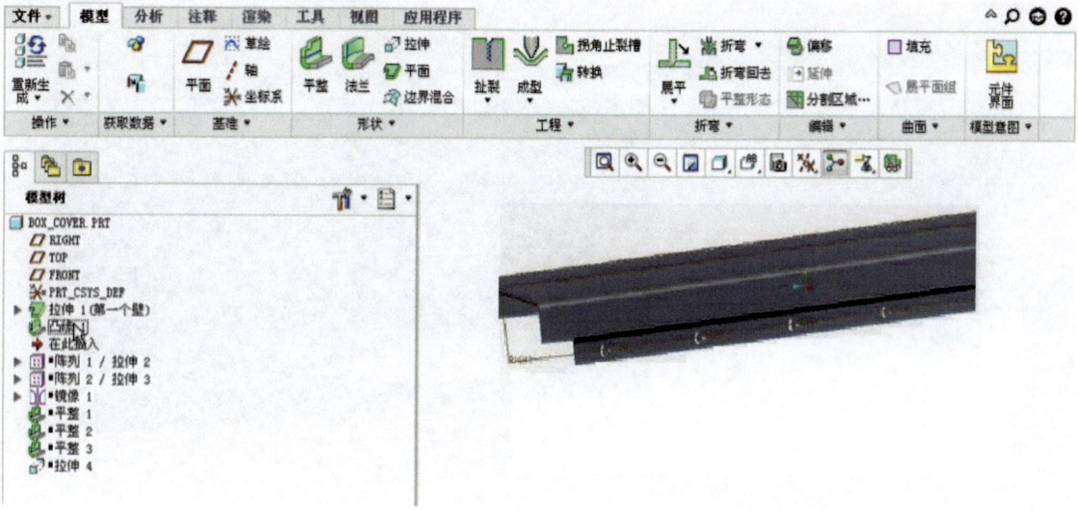

图　2-57

8）创建安装卡槽结构。单击工具栏中的“拉伸”按钮，并选择相关基准面，进入相关草绘界面，完成相关草图的创建，如图 2-58 所示。

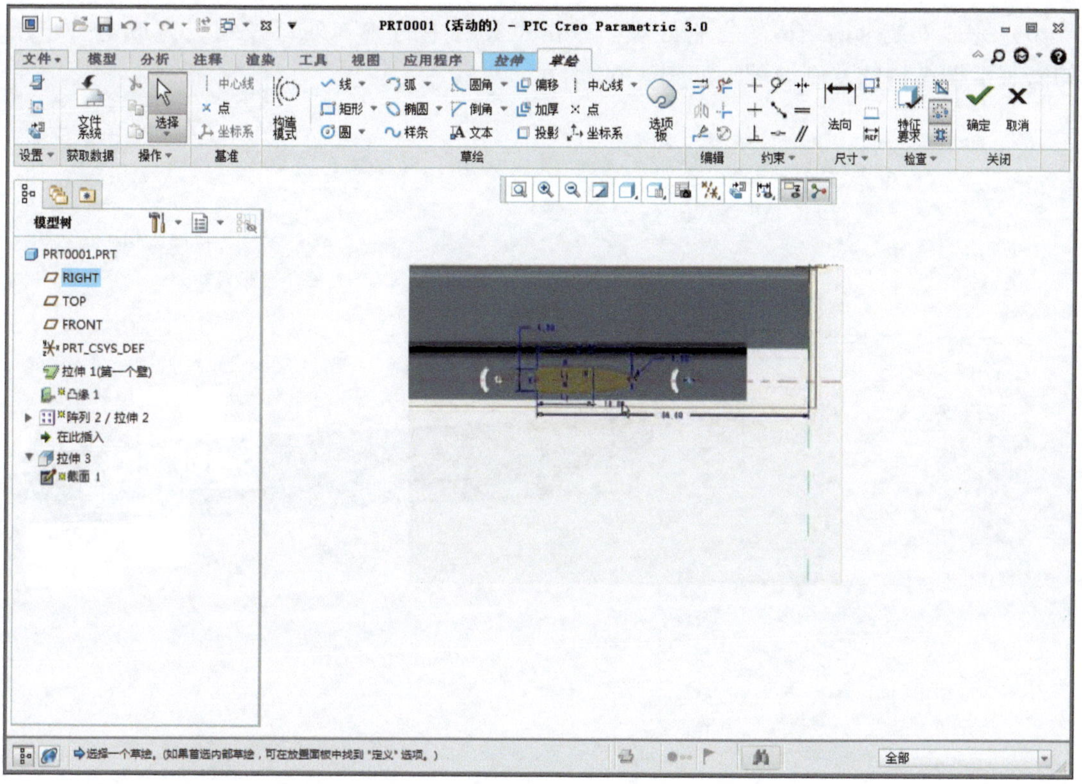

图　2-58

9）完成相关安装卡槽结构的创建，如图 2-59 所示。

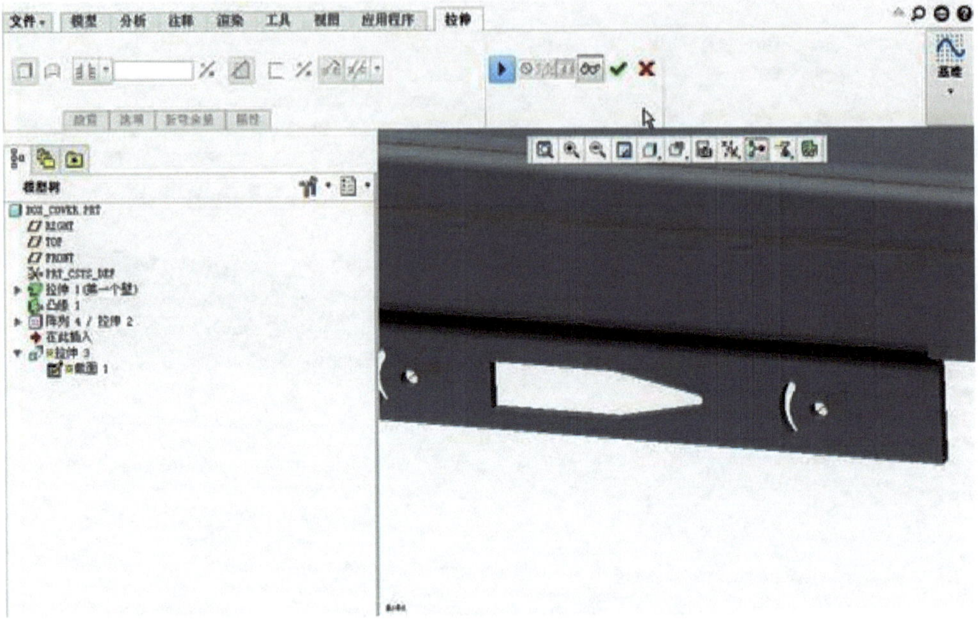

图 2-59

10）完成安装卡槽结构的复制处理。单击工具栏中的“阵列”按钮，完成上一步所创建的安装卡槽结构的复制处理，如图 2-60 所示。

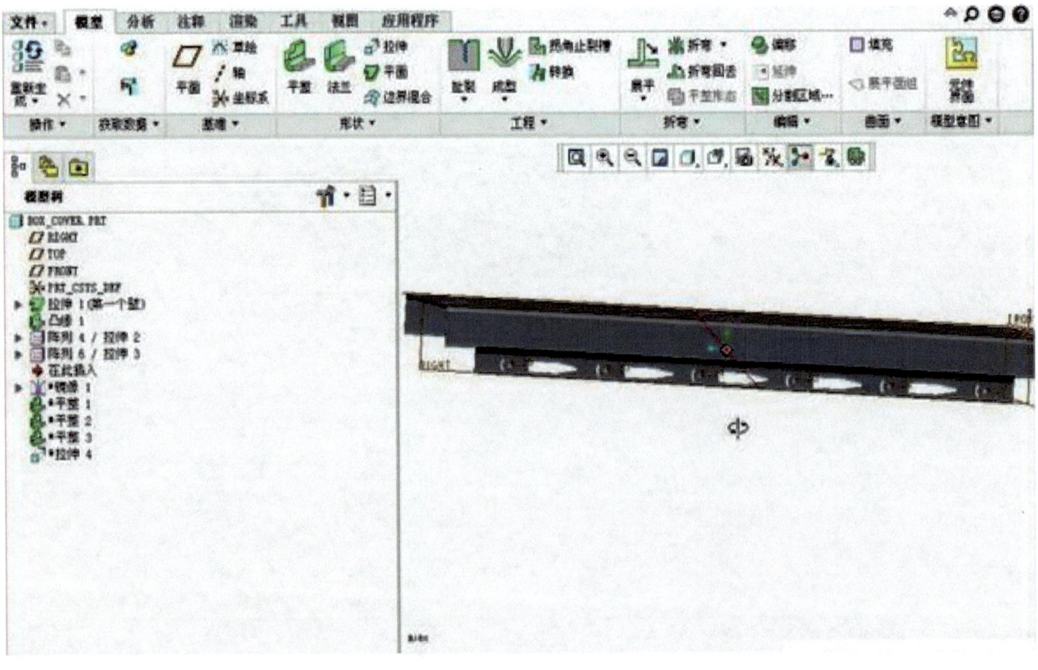

图 2-60

11）单击工具栏中的“镜像”按钮，完成相关结构特征的复制操作，如图 2-61 所示。

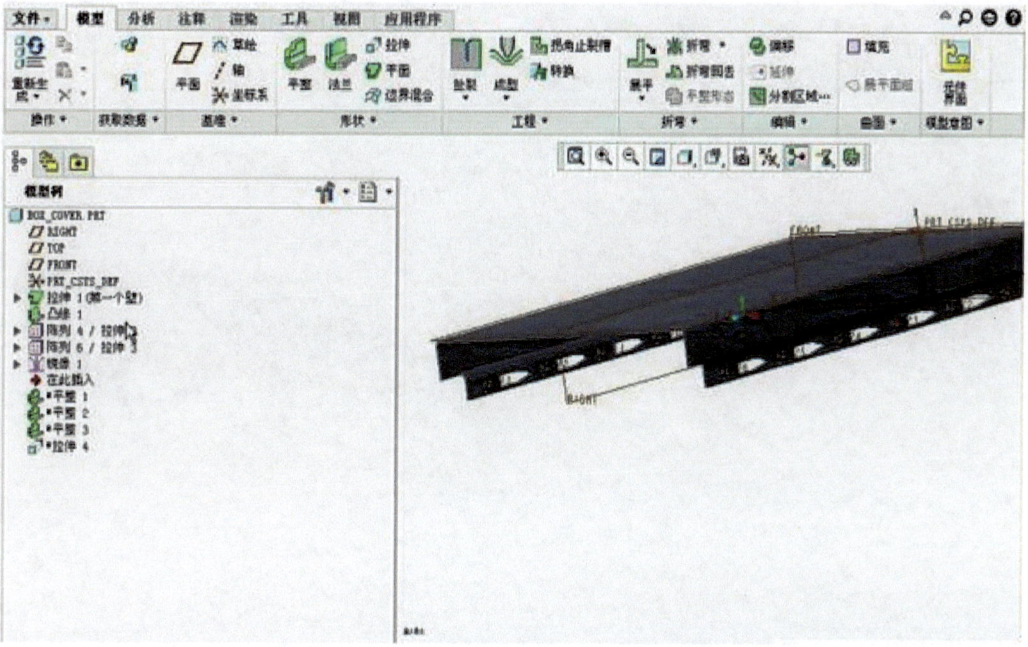

图　2-61

12）创建平整壁特征。单击工具栏中的“平整”按钮，并选择相关基准面，进入草绘界面，完成相关草图的创建，如图 2-62 所示。

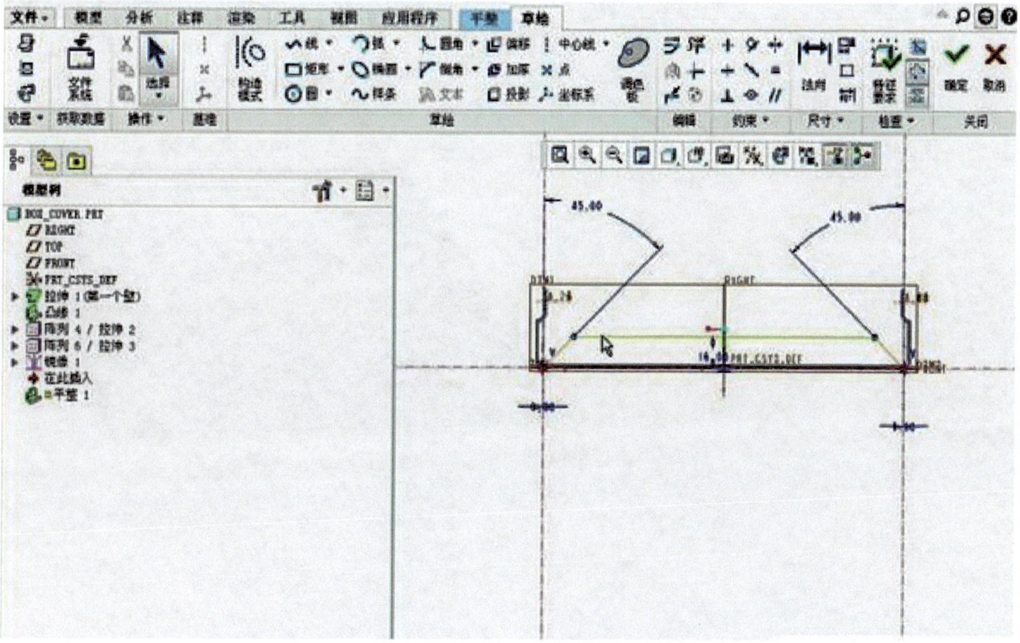

图　2-62

13）完成相关平整壁特征的创建，如图 2-63 中黄色部分所示。

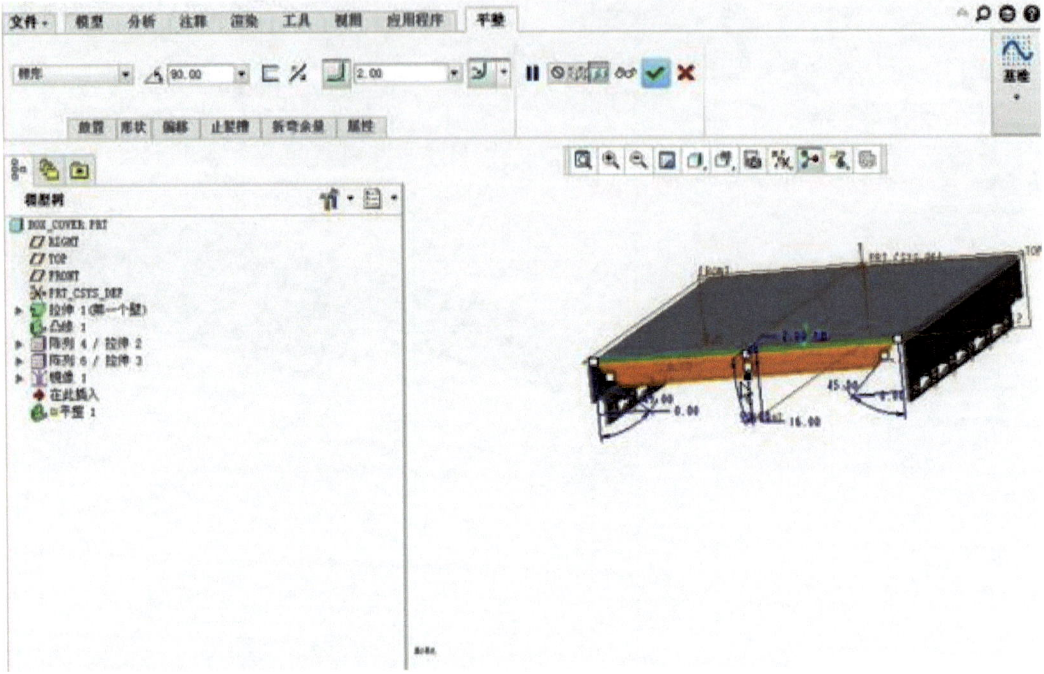

图 2-63

14）参照上一步所用方法完成盖板其他平整壁特征的创建，如图 2-64 所示。

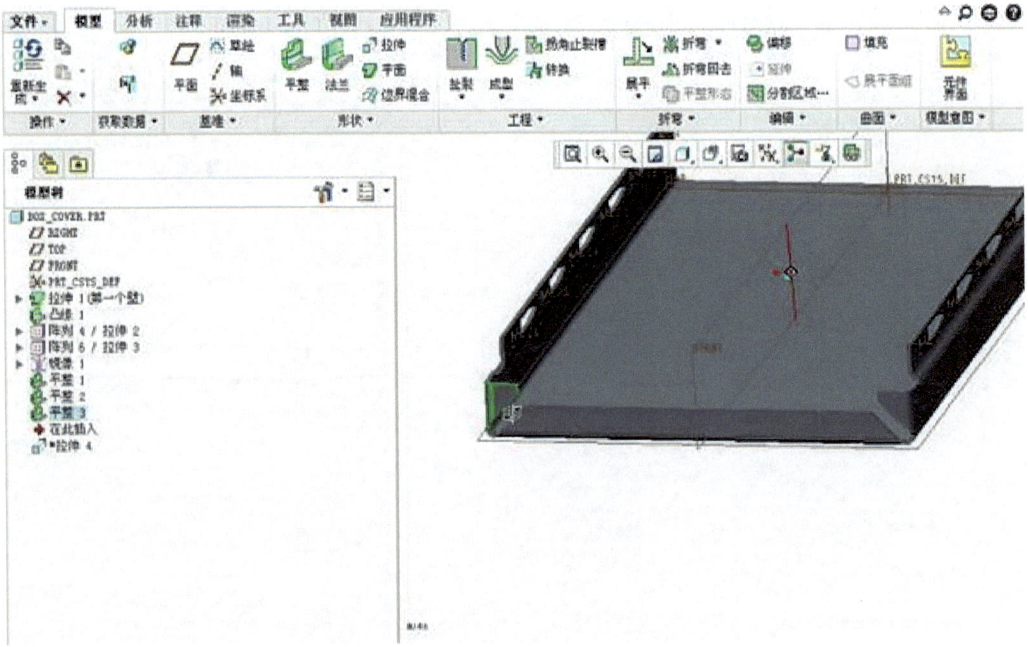

图 2-64

15）单击工具栏中的“拉伸”按钮，完成相关孔位的创建，如图 2-65 所示。

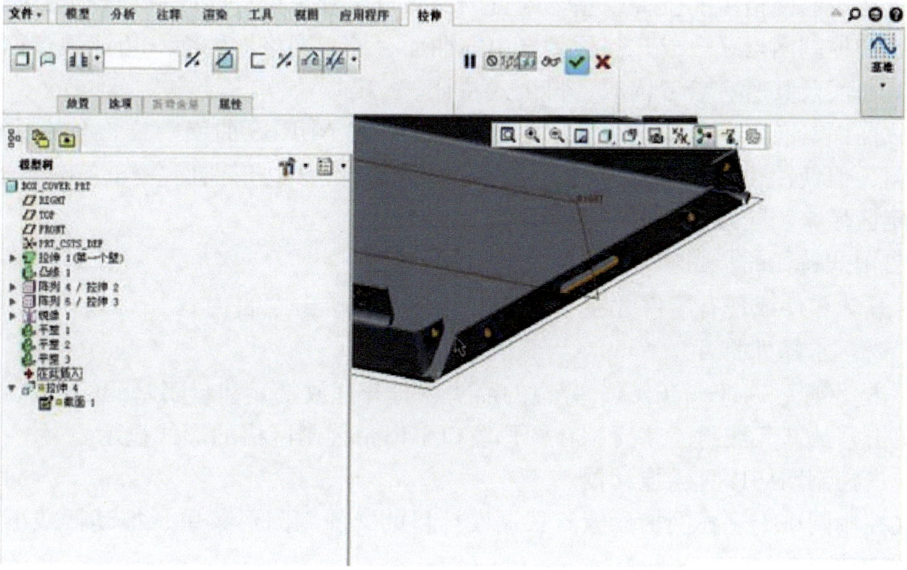

图　2-65

16）完成计算机机箱盖板的创建并保存，如图 2-66 所示。

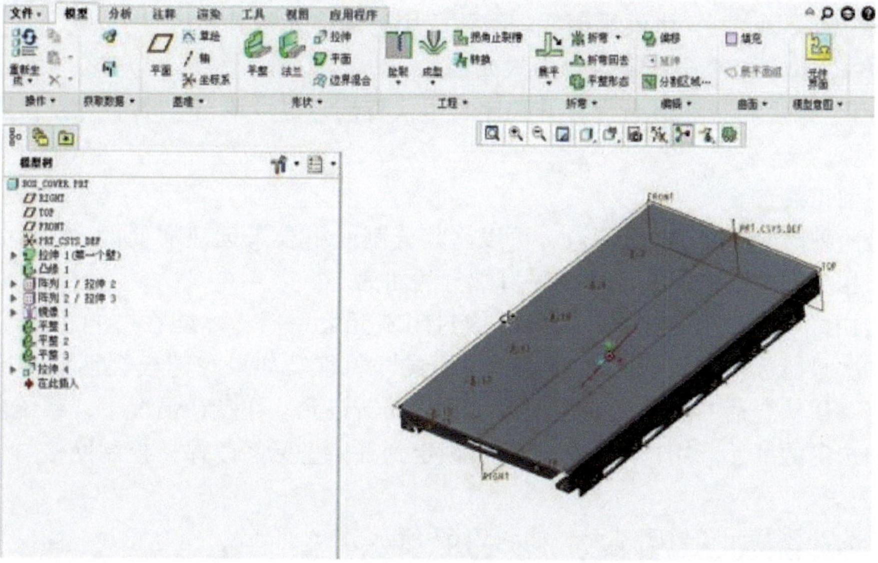

图　2-66

第三节　自由造型

一、自由造型技术简介

自由式建模环境提供了使用多边形控制网格快速简单地创建光滑且正确定义的 B 样条

曲面的命令。用户可以操控和以递归方式分解控制网格的面、边或顶点来创建新的顶点和面。新顶点在控制网格中的位置以基于附近的旧顶点位置来计算。此过程会生成一个比原始网格更紧密的控制网格。合成几何称为自由式曲面，控制网格上的面、边或顶点称为网格元素。自由式曲面及其所有参考构成了自由式特征。

自由式曲面具有 NURBS 和多边形曲面的特征。与 NURBS 曲面一样，自由式曲面可生成平滑几何，但使用很少的控制顶点就能确定其形状。与多边形曲面一样，可以拉伸自由式曲面的特定区域来创建细节。

创建自由式特征的步骤如下：

1）打开新零件或现有零件并在“模型”选项卡中单击“自由式”（Freestyle）按钮，“自由式”选项卡随即打开。

2）单击“基元”（Primitives）旁边的箭头以打开开放基元和封闭基元的库。

3）单击开放基元或封闭基元，在图形窗口中以带控制网格的形式显示。

4）单击控制网格以显示拖动器。

5）在控制网格上选择网格元素。根据设计目的，使用圆形菜单、拖动器或下列各组中的命令来操控控制网格。

① 操作（Manipulation）——操控或缩放控制网格以创建自由式曲面。使用拖动器可执行这些操作。

② 创建（Create）——对自由式曲面进行拓扑更改。

③ 皱褶（Crease）——将硬皱褶或软皱褶应用到网格元素。

④ 对称（Symmetry）——镜像自由式曲面。

6）单击“确定”按钮进行保存并关闭自由式特征，也可单击“取消”按钮取消所有更改并退出环境。

二、造型工具

基元是一种简单形状（如圆形），可以将其分割或组合来创建需要的“自由式”特征。操控与基元相关联的控制网格以创建平滑细分的曲面。

在“自由式”选项卡中选择下列开放或封闭基元之一后，才能在“自由式”环境下开始建模。一次只能选择一个基元来创建“自由式”特征。如果在建模会话期间选择不同的基元，只有确认从会话中删除先前模型后才会添加新基元。在默认情况下，系统会参考默认坐标系添加选定的基元。用户可将控制网格锁定到某一坐标系以保持控制网格与坐标系之间的关联性。

基元分为开放基元和封闭基元，如图 2-67 所示。

1. 开放基元

开放基元分为圆形初始形状、具有 2X 细分基元的圆、环形初始形状、具有 2X 细分基元的环、方形初始形状和三角形初始形状。

1）圆形初始形状与具有 2X 细分基元的圆，如图 2-68 和图 2-69 所示。

2）环形初始形状与具有 2X 细分基元的环，如图 2-70 和图 2-71 所示。

3）方形初始形状如图 2-72 所示。

4）三角形初始形状如图 2-73 所示。

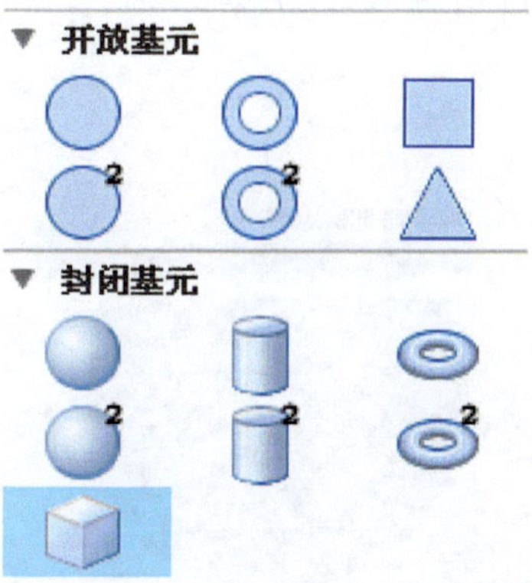

图　2-67

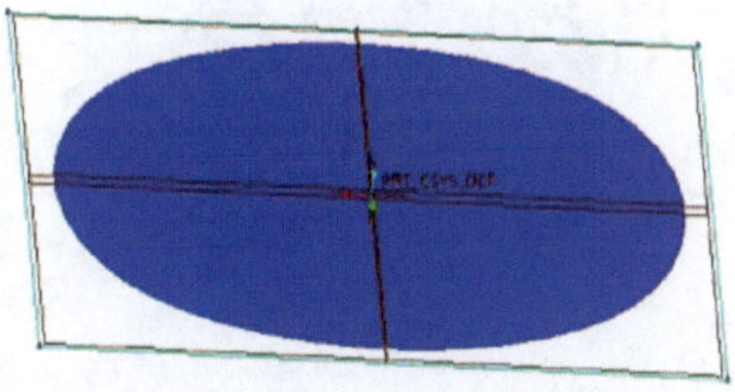

图　2-68

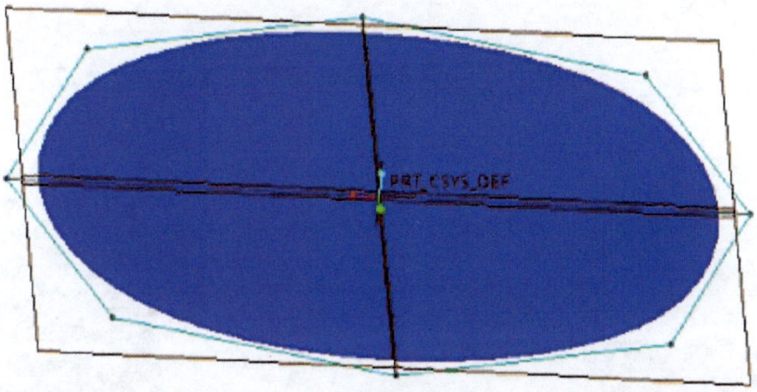

图　2-69

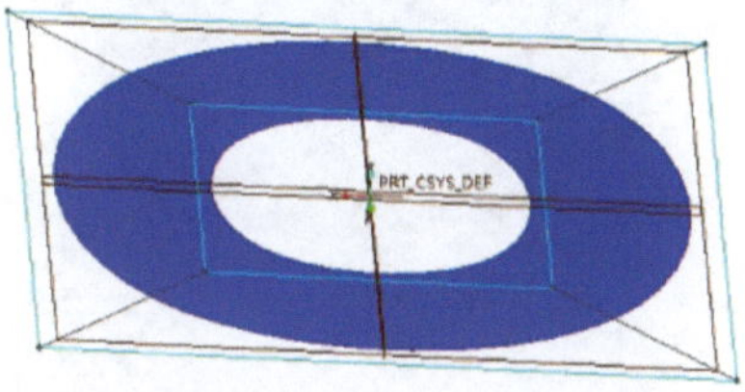

图　2-70

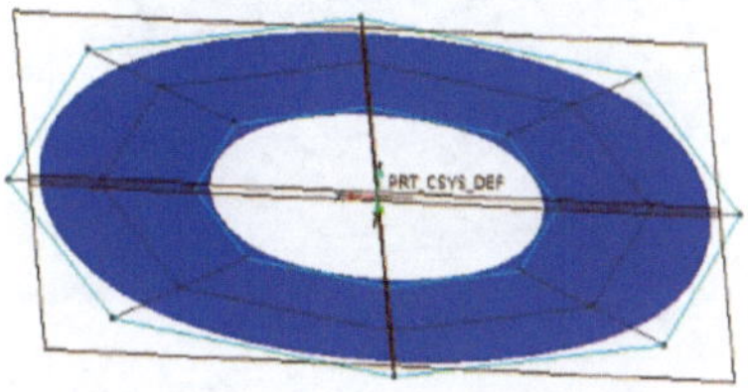

图　2-71

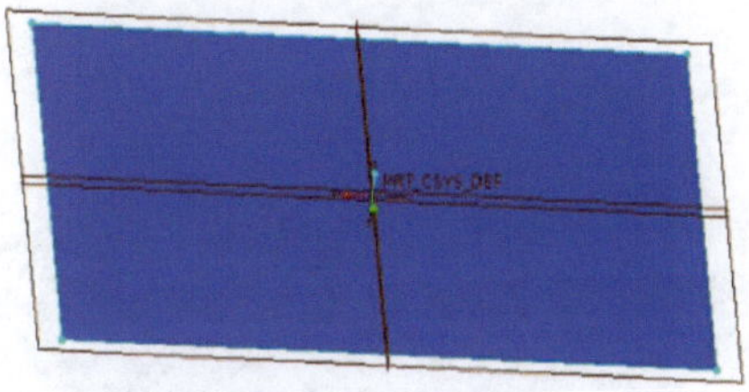

图　2-72

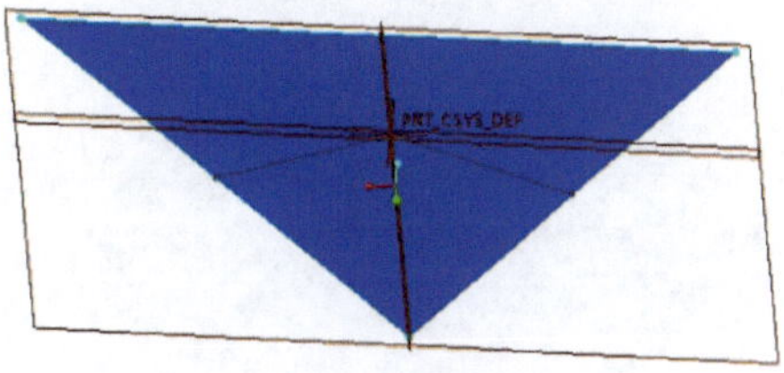

图　2-73

2. 封闭基元

封闭基元分为球形初始形状、具有 2X 细分基元的球形、圆柱初始形状、具有 2X 细分基元的圆柱、圆环初始形状、具有 2X 细分基元的圆环和立方体初始形状。

1）球形初始形状与具有 2X 细分基元的球形如图 2-74 和图 2-75 所示。

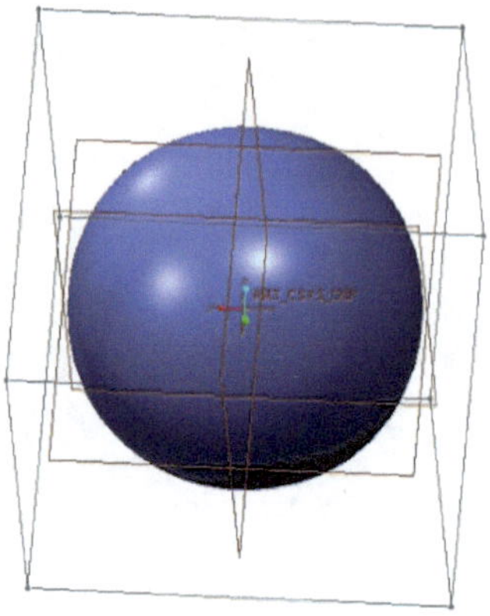

图 2-74

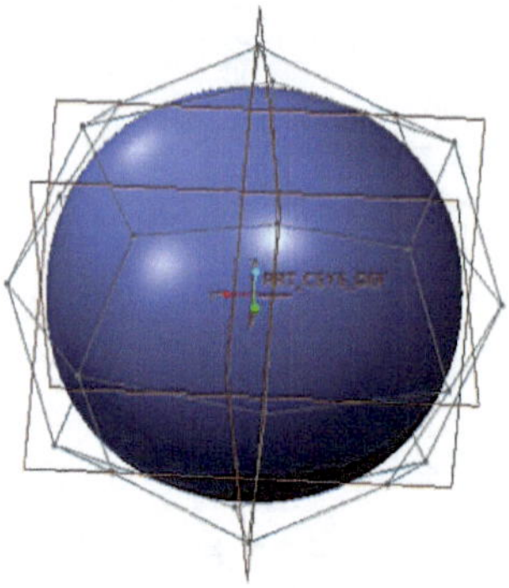

图 2-75

2）圆柱初始形状与具有 2X 细分基元的圆柱如图 2-76 和图 2-77 所示。

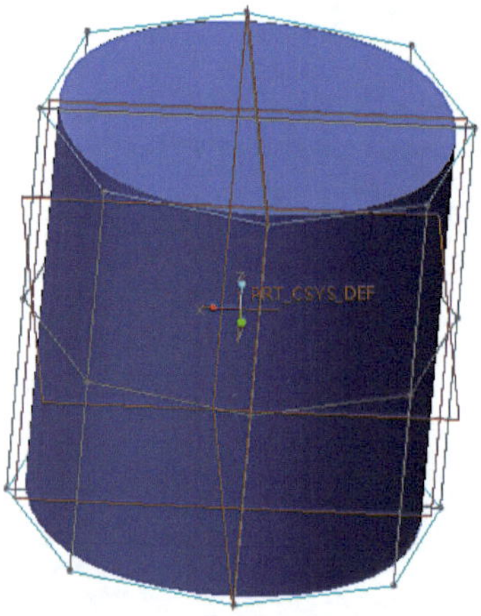

图 2-76

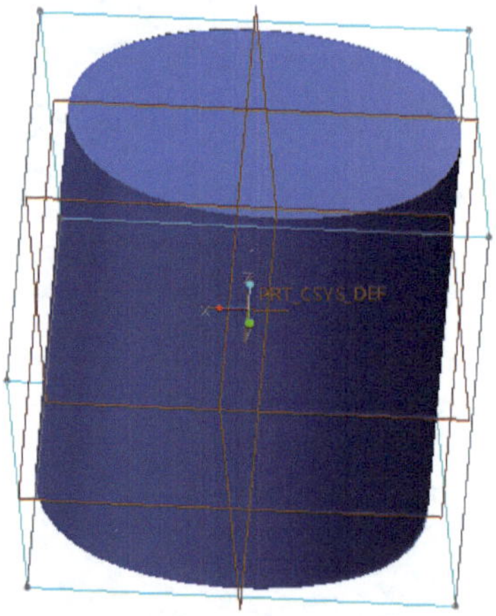

图 2-77

3）圆环初始形状与具有 2X 细分基元的圆环如图 2-78 和图 2-79 所示。

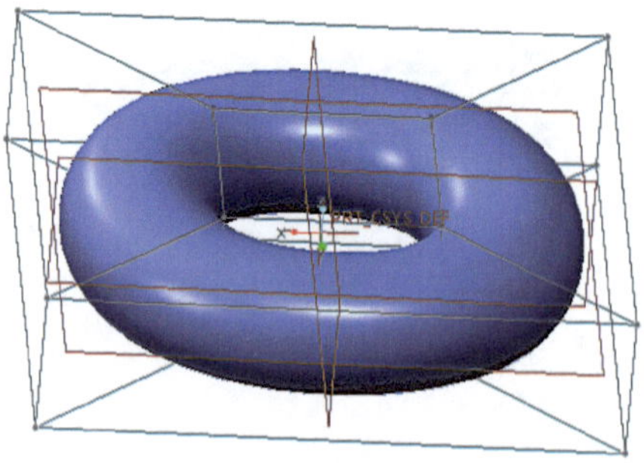

图 2-78

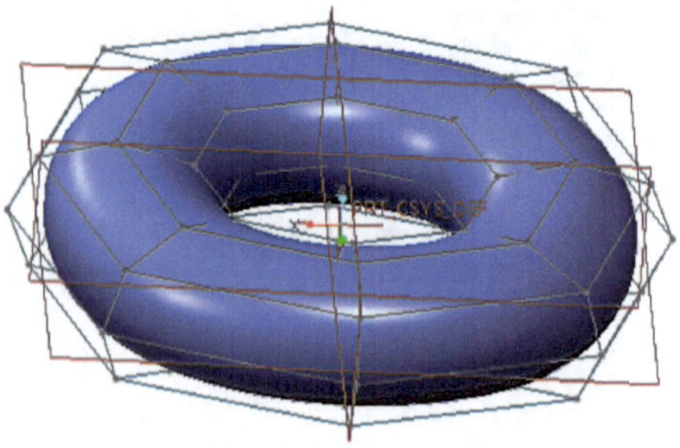

图 2-79

4）立方体初始形状如图 2-80 所示。

三、自由形式曲线和曲面

使用自由式命令，在修改形状时可获得更精细的控制和细节。对于复杂的控制网格，在对其进行操作时可以仅显示该控制网格的某部分。选择基元并通过以下操作操控网格元素可创建自由式曲面。

1. 平移和旋转网络元素

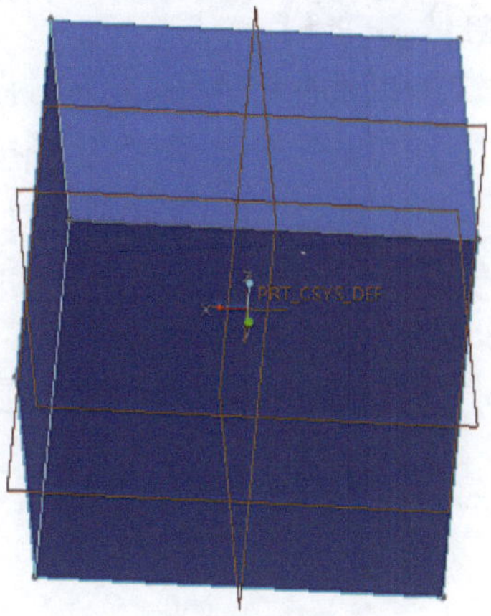

图　2-80

【操作步骤】

1）以带控制网格的形式打开基元。

2）使用拖动器的控制滑块和环来移动或旋转控制网格。按住 < Alt > 键的同时拖动环，可在线性方向上旋转控制网格，旋转前、后的效果如图 2-81 和图 2-82 所示。

3）如果已选择多个网格元素，可以使用“操作”（Manipulation）选项组中的选项来控制网格元素彼此之间的相对移动，平移前、后的效果如图 2-83 和图 2-84 所示。

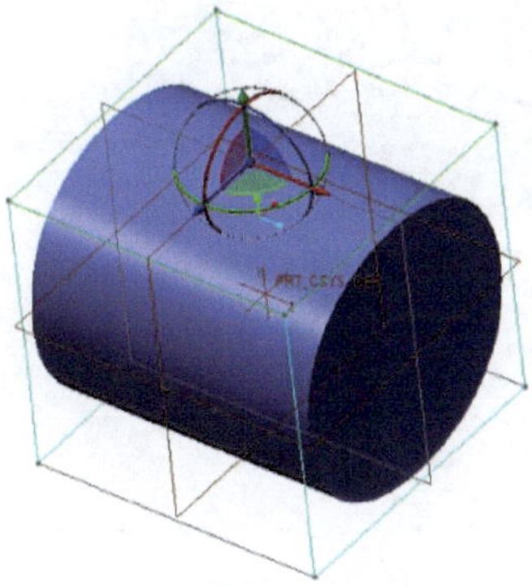
图　2-81

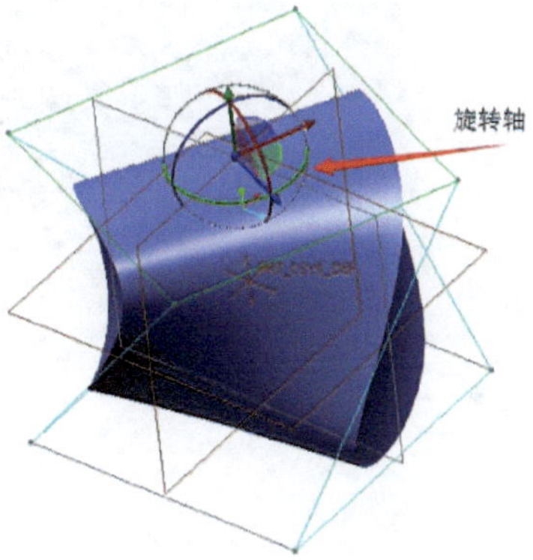

图　2-82

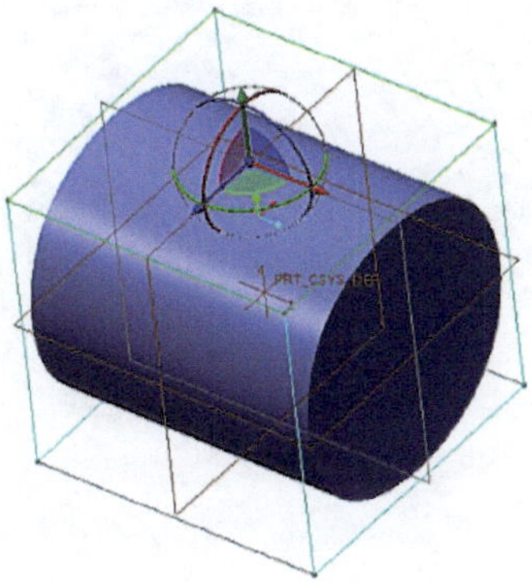
图　2-83

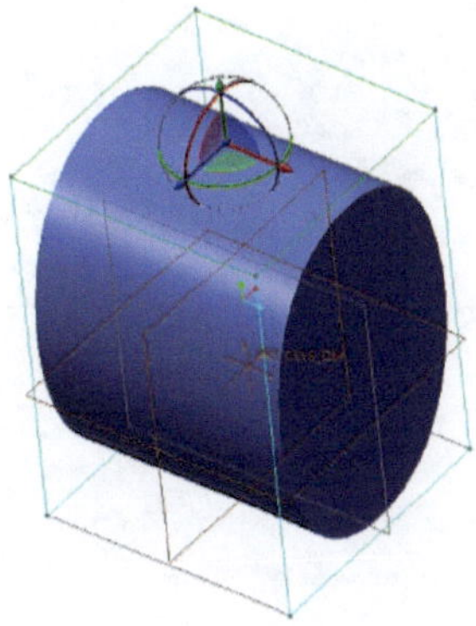
图　2-84

① 常量（Constant）——将所有选定网格元素移动相同的距离。
② 线性（Linear）——使用线性内插移动所有选定的网格元素。
③ 平滑（Smooth）——使用平滑内插移动所有选定的网格元素。

2. 缩放网格元素

【操作步骤】

1）以带控制网格的形式打开基元。

2）单击圆形菜单中的按钮，或者在“自由式”选项卡中单击“缩放”（Scale）按钮，拖动器会变为 3D 缩放拖动器，并且在所选内容周围出现一个边界框。如有必要，可将 3D 缩放拖动器重定位到边界框的侧面上。

3）执行下列操作之一来缩放控制网格。

① 1D 缩放——拖动缩放拖动器，缩放前、后的效果如图 2-85 和图 2-86 所示。

② 2D 缩放——拖动缩放拖动器的平面，缩放后的效果如图 2-87 所示。

③ 3D 缩放——按住 < Ctrl > 键并拖动缩放拖动器，缩放后的效果如图 2-88 所示。

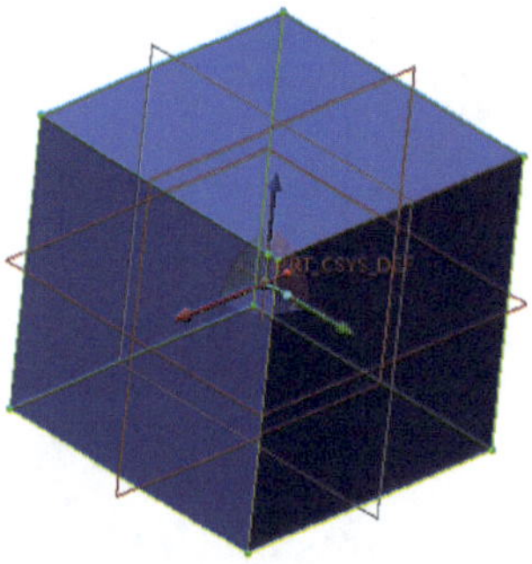

图 2-85

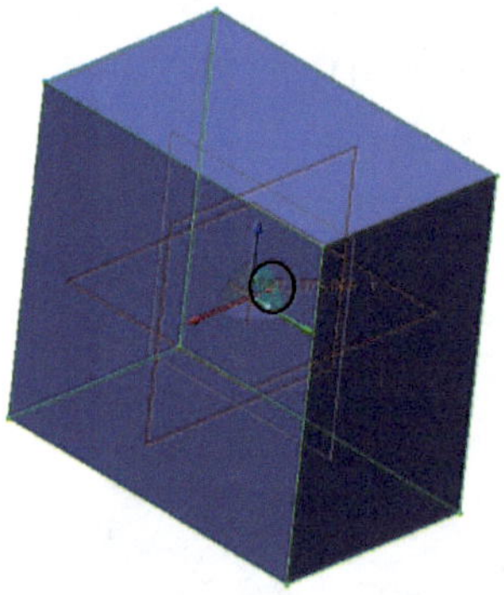

图 2-86

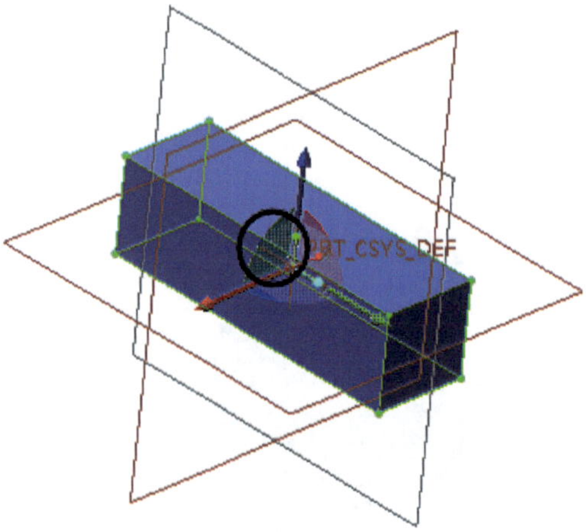

图 2-87

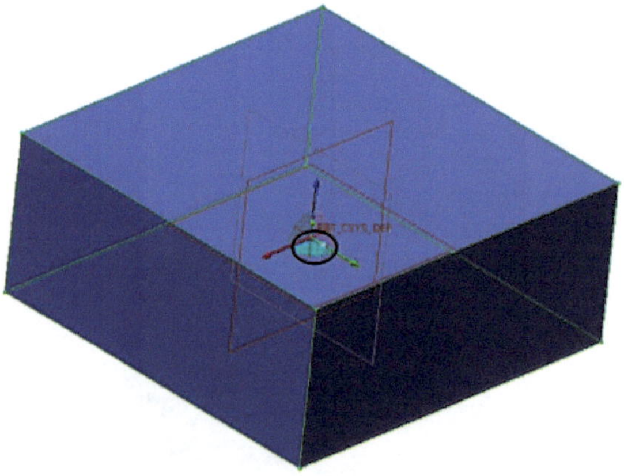

图 2-88

3. 拓扑更改

Creo Parametric 中的多级细分会使用明确的细分级别来改变形状，以获得更精细的细节和控制。在这一过程中，不需要手动细分模型和改变拓扑。通常，只能在基础级别上创建细分曲面，可以将细分级别从基础级别增加至级别 3，基础级别和级别 1 ~ 3 分别如图 2-89 ~

图 2-92 所示。

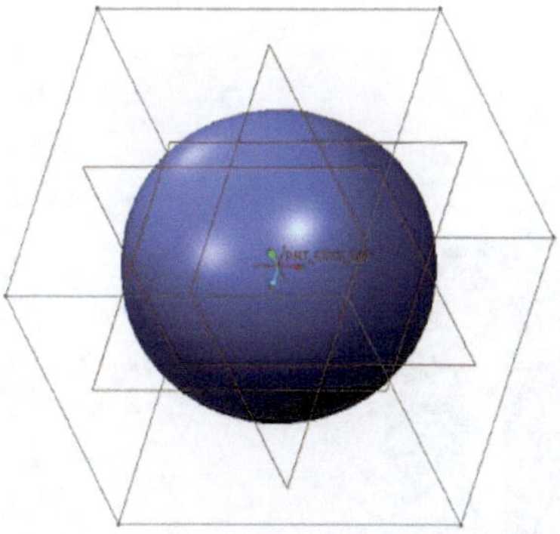

图　2-89

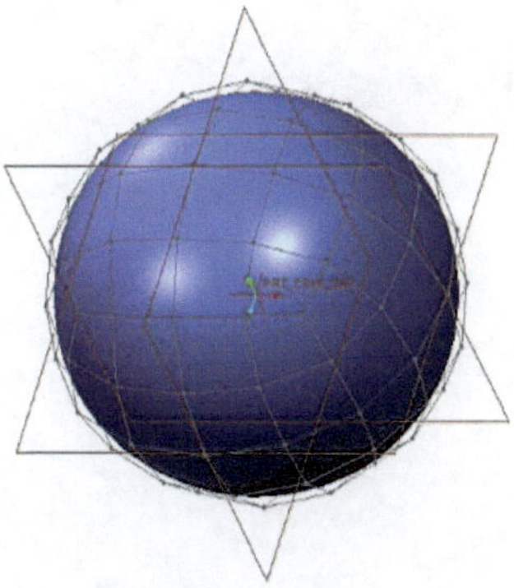

图　2-90

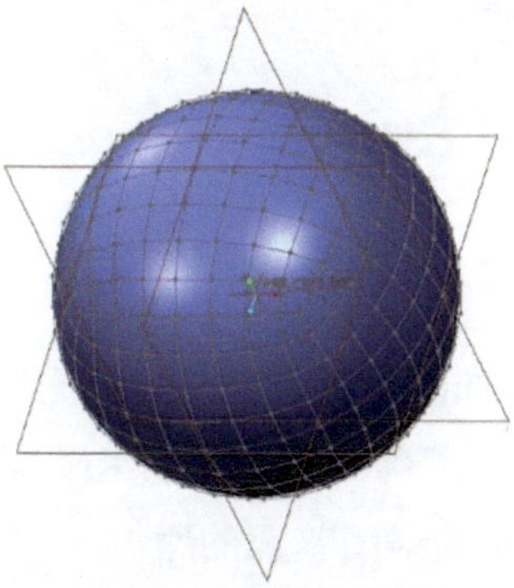

图　2-91

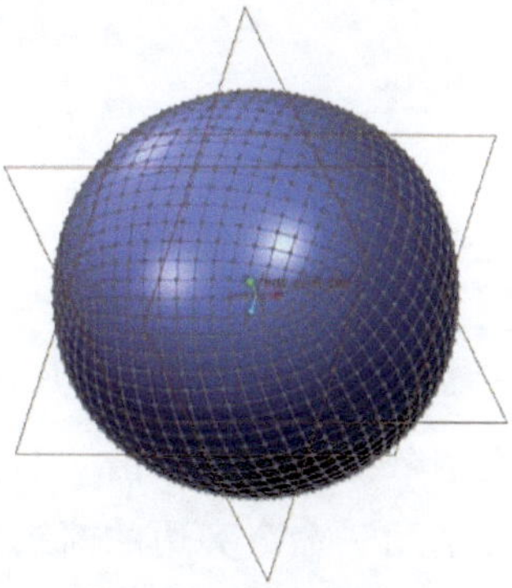

图　2-92

4. 创建对称的自由曲面

选择控制网格的面元素或边元素并将其投射到镜像平面可以镜像该控制网格。镜像会帮助创建对称的“自由式”几何。镜像平面可以是基准平面或平曲面。在默认情况下，镜像控制网格不会显示在图形窗口中，而是依赖于原始网格。对原始几何的更改会自动反映到镜像几何中。用户可以中断和重新激活此相关性。在这种情况下，可使部分保持不变的网格从属于原始网格。由于部分已更改网格已经独立，无法使其再次从属于原始网格，只能为一个控制网格创建一个镜像“自由式”特征，如图 2-93 和图 2-94 所示。

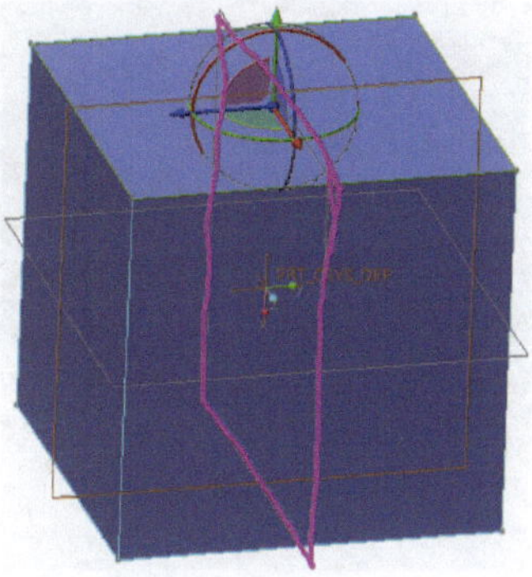

图　2-93

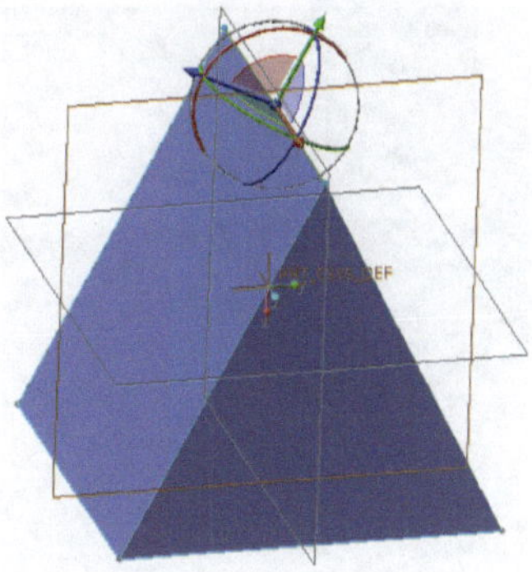

图　2-94

四、产品设计案例

【实体图】（图 2-95）

图 2-95

【操作步骤】

1）打开新零件并创建一个直径为 40mm、高度为 60mm 且沿默认坐标系居中的拉伸圆柱。

2）在“模型”选项卡中单击“自由式”按钮，“自由式”选项卡随即打开。

3）单击“基元”命令旁边的箭头以打开开放基元和封闭基元的库。

4）从库中选择一个球面，在图形窗口中显示该球面及其控制网格。

5）绕该球面拖动出一个方框，选择所有网格元素。

6）用鼠标右键单击图形窗口，然后单击圆形菜单中的按钮以缩放网格元素，拖动器会更改为 3D 缩放控制滑块，并且在所选内容周围出现一个边界框。

7）按住 < Ctrl > 键并拖动缩放控制滑块来对球面执行 3D 缩放，一直拖动，直到该球面的大小约为圆柱大小的两倍，如图 2-96 所示。

8）选择控制网格的背面，然后在圆形菜单中单击按钮拉伸该面，如图 2-97 所示。

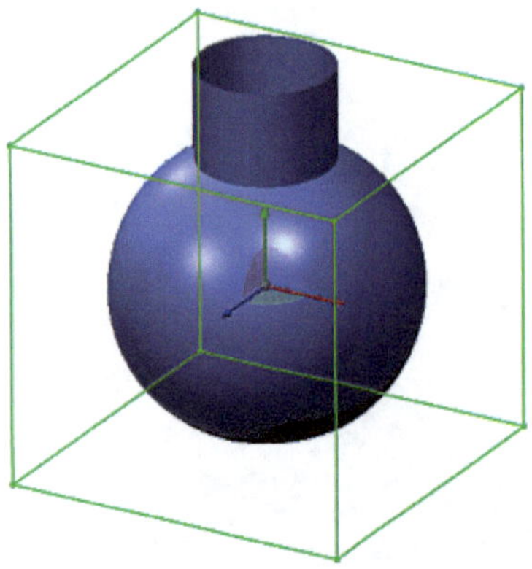

图 2-96

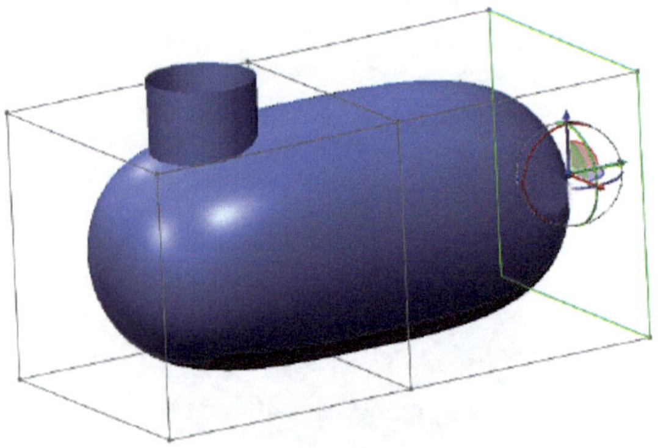

图 2-97

9）按住<Ctrl>键的同时选择两个面，拖动控制滑块来拉伸形状，如图2-98和图2-99所示。

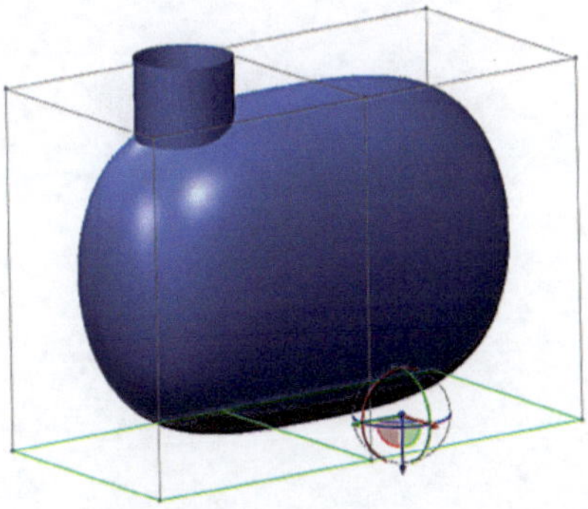
图　2-98

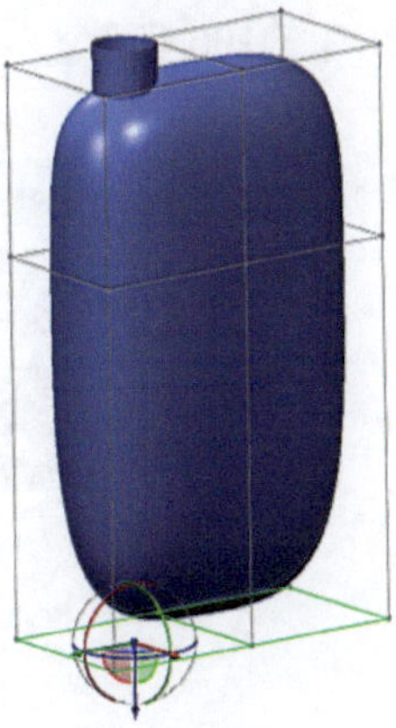
图　2-99

10）单击鼠标中键重复拉伸操作，向下拖动控制滑块来拉伸瓶子的主体，然后单击鼠标中键再次重复拉伸操作，如图2-100所示。

11）选择右上方边，将方向更改为“右视图”，并拖动平面控制滑块以定位边，如图2-101和图2-102所示。

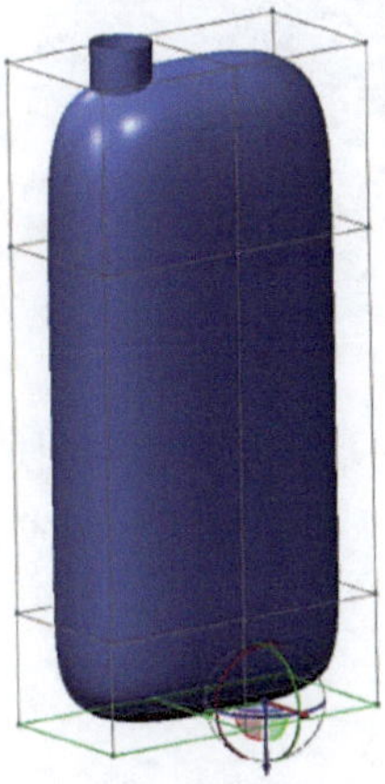
图　2-100

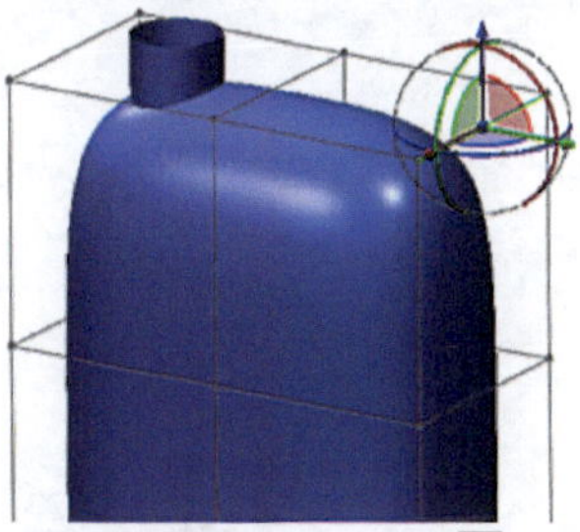
图　2-101

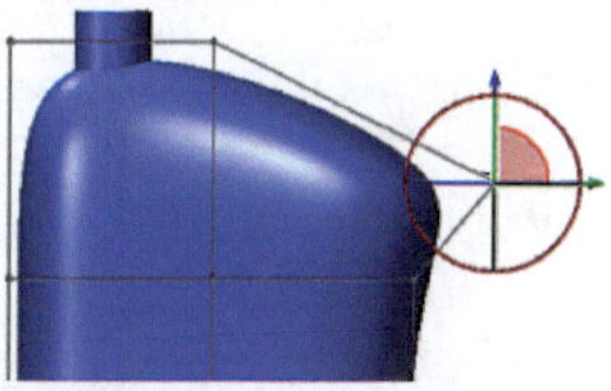
图　2-102

12）选择右侧的面，在圆形菜单中单击按钮以拉伸该面并开始创建手柄的上部，如图2-103和图2-104所示。

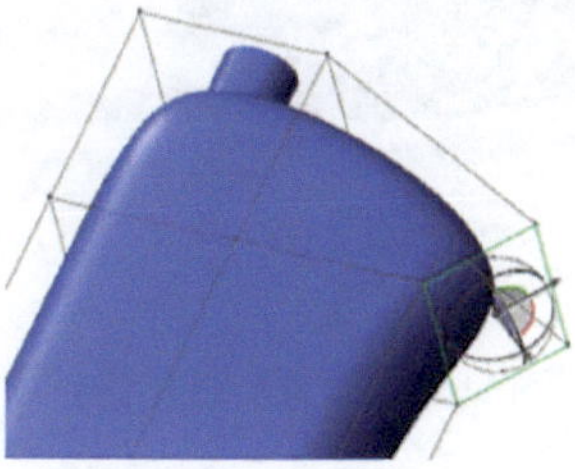
图　2-103

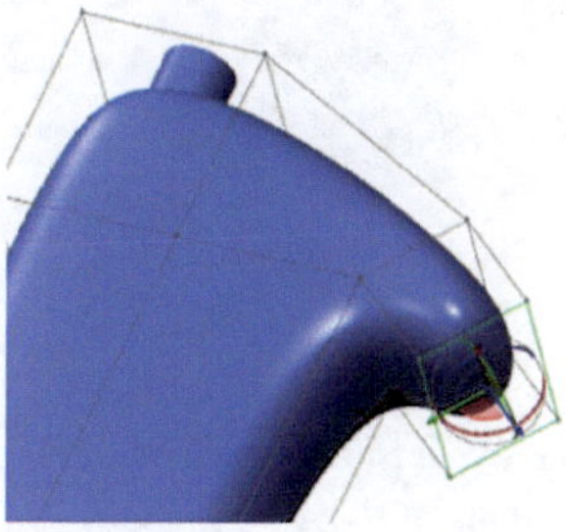
图　2-104

13）选择右下方的面，在圆形菜单中单击按钮以拉伸该面并开始创建手柄的下部，如图2-105和图2-106所示。

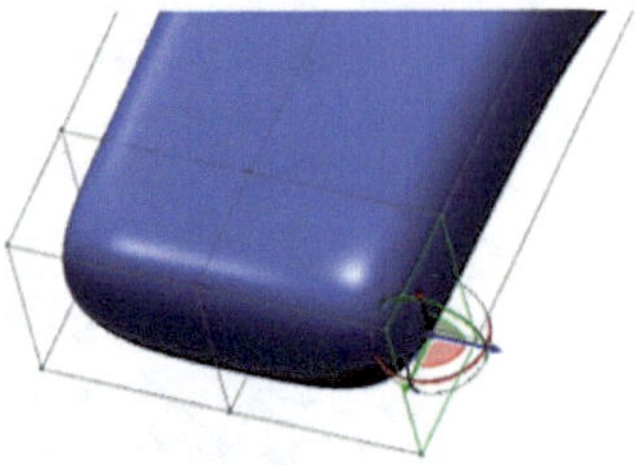

图 2-105

图 2-106

14）该面仍处于选中状态时，将方向更改为“右视图”，使用旋转控制滑块旋转该面，然后使用拖动器的中心球在屏幕上自由拖动以定位面，如图2-107和图2-108所示。

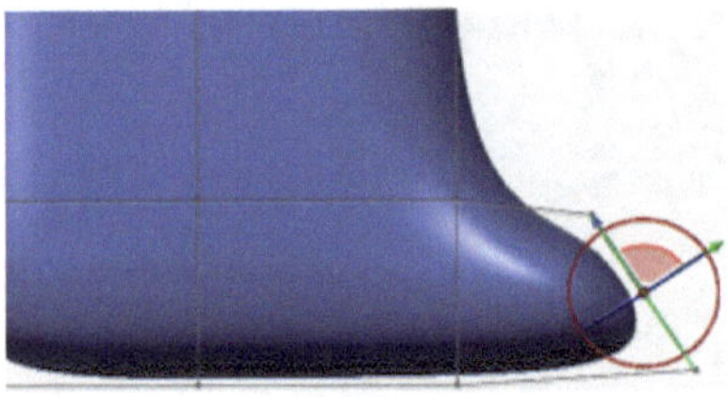

图 2-107

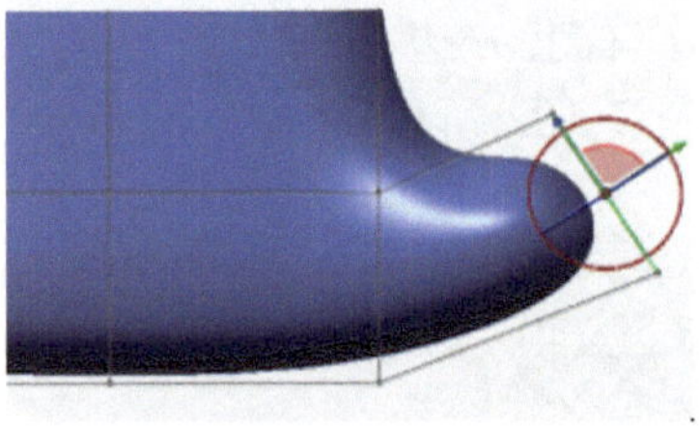

图 2-108

15）该面仍处于选中状态时，重新定向该模型。按住 < Ctrl > 键，使用拖动器的顶部控制滑块选择另一个面，然后单击圆形菜单中的按钮，两个面已连接，手柄创建完成，如图2-109和图2-110所示。

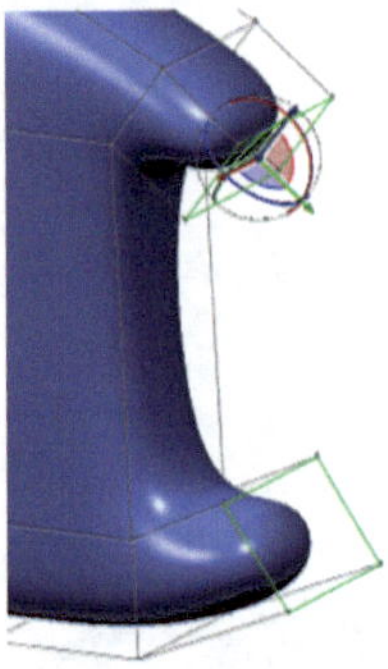

图 2-109

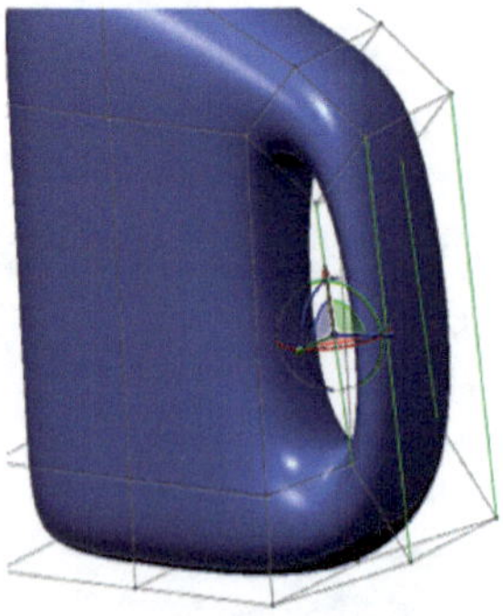

图 2-110

16）重定向至“右视图”，并使用区域选择机制选择顶点，然后使用拖动器的控制滑块移动顶点，以获得所需形状，如图2-111和图2-112所示。

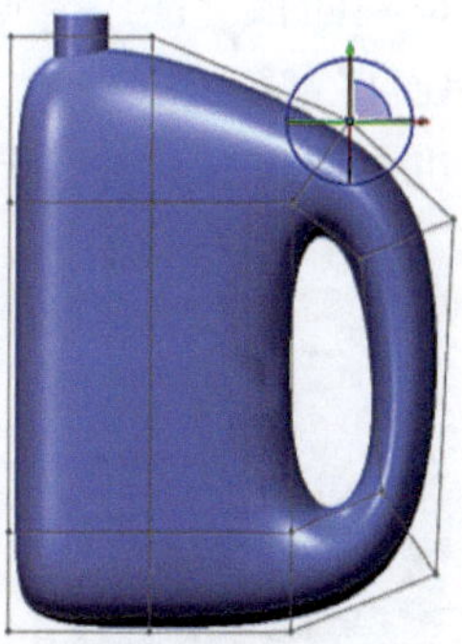

图　2-111

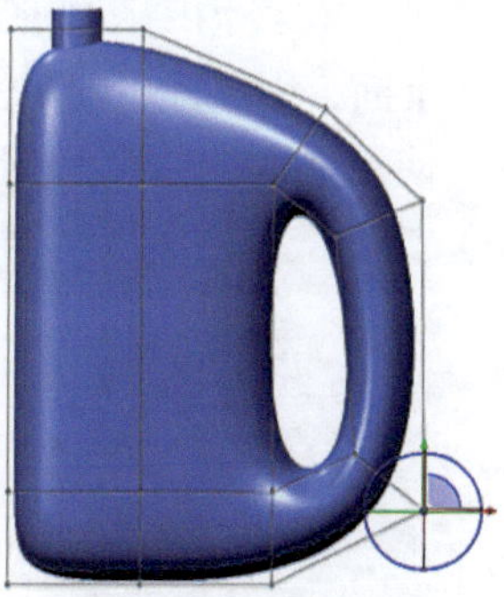

图　2-112

17）使瓶子的中部膨胀以粘贴标签面板。选择图 2-112 中绿色高亮显示的 3 个面。单击按钮，缩放控制滑块显示在选定面边界框的中心。将其重新定位到边界框的背面，以便可以从该位置缩放。将鼠标指针移到其中一个缩放控制滑块上，单击鼠标右键，然后选择“重定位”（Relocate）命令，再选择边界框的背面，现在缩放控制滑块便重定位至该面，如图 2-113和图 2-114 所示。

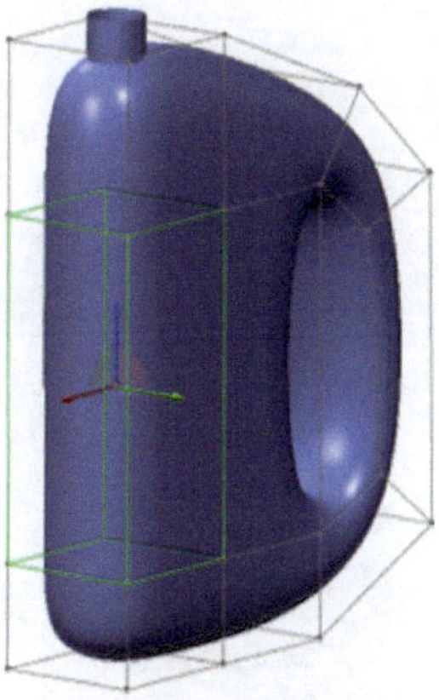

图　2-113

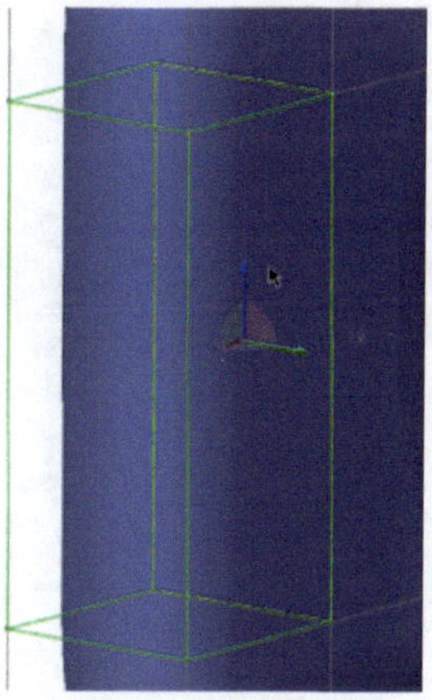

图　2-114

18）指向平面拖动器并拖动它对控制网格执行 2D 缩放，如图 2-115 和图 2-116 所示。

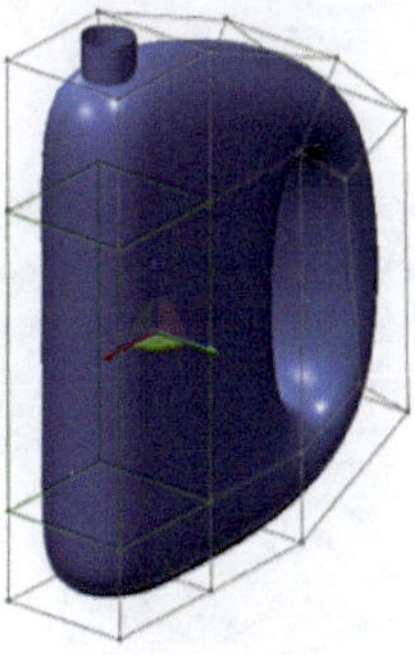

图　2-115

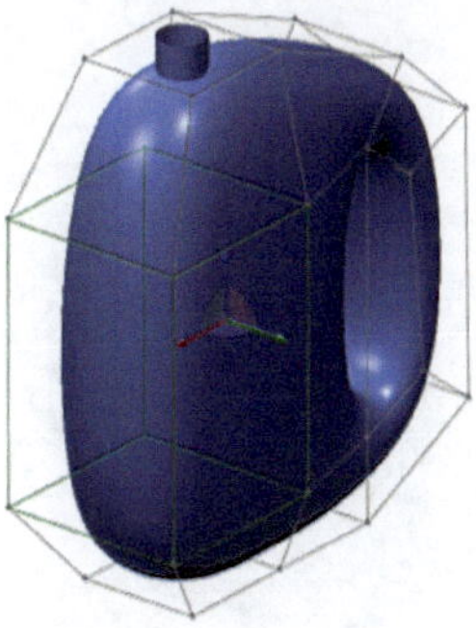

图　2-116

19）此时瓶子的形状已经清晰，按照下面的步骤定义标签面板。使用“面分割”选项分割仍处于选中状态的 3 个面，用鼠标右键单击拖动器，然后单击“重定位”命令，单击边界框的背面来重定位拖动器，使用平面控制滑块向内缩放这些面，也可通过在“自由式”选项卡中单击“增量”（Increment）按钮选择显示增量缩放值，如图 2-117 和图 2-118所示。

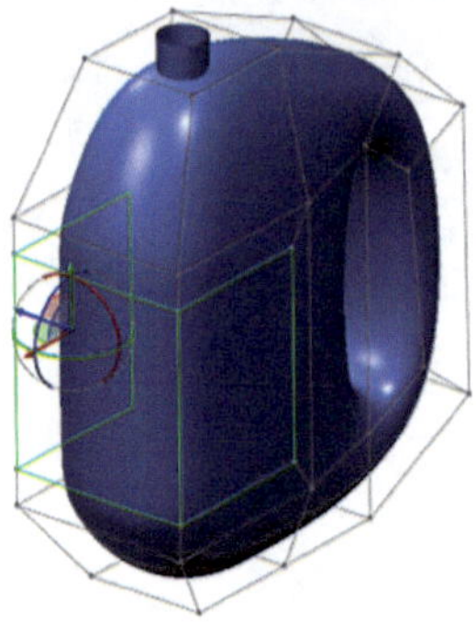

图 2-117

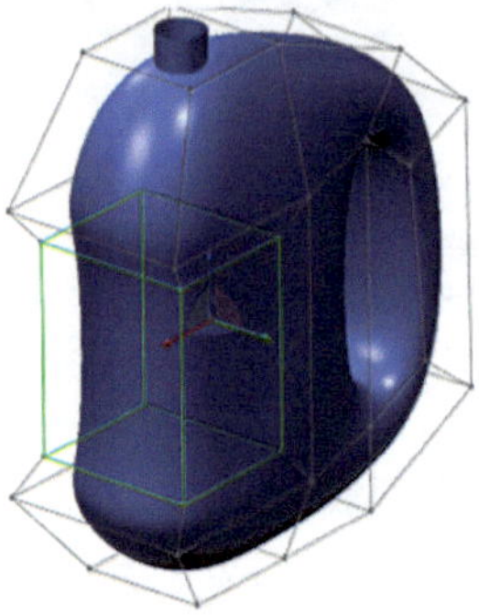

图 2-118

20）将更多定义添加到标签面板，按下列步骤进行操作。引入硬边，选择图 2-119 所示的边，按住 <Shift> 键并再次选择同一条边以完成环选择。在“皱褶”选项组中单击“硬”（Hard）按钮以将硬皱褶应用于选定边，如图 2-120 所示。

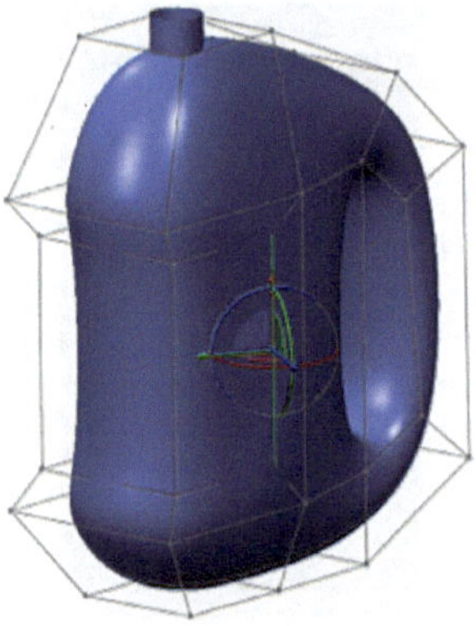

图 2-119

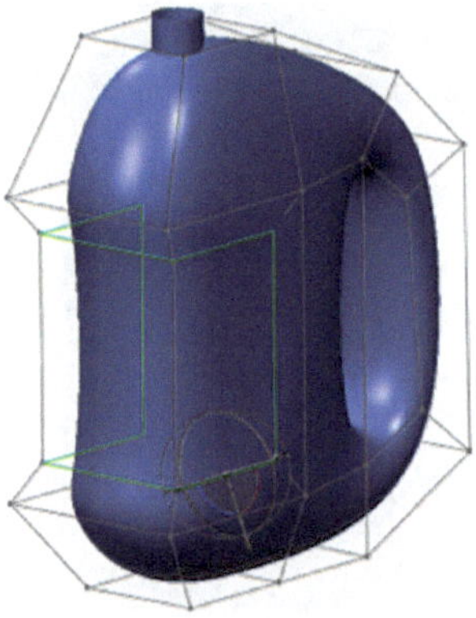

图 2-120

21）对如图 2-121 所示标签面板的外侧边重复上述操作，如图 2-122 所示。

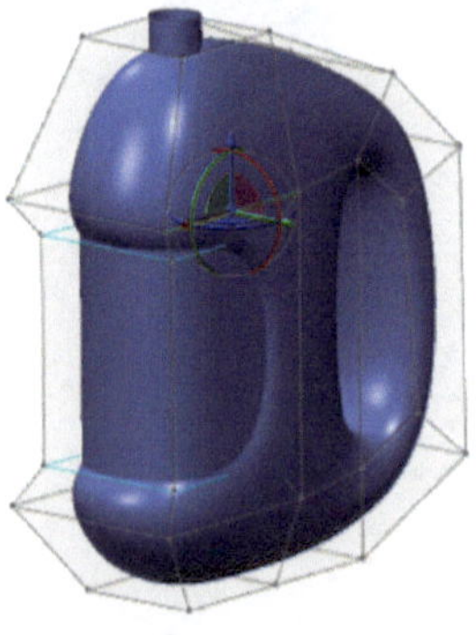

图 2-121

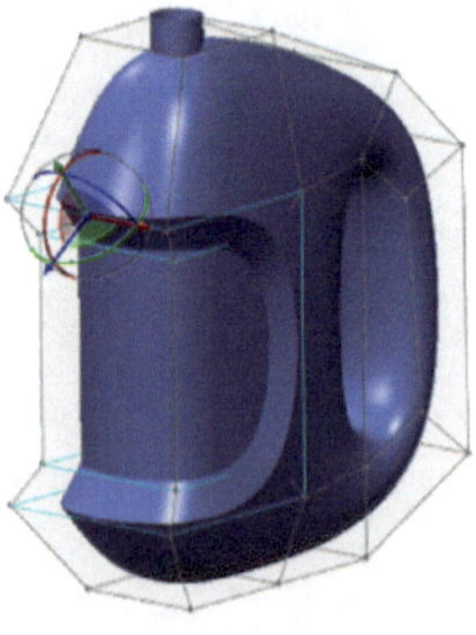

图 2-122

22）将皱褶应用于手柄区域，按下列步骤进行操作。选择底边，按住 <Shift> 键并再次单击同一条边以正确选择一个环。在“皱褶”选项组中单击“硬”（Hard）按钮以应用硬皱褶，如图 2-123 和图 2-124 所示。

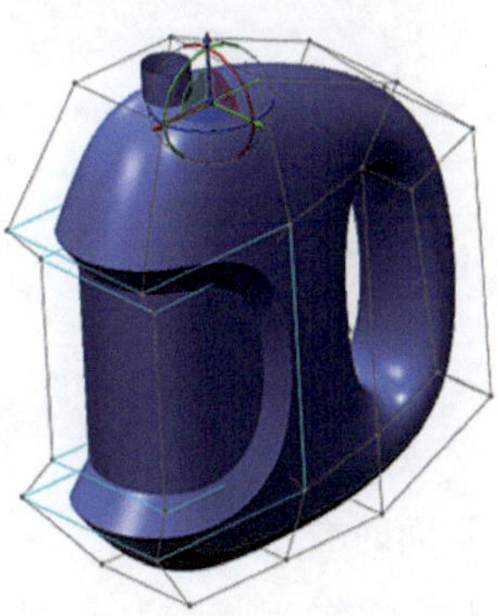

图　2-123

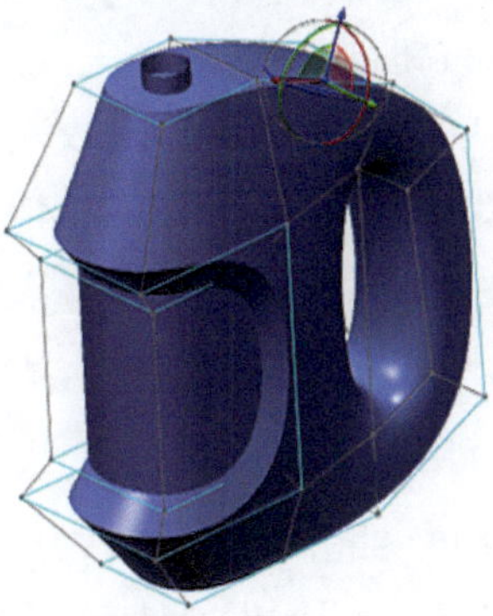

图　2-124

23）此时，瓶子已成形。单击“确定”按钮，按照下列步骤给瓶子添加细节。

24）对皱褶边进行倒圆角。选择该边，单击鼠标右键，然后选择“倒圆角边”（Round Edges）命令，单击“确定”按钮以完成对图 2-125 所示瓶子的创建操作。

25）合并步骤 1）中创建的圆柱与自由式特征，按以下步骤操作。选择该圆柱，按住 <Ctrl> 键并选择上面创建的特征。在“模型”选项卡中单击“合并”（Merge）按钮，将箭头反向以获得所需的结果并完成该特征，将倒圆角添加到相交边以进一步细化形状，如图 2-126所示。

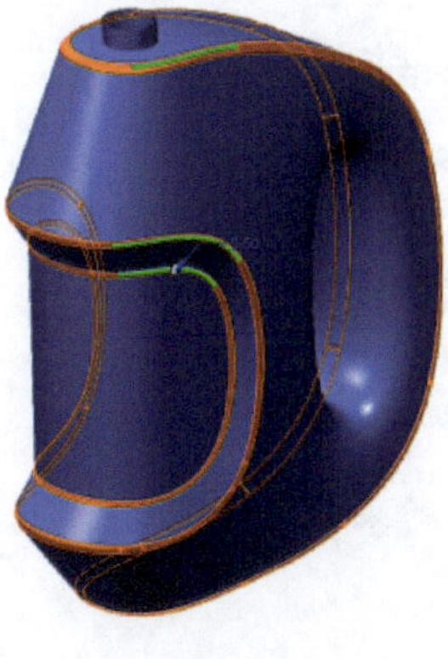

图　2-125

图　2-126

第四节　曲面设计

一、拉伸曲面、旋转曲面、扫描曲面

1. 拉伸曲面

1）在“模型”选项卡中单击“拉伸”（Extrude）按钮，“拉伸”（Extrude）选项卡随即打开。

2）选择要拉伸的草绘，或创建一个草绘，切换至“放置”（Placement）选项卡，单击“定义”按钮，草绘一个截面，然后单击“确定”按钮。用户也可以先选择一个草绘，或先选择一个基准平面或平面曲面，然后在“模型”选项卡中单击“拉伸”按钮。

3）单击按钮创建曲面。

4）从该菜单中选择深度选项。

“盲孔”（Blind）——输入数值。

“对称”（Symmetric）——输入数值。

“到下一个”（To Next）——拉伸到达实体的第一个曲面时会停止。此选项在“装配”模式下不可用。

“穿透”（Through All）——拉伸到达最后一个曲面时会停止。

“穿至”（Through Until）——选择参考曲面。此选项在“装配”模式下不可用。

“到选定项”（To Selected）——选择一个参考点、曲线、平面或曲面。

5）相对于草绘平面反向特征创建方向，则单击按钮。

6）（可选）用于使拉伸的截面和选定的草绘关联。切断此关联性并将截面复制到拉伸中，则切换至“放置”选项卡，然后单击“断开链接”（Unlink）按钮。

7）创建双侧特征，切换至“选项”选项卡并为第二侧定义深度。

8）如果已将闭合截面用于拉伸特征，则可封闭拉伸曲面的端点，切换至“选项”（Options）选项卡并勾选“封闭端”复选框。

9）（可选）向拉伸添加锥度。切换至“选项”（Options）选项卡，勾选“添加锥度”（Add Taper）复选框，然后输入 $-30° \sim 30°$的锥角值。

10）如果特征的截面是封闭环，可以为拉伸添加锥度。

11）单击“确定”按钮。

2. 旋转曲面

1）创建或打开带有线性图元（如轴或边）的草绘。

2）单击“旋转”（Revolve）按钮。

3）选择要进行旋转的草绘截面，将出现“选项”工具栏。

4）单击按钮并在草绘平面上选择一个线性参考来用作旋转轴，出现角度拖动器。

5）单击按钮。

6）旋转拖动器以创建旋转曲面，或双击角度值并输入新值。

7）如果为创建旋转几何使用了闭合截面，则单击按钮闭合旋转曲面的端部。

3. 扫描曲面

1）单击“扫描”按钮。

2）选择草绘截面或草绘，将出现“选项”工具栏。在此阶段，不能取消选择先前选择的草绘截面或草绘。如果需要，可按住 <Ctrl> 键添加更多草绘截面或草绘。

3）选择要进行旋转的草绘截面，将出现“选项”工具栏。

4）单击按钮进入草绘界面，创建或编辑扫描界面。

5）单击按钮生成曲面。

二、曲面阵列、曲面合并、曲面加厚

1. 曲面阵列

1）选择要阵列的曲面或面组，将出现“活动”工具栏和拖动器。

2）单击“阵列”（Pattern）按钮，将出现“选项”工具栏。

3）使用参考图元创建阵列，步骤如下：

① 从列表中选择阵列类型（线性或径向）。

② 选择以下参考图元创建阵列。

a. 直边。

b. 平面或曲面。

c. 坐标系的轴。

d. 线性曲线。

e. 基准轴。

出现平移或旋转控制滑块，创建具有两个成员的默认阵列。

a. 在文本框内，输入要创建的阵列成员的数量。

b. 拖动器可用于更改阵列成员之间的距离。

4）通过指定第一和第二方向来创建阵列，步骤如下：

① 选择一种阵列类型并选择第一方向参考，在第一方向上添加阵列成员。

② 在文本框中输入第一方向中阵列成员的数量。

③ 在文本框中输入第二方向中阵列成员的数量。

④ 反向拖动拖动器，或输入负增量值以反转阵列的方向。

2. 曲面合并

1）选择两个面组，并在“结构”（Structure）选项卡上单击“合并”按钮，选定的第一个面组在默认情况下成为主面组，并提供合并面组的面组 ID。

2）选择合并方法。切换至“选项”选项卡，然后单击“相交”（Intersect）或“连接”（Join）按钮。对于要连接的面组，一个面组的单侧边必须位于另一个面组上。

两个面组相交处的箭头指向被包括在合并面组中面组的侧。

3）通过执行下列操作可更改要包括在结果特征中的面组的侧。

通过相交合并时，对于每个面组，可通过单击按钮来更改要包括的面组的侧。注意在更改要保留的侧时，箭头的反向方式。

通过连接合并时，如果一个面组延伸超出另一个面组，则单击按钮可指定将要包括面组的侧。

4）校验特征，可单击按钮。

5）单击“确定”按钮。

3. 曲面加厚

1）选择要加厚的面组或曲面几何。

2）在“模型”选项卡中单击“加厚”（Thicken）按钮，“加厚”选项卡随即打开，在图形窗口中将出现默认预览几何。

3）在“加厚”选项卡中定义要创建的几何类型。默认选项是添加实体材料的薄部分，如果要移除材料的薄部分，则单击“移除材料”（Remove Material）按钮。

4）定义要加厚的面组或曲面几何的某侧。单击按钮在一侧、关于两侧对称或另一侧之间进行切换。

5）通过在“加厚偏移”文本框中输入值，或在图形窗口中拖动厚度控制滑块来设置特征厚度。

6）单击“确定”按钮。

三、曲面编辑与修改

1. 曲面编辑用户界面

1）在曲面选项下单击 造型 按钮。

2）单击“曲面编辑”按钮，弹出“曲面编辑”（Surface Edit）选项卡。

① 收集器——显示要编辑的曲面。

②“最大行数”（Max Rows）——设置网格或节点的行数。输入一个大于或等于 4 的值。

③“列”（Columns）——设置网格或节点的列数。输入一个大于或等于 4 的值。

④“度数行”（Degree Rows）——选择“高级选项”（Advanced Options）时，设置行度数。

⑤“列”——选择“高级选项”（Advanced Options）时，设置列度数。

⑥“移动”（Move）——约束网格点的运动。

a.“法向”（Normal）——沿着点的曲面法向移动所有选定点。

b.“法向常量”（Normal Constant）——沿着活动点定义的公共曲面法向移动所有选定点。

c.“垂直于平面”（Normal to Plane）——沿着垂直于活动基准平面的方向移动点。

d.“自由”（Free）——在平行于活动基准平面的平面内移动点。

e.“沿栏”（Along Bar）——沿着邻接的行和列网格移动点。

f.“视图中”（In View）——在平行于当前视图的平面中移动点。

⑦ 过滤器（Filter）——约束围绕活动点的选定点的运动。

a. ——使全部选定点的移动距离与活动点的移动距离相同。

b. ——相对于与活动点间的距离，线性减少选定点的运动。

c. ——相对于与活动点间的距离，二次减少选定点的运动。

⑧“调整”（Adjust）——设置一个值，以推进网格点。默认增量为 0.01。

⑨ 方向箭头——分别向上、向下、向左、向右推进网格点。

⑩ 比较选项——通过更改显示将已编辑曲面与原始曲面进行比较。

a. ——隐藏基础曲面。

b. ——将基础曲面显示为着色。

c. ——将基础曲面显示为点云。

⑪ ——在当前操作开始时，显示用于比较的原始控制网格。

⑫ ——将已编辑曲面显示为半透明或不透明。

⑬ 控制点显示。

a. ——显示曲面控制网格。

b. ——隐藏曲面控制网格。

c. ——显示在当前操作中移动的控制点。

⑭ ——显示用于编辑控制网格结构的曲面节点线。

"曲面编辑"选项卡中有"列表""选项""对齐""显示"四个选项，各参数设置如下：

①"列表"（List）——显示在选定曲面上所执行曲面编辑操作的时间列表。

a. ——将插入点移动到列表的顶部。

b. ——将插入点上移一项。

c. ——将插入点下移一项。

d. ——将插入点移动到列表的底部。

e. ——删除选定操作。

②"高级选项"（Advanced Options）——使节点工具可用。

a."替换"（Replace）——使基础节点可编辑并移除所有其他节点。取消勾选"保持基础曲面"（Keep Base Surface）复选框。

b."每节点的行数"（Rows per Knot）——设置使用每个节点的行数。

c."每节点的列数"（Columns per Knot）——设置使用每个节点的列数。

d."行"——设置行方向上的全局曲面连续性。输入一个值，最大为针对行所设置的度数值减1°。

e."列"——设置列方向上的全局曲面连续性。输入一个值，最大为针对列所设置的度数值减1°。

③"保持基础曲面"复选框——编辑曲面后，保留原始基础节点。

④"对齐"——使用此选项卡来对齐两个或多个曲面的边界，并匹配曲面间的节点。

⑤"相邻"（Neighbor）收集器——显示将子项曲面与之对齐的边或曲线，不能选择复合曲线。

⑥"细节"（Details）——打开"链"对话框。

⑦"侧"（Side）收集器——当边或链选择产生多个父选项时，显示相邻边某一侧上的曲面。选择"对齐法线"（Align Normal）或"对齐法线位置"（Align Normal Position）作为约束时，显示平面曲面或基准平面以定义法向。

⑧"约束"（Constraint）——设置对齐边界的连续性等级。

⑨"合并相邻节点"（Merge Neighbor Knots）——将子曲面的节点与相邻父曲面的节点合并。

⑩"替换"——用父曲面的节点替换子曲面的基础节点。

⑪"显示"——使用此选项卡来增大或减小点云密度。

⑫“行”——设置显示在基础曲面点云中的行数，范围为 20 ~ 200。

⑬“列”——设置显示在基础曲面点云中的列数，范围为 20 ~ 200。

2. 通过操作控制点来编辑曲面

1）在“样式”选项卡中单击“曲面编辑”按钮，“曲面编辑”选项卡随即打开。

2）选择要编辑的曲面，曲面上随即显示 4 × 4 网格。

3）设置边界约束。用鼠标右键单击网格边界，然后从快捷菜单中选取一个约束。

4）更改网格分辨率。在“最大行数”和“列”文本框中输入数值。

5）设置行和列的度数。

a. 确保在“选项”选项卡上勾选“高级选项”（Advanced Options）复选框。

b. 在“度数行”和“列”文本框中输入数值。

6）在“移动”（Move）下拉列表框中选择一项。

7）定义选定点周围控制点的移动。单击“过滤器”选项。

8）选择一个或多个要移动的控制点。

① 将点拖动到新位置。

② 按以下方式推进。

a. 在“调整”（Adjust）文本框中输入数值以设置推进增量。

b. 单击图形窗口中的任意位置，将其激活。

c. 按键盘上的“箭头”键或单击选项卡上的“箭头”按钮。

9）设置使用每个节点的行或列的数目。

① 切换至“选项”选项卡。

② 确保已勾选“高级选项”复选框。

③ 在“每节点的行数”和“每节点的列数”文本框中输入数值。

10）设置行或列的平滑度。

① 切换至“选项”选项卡。

② 确保已勾选“高级选项”复选框。

③ 确保已勾选“保持基础曲面”复选框。

④ 在“全局平滑度”（Global Smoothness）选项下，在“行”和“列”列表中选择值。

11）单击“确定”按钮。

3. 通过移动节点来编辑曲面形状

1）在“样式”选项卡中单击“曲面编辑”按钮，“曲面编辑”选项卡随即打开。

2）单击“选项”按钮。

3）勾选“高级选项”复选框。按钮出现在“曲面编辑”（Surface Edit）选项卡中。

4）单击按钮，节点随即显示。

5）执行以下操作之一调整节点数。

① 更改“最大行数”和“列”文本框中的值，创建等距节点。

② 用鼠标右键单击曲面，然后从快捷菜单中选择“添加行”（Add Row）或“添加列”（Add Column）命令，以在选定位置添加节点。

③ 用鼠标右键单击节点，然后从快捷菜单中选择“移除行”（Remove Row）或“移除

列”（Remove Column）命令。

执行下列操作之一也可以取消激活节点而不删除它。

① 选择节点。

② 用鼠标右键单击节点，然后从快捷菜单中选择“取消激活”（Deactivate）命令。取消激活的节点以绿色显示。

6）将鼠标指针移动到要移动的节点上。

7）按住 <Alt + Shift> 键并将节点拖动到新位置。

8）单击“确定”按钮。

四、产品设计案例

1）单击工具栏中的“点”按钮，弹出“基准点”对话框并设置相关参数，完成相关基准点的创建，如图 2-127 所示。

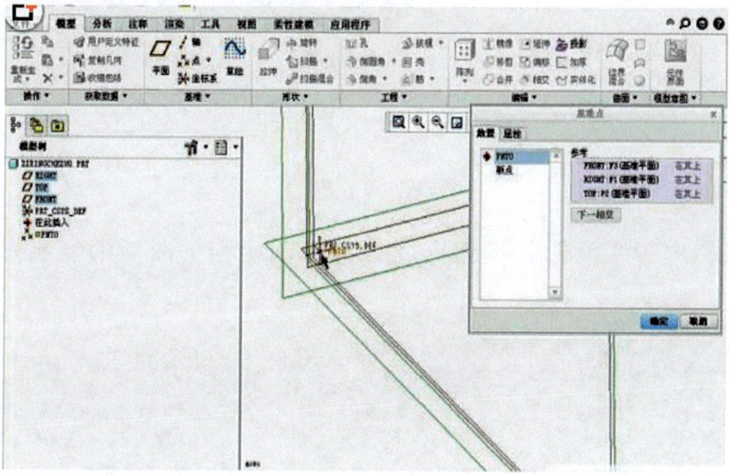

图　2-127

2）参照上一步所用方法及按钮完成其他基准点的创建，如图 2-128 所示。

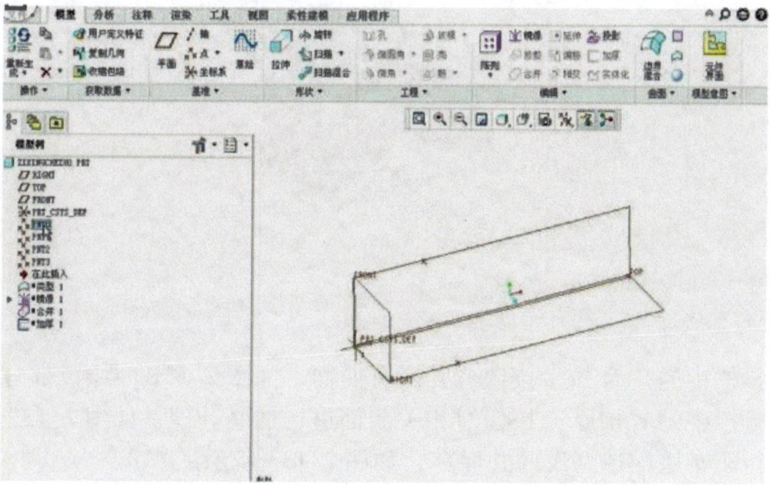

图　2-128

3）参照上一步所用方法及按钮完成其他基准点的创建，如图 2-129 所示。

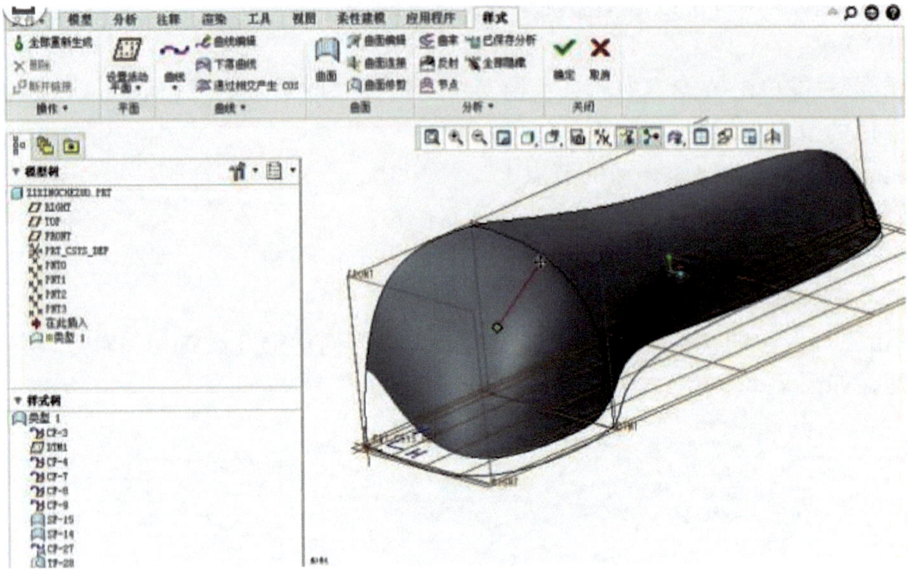

图 2-129

4）单击工具栏中的“镜像”按钮完成自行车车座相关曲面的复制操作，如图 2-130 所示。

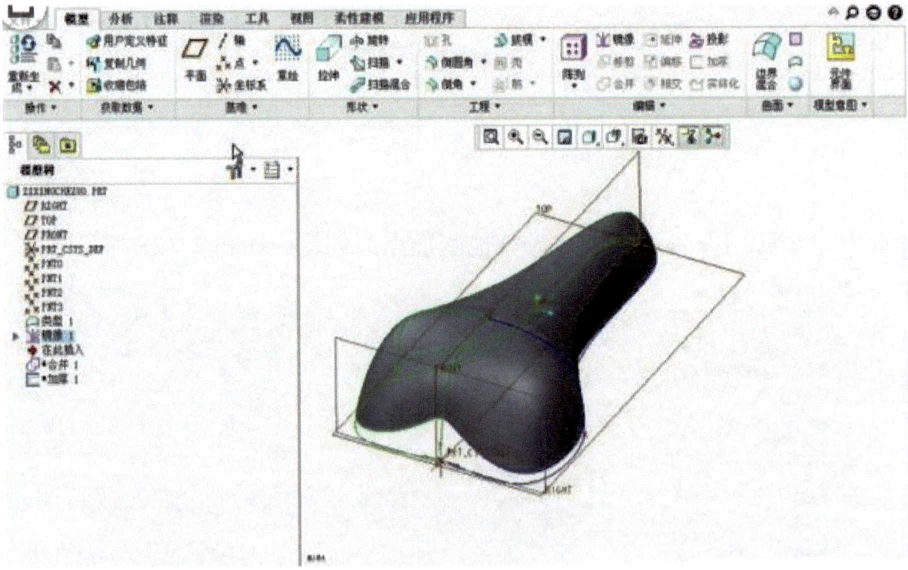

图 2-130

5）单击工具栏中的“合并”按钮合并所有曲面，如图 2-131 中绿色部分所示。

6）单击工具栏中的“加厚”按钮对相关曲面进行加厚处理，如图 2-132 所示。

7）完成自行车车座的造型设计并保存，如图 2-133 所示。

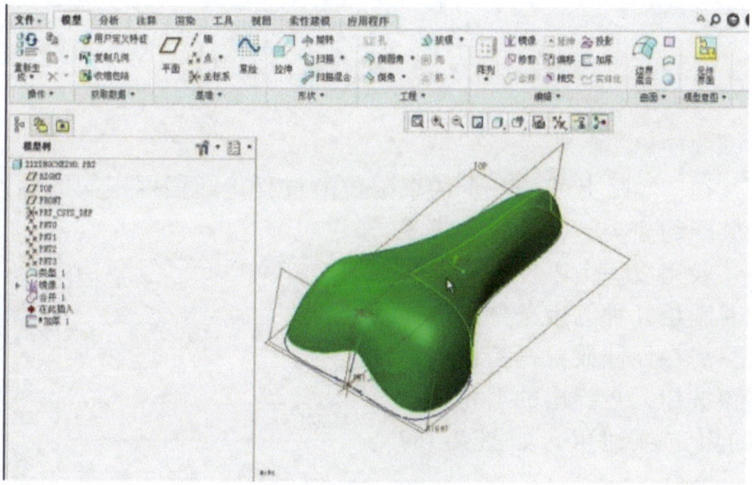

图　2-131

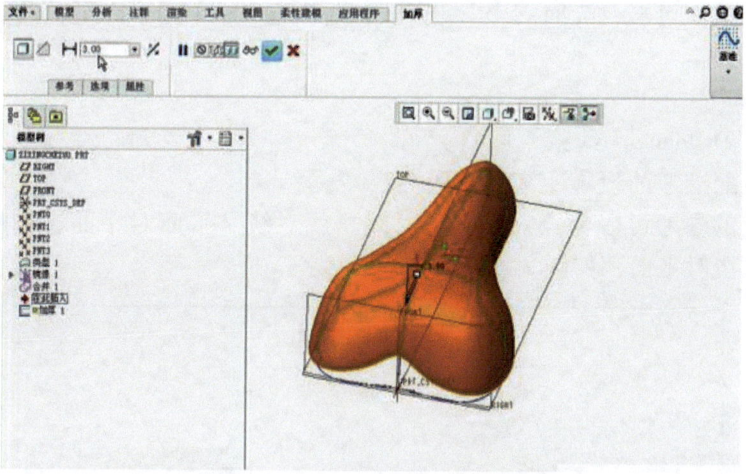

图　2-132

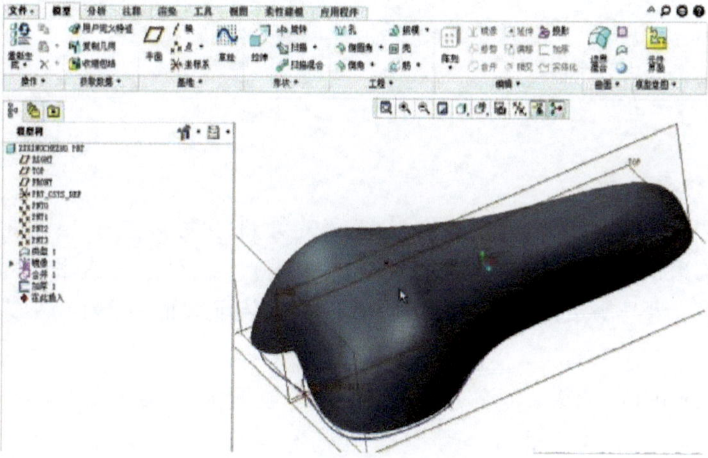

图　2-133

第五节 装配设计

一、约束类型的使用

零件的装配过程，实际上就是一个约束限位的过程，即根据不同的零件模型及设计需要，选择合适的装配约束类型，从而完成零件模型的定位。一般完成一个零件的完全定位，可能需要同时满足几种约束条件。选择装配约束类型，只需在元件放置操控板的约束类型栏中单击该按钮，在弹出的下拉列表中单击相应的约束选项即可，如图 2-134 所示。

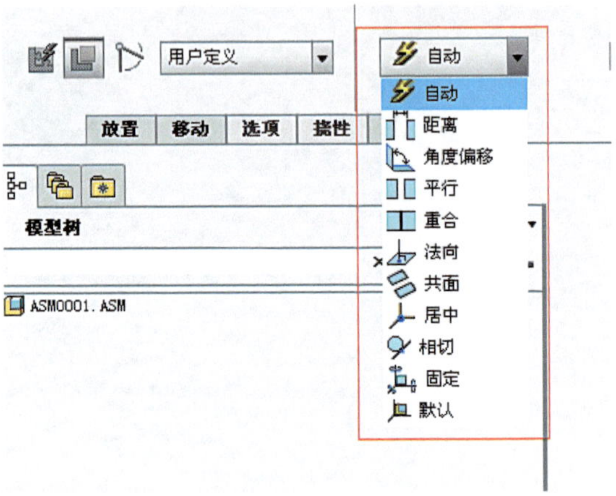

图 2-134

常用约束类型有距离约束、角度偏移约束、平行约束、重合约束、法向约束、共面约束和相切约束。

1. 距离约束

使用距离（Distance）约束，可将元件参考定位在距装配参考的设定距离处。距离（Distance）约束的参考可以为点对点、点对线、线对线、平面对平面、平面曲面对平面曲面、点对平面或线对平面，如图 2-135 所示。

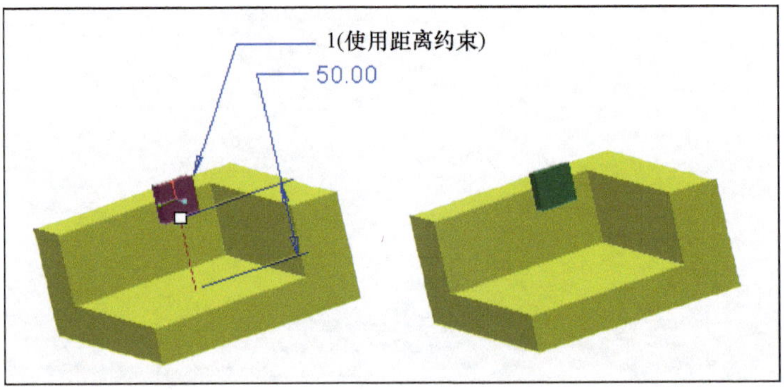

图 2-135

2. 角度偏移约束

使用角度偏移（Angle Offset）约束可将选定的元件参考以某一角度定位到选定的装配参考。角度偏移约束的参考可以是线对线（共面的线）、线对平面或平面对平面。

在图 2-136 中，小方块的表面（绿色）与选定的装配表面（绿色）成 60.00°。

3. 平行约束

使用平行（Parallel）约束，可平行于装配参考放置元件参考。平行约束的参考可以是线对线、线对平面或平面对平面。

在图 2-137 中，小方块的表面（绿色）与选定的装配表面（绿色）平行。

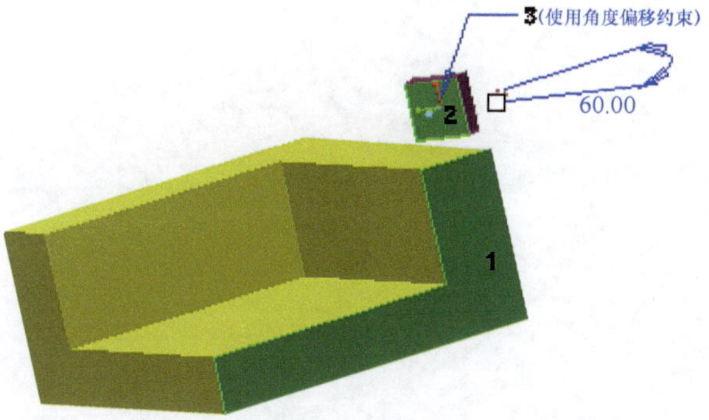

图　2-136

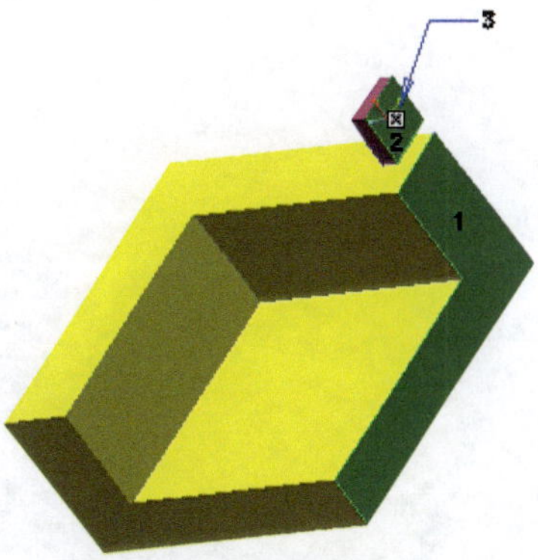

图　2-137

4. 重合约束

使用重合（Coincident）约束，可将元件参考定位为与装配参考重合。重合约束的参考可以为点、线、平面或平面曲面、圆柱、圆锥、曲线上的点以及这些参考的任意组合。

在图 2-138 中，小方块的底面与装配参考的顶面重合。

5. 法向约束

使用法向约束，可将元件参考定位为与装配参考垂直。参考可以是线对线（共面的线）、线对平面或平面对平面。

在图 2-139 中，条形块的表面（绿色）与选定的装配表面（绿色）垂直。

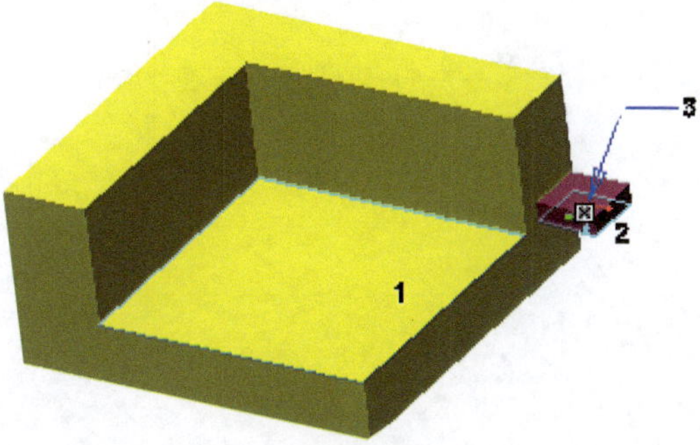

图　2-138

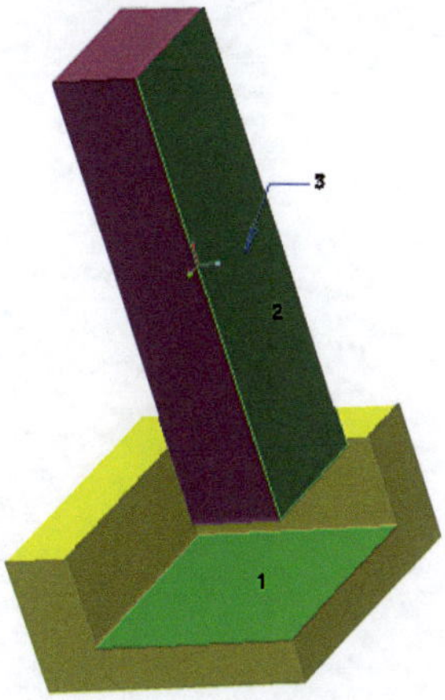

图　2-139

6. 共面约束

使用共面（Coplanar）约束，可将元件边、轴、目的基准轴或曲面定位为与类似的装配参考共面。参考仅可以为线对线，如图 2-140 所示。

7. 相切约束

用相切（Tangent）约束控制两个曲面在切点的接触。该约束的一个应用实例为凸轮与其传动装置之间的接触面或接触点，如图 2-141 所示。

图 2-140

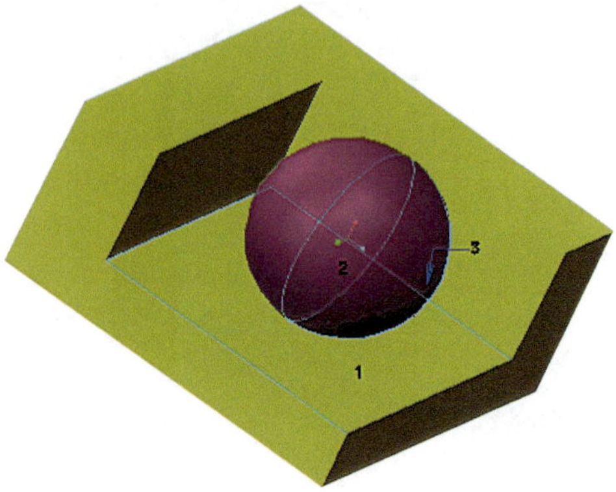

图 2-141

二、参考类型的使用

参考由“父项/子项”图形中的两个对象间的箭头所指示。当有多个参考时，参考数量会显示在箭头上。

在Creo 2.0里可使用“参考查看器”（Reference Viewer）调查以下参考类型（图2-142）：常规参考、关系参考、放置参考、系统参考。

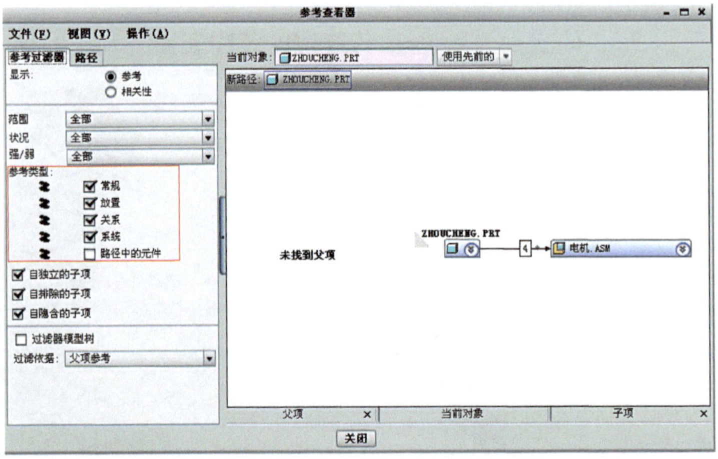

图 2-142

1. 常规参考

常规参考是在单个零件上下面或某个装配上下面中的特征间创建的。特征参考可以是局部参考或外部参考，可通过只参考模型中创建的几何特征创建局部参考。当创建装配特征时，会为装配元件的几何创建局部参考。外部参考由参考不属于在其中创建特征的模型几何特征创建。

注意：外部参考由“父项/子项”图形中参考箭头上的灰点指示。

2. 关系参考

关系参考是书写于尺寸和参数之间的等式，用来定义特征、零件或装配元件中的关系，可以调查模型和特征关系，还可以调查由关系创建的局部和外部参考。

3. 放置参考

放置参考用于在装配中放置元件。当零件被添加到装配中时，系统会创建称为“放置”文件夹的元件特征。文件夹存储零件名称、零件和用来放置零件的装配图元。放置参考由按钮指示。

4. 系统参考

与选择参考时创建的显式参考相反，系统参考是遵循特征定义或拓扑相关性，以隐含方式创建的，但外部复制几何特征例外。以下是创建系统参考的两个操作示例。

1）当在曲面上创建一个孔，并于稍后创建与第一个孔相交的另一个孔时，第二个孔的几何会受第一个孔的几何影响，并会自动生成系统参考。

2）当选择链的一条边时，系统会按照请求自动收集链的所有边以选择链。虽然事实上未明确选择这些边，但特征仍取决于它们，并将其视为系统参考。

三、产品设计案例

完成零件设计后，将设计的零件按要求的约束条件或连接方式装配在一起才能形成一个完整的产品或机构装置。利用 Creo 提供的“装配”模块可实现模型的组装。在 Creo 系统中，模型装配的过程就是按照一定的约束条件或连接方式，将各零件组装成一个整体并能满足设计功能的过程。

【实体图】（图 2-143）

图　2-143

【装配组件】（表 2-2）

表　2-2

序　号	装配组件
1	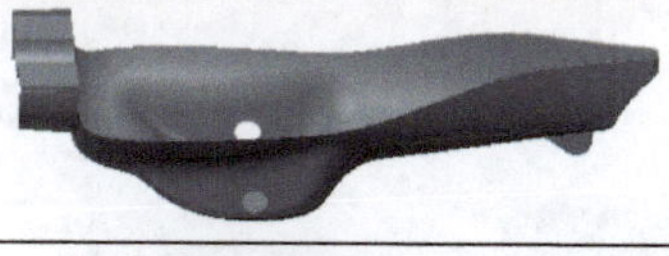
2	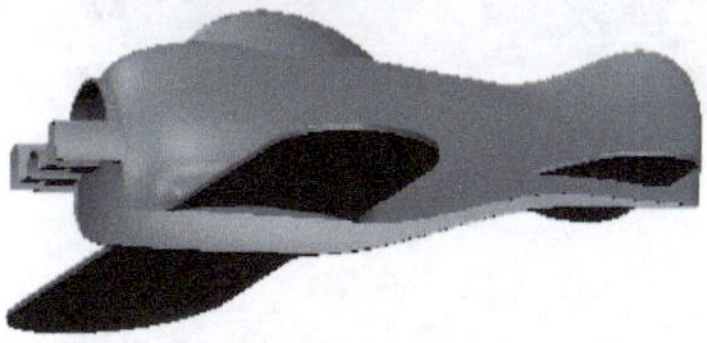

（续）

序　号	装配组件
3	
4	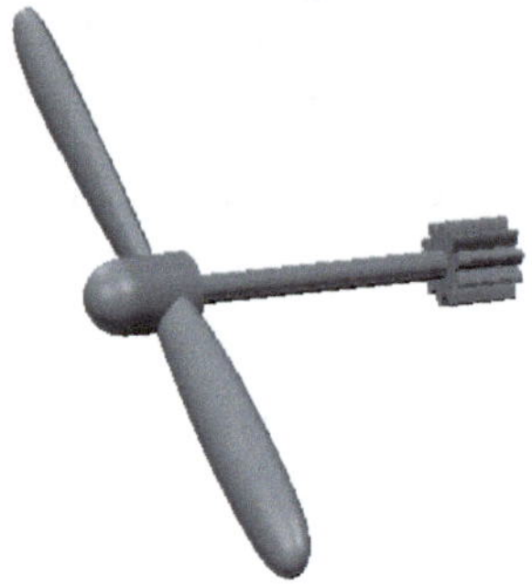
5	

【装配步骤】

1）新建“装配”。

2）单击“组装”按钮，打开“fjdk. prt. 6”，约束类型选择“默认”。

3）单击“组装”按钮，打开“fjsk. prt. 7”，切换至“放置”选项卡，对两个零件的三个基准面进行“重合”约束，如图 2-144 ~ 图 2-147 所示。

图 2-144

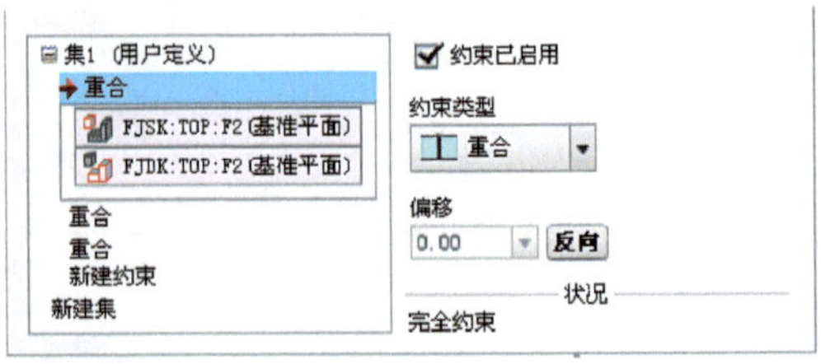

图 2-145

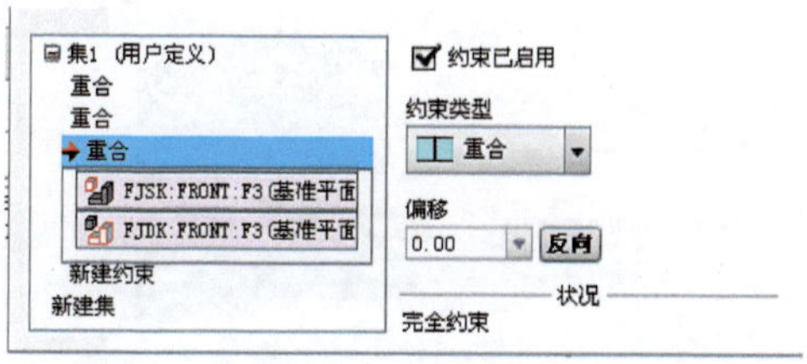

图　2-146

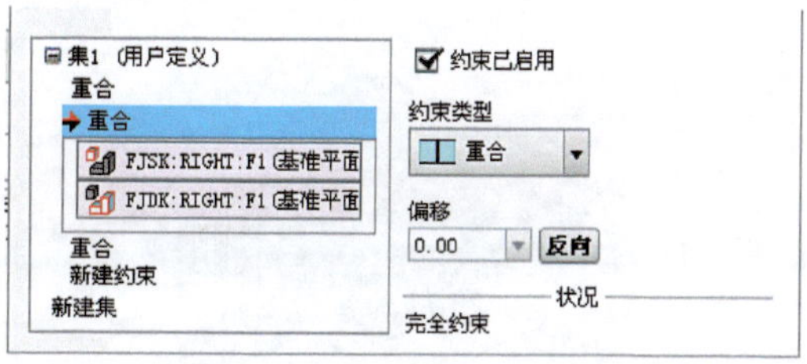

图　2-147

4）单击“组装”按钮，打开“03. asm. 2”，切换至“放置”选项卡，对两个零件的两组曲面进行“重合”约束，如图 2-148 ~ 图 2-150 所示。

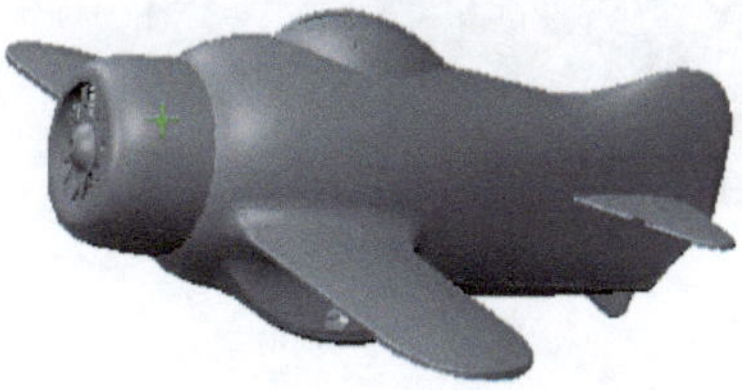

图　2-148

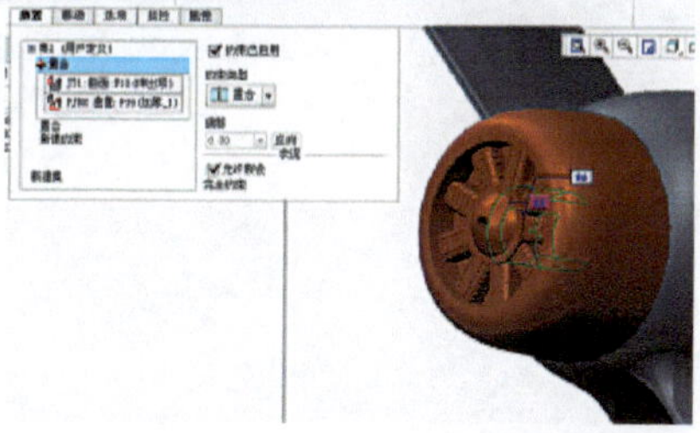

图　2-149

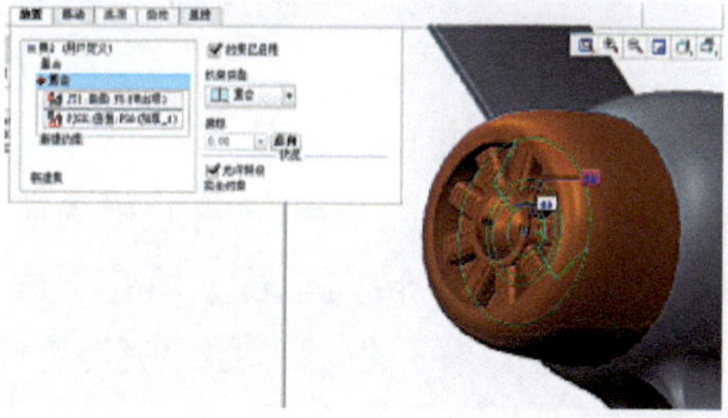

图　2-150

5）单击“组装”按钮，打开“01. asm. 2”，切换至“放置”选项卡，对两个零件的轴线和两个曲面进行“重合”约束，如图 2-151 ~ 图 2-153 所示。

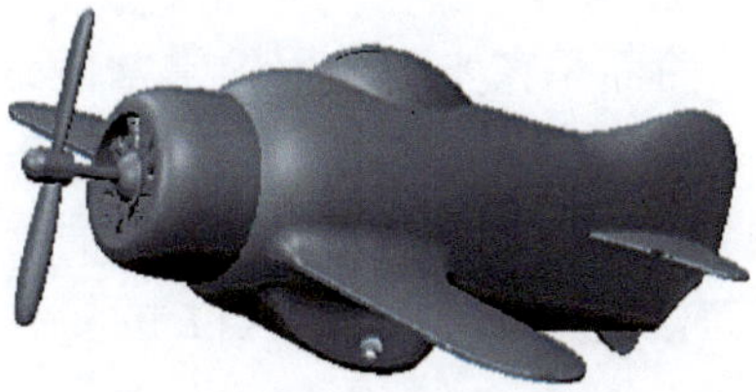

图　2-151

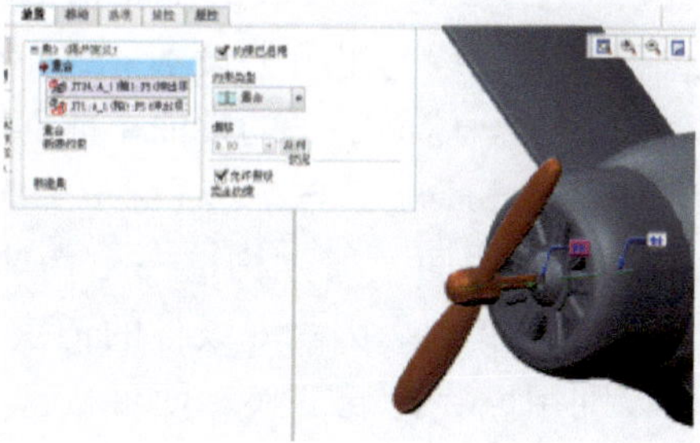

图　2-152

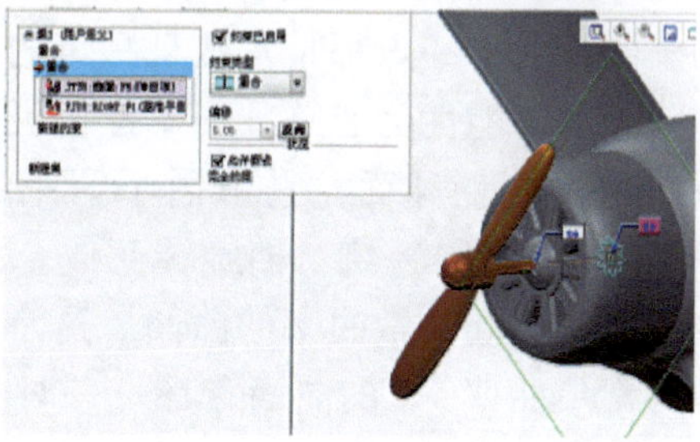

图　2-153

6）单击“组装”按钮，打开“02. asm. 3”，切换至“放置”选项卡，对两个零件的轴线和两个基准面进行“重合”约束，如图 2-154 ~ 图 2-156 所示。

图 2-154

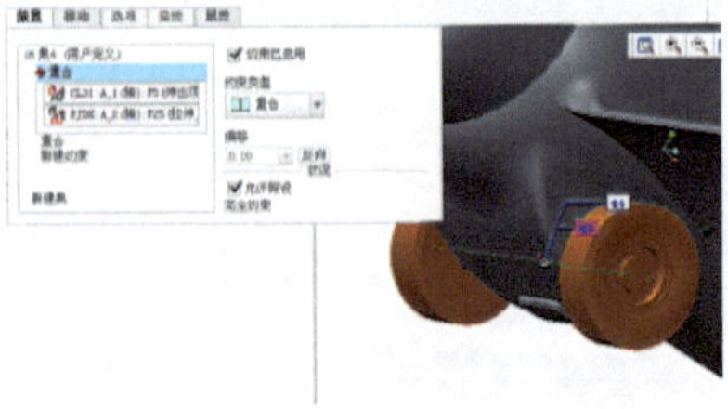

图 2-155

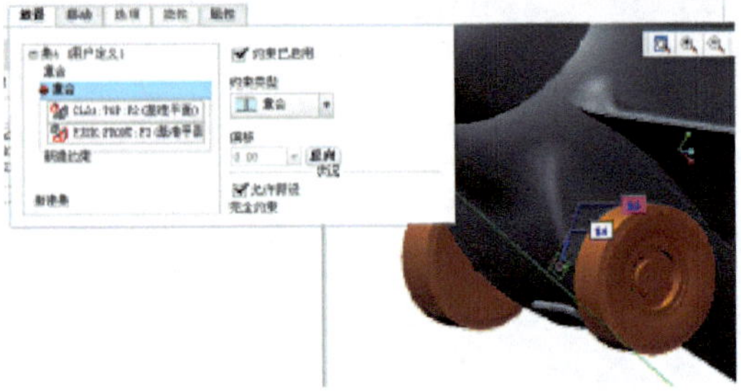

图 2-156

第六节 特殊曲面

一、特殊曲面简介

1. 特殊曲面

特殊曲面是在实际应用中常常碰到的具有特殊几何形态的曲面。

（1）旋转面　平面上一条曲线Γ绕平面内某一固定直线l旋转而得到的曲面称为旋转面，l称为旋转面的轴，Γ称为母线。圆柱面、圆锥面和球面是最简单的旋转面。若Γ所在平面取作E3的yz平面，l取作z轴，那么当Γ的参数方程为$y=?(v)$，$z=h(v)$时，Γ绕l旋转生成的曲面方程是$r(u, v)=\{?(v)\cos u, ?(v)\sin u, h(v)\}$。旋转面上的$u$线称为纬线，$v$线称为经线，它们都是旋转面的曲率线。当$\Gamma$是一个与轴$l$不相交的圆周时，便得到像汽车轮胎那样的圆环面。

（2）伪球面　伪球面是由曳物线（Tractrix）绕其渐近线旋转而形成的回转曲面。这种曲面的全曲率在每一点都是常数且是负的。位于此曲面上的直线与平行公设不一致，因而构造这种曲面的可能性为非欧几何学提供了相对相容性的证明。球面是正的常曲率曲面，负的常曲率曲面称为伪球面，它可由yz平面上的曳物线：$y=\alpha\cos v$，$z=\alpha[\ln(\sec v+\tan v)-\sin v]$（$\alpha=$常数$\neq 0$）绕$z$轴旋转而成。由已知的负常曲率曲面，通过构造一个伪球线汇，可得到另一个相同负常曲率的曲面。这个过程称为巴克伦德变换。因为非线性的正弦戈登方程的解与常负曲率-1的曲面存在一一对应关系，所以利用巴克伦德变换，便可从这种方程的已知解得到其他新的解。巴克伦德变换还被推广到其他许多非线性方程中。

（3）直纹面和可展曲面　由空间一族连续变动的直线（称为直母线）生成的曲面称为直纹面；沿每条直母线，其切平面彼此重合的直纹面称为可展曲面。设Γ：$r=a(u)$是直纹面上与所有直母线相交的任意曲线，$l(u)$是过点$a(u)$的直母线上的非零向量，则直纹面的方程可写为$r=$

$a(u)+vl(u)$。当 Γ 缩成一点时，称为锥面；当 $l(u)$ 为常向量时，称为柱面；当 $l(u)=a(u)$ 时，称为 Γ 的切线曲面。锥面、柱面和切线曲面是仅有的可展曲面，它们的一个特征是总曲率恒为零。

空间曲线的主法线或副法线所生成的直纹面分别称为主法线曲面或副法线曲面。圆柱螺线的主法线曲面是正螺面，它可看作 x 轴绕 z 轴做螺旋运动（一方面绕 z 轴旋转，另一方面又沿 z 轴移动与转角成正比的距离）所生成的曲面。正螺面是仅有的直纹极小曲面。

一般来说，空间曲线 Γ 绕 z 轴做螺旋运动而得到的曲面称为一般螺面。当 Γ 是 xy 平面的一条渐开线时，便得渐开线螺面；当 Γ 是一条与 z 轴相交，且与 xy 平面成定角的直线时，可得到阿基米德螺面。这两种螺面在机械制造中十分有用，前者是普通斜齿轮的齿面，后者可作为某种蜗杆的齿面。

2. 常见的特殊曲面

1）旋转面如图 2-157 所示。

2）悬链面（微小曲面的一种，由悬链线旋转而成）如图 2-158 所示。

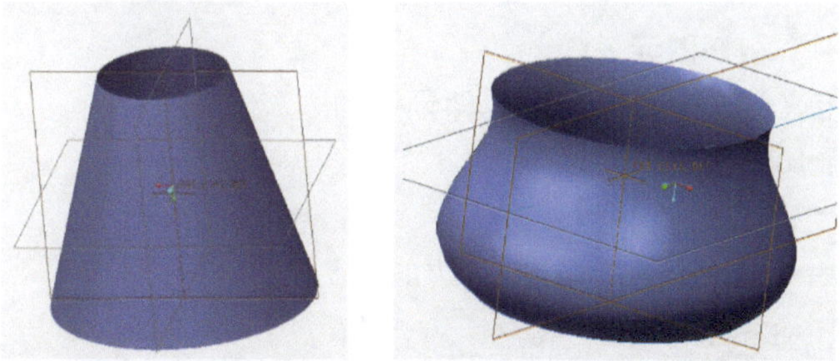

图　2-157

图　2-158

3）伪球面如图 2-159 所示。

4）直纹面和可展曲面如图 2-160 所示。

二、特殊曲线的创建和编辑

1. 创建圆

1）切换至“草绘”选项卡，然后单击“圆”（Circle）旁边的箭头。

2）单击“圆心和点”（Center and Point）按钮。

3）选择圆心点，圆周创建完毕。

4）将圆拖动至所需尺寸，然后单击以放置圆周，即完成创建圆。

2. 通过三点创建圆

1）切换至“草绘”选项卡，然后单击“圆”旁边的箭头。

2）单击“3 点”（3 Point）按钮。

3）选择一点作为第一个点。

4）选择第二个点，即预览圆。

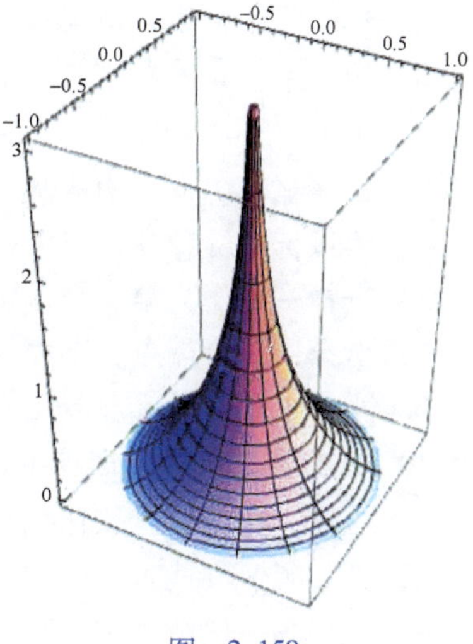

图　2-159

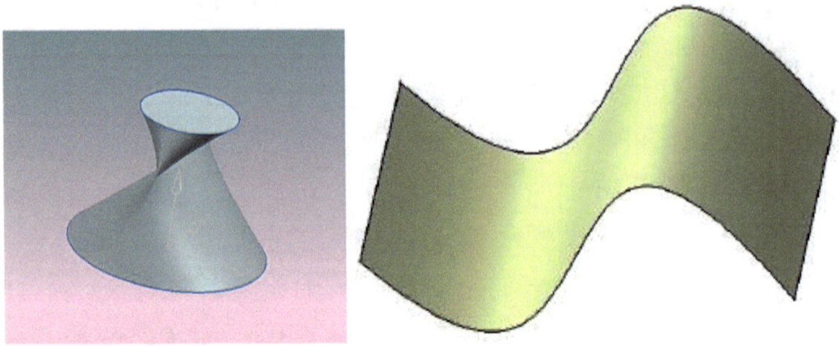

图 2-160

5）选择第三个点，即完成创建圆。

3. 创建与三个图元相切的圆

1）切换至“草绘”选项卡，然后单击“圆”旁边的箭头。

2）单击“3 相切”（3 Tangent）按钮。

3）选择弧、圆或直线以定义第一个相切图元。

4）选择另一段弧、圆或直线以定义第二个相切图元，即预览圆。

5）在弧、圆或直线上选择第三个切点，即完成创建圆。

4. 使用三点/相切端创建弧

1）切换至“草绘”选项卡，然后单击“弧”（Arc）旁边的箭头。

2）单击“3 点/相切端”（3-Point/Tangent End）按钮。

3）选择一点作为第一个端点。

4）选择第二个端点，弧预览完毕。

5）将弧拖动至所需尺寸，然后单击鼠标左键进行放置，即完成创建弧。

5. 使用圆心和端点创建弧

1）切换至“草绘”选项卡，然后单击“弧”旁边的箭头。

2）单击“圆心和端点”（Center And Ends）按钮，打开弧工具。

3）选择弧中心点，构造圆。

4）将鼠标指针移动至所需半径，然后单击进行放置。

5）选择一点作为第一个端点，移除构造圆。

6）选择第二个端点，即完成创建弧。

6. 创建与三个图元相切的弧

1）切换至“草绘”选项卡，然后单击“弧”旁边的箭头。

2）单击“3 相切”按钮。

3）选择弧、圆或直线以定义第一个相切图元。

4）选择另一段弧、圆或直线以定义第二个相切图元，弧预览完毕。

5）选择第三段弧、圆或直线以定义第三个切点，即完成创建弧。

7. 创建锥形弧

1）切换至“草绘”选项卡，然后单击“弧”旁边的箭头。

2）单击“圆锥”（Conic）按钮。

3）选择一点作为第一个端点。

4）选择第二个端点，创建锥形弧和中心线。

5）将锥形弧拖动至所需尺寸和形状，然后单击鼠标左键以放置锥形弧，锥形弧创建完毕。

8. 通过定义中心和轴来创建椭圆

1）切换至“草绘”选项卡，然后单击“椭圆”（Ellipse）旁边的箭头。

2）单击“中心和轴椭圆”（Center And Axis Ellipse）按钮。

3）选择椭圆圆心点，第一根轴创建完毕。

4）将轴移动至所需长度和方向，并选择一个端点，创建第二根轴和椭圆圆周。

5）移动鼠标指针以定义第二根轴的长度并选择一个端点，椭圆创建完毕。

9. 通过定义轴和端点来创建椭圆

1）切换至“草绘”选项卡，然后单击“椭圆”旁边的箭头。

2）单击“轴端点椭圆”（Axis Ends Ellipse）按钮。

3）选择第一根轴端点的位置，轴创建完毕。

4）将轴移动至所需长度和方向，并选择第二个端点。

5）移动鼠标指针以定义第二根轴的长度并选择一个端点，椭圆创建完毕。

10. 创建样条

1）在“草绘”选项卡中单击“样条”（Spline）按钮。

2）选择样条端点。

3）选择其他样条点并用鼠标中键单击以退出工具，样条创建完毕。

11. 修改样条

1）在样条上移动单个点或某个范围的点。

2）将点添加到样条内部，或通过在其外部添加点来延伸样条。

3）从样条删除点。

4）使用偏差值减少样条点数。

5）使样条变平滑。

6）使用样条控制多边形修改样条。

12. 修剪和延伸图元

1）将鼠标指针移动到要修剪的图元上，该图元被突出显示。

2）按住 <Ctrl> 键，拖动要修剪图元的端点，图元在拖动的方向上被修剪或延伸。在所有相交处，显示其创建的约束。

三、特殊曲面的创建和编辑

1. 创建拉伸曲面

利用“拉伸”工具，通过在垂直于草绘平面的方向上将已草绘的截面拉伸到指定深度，可创建拉伸曲面。

1）在“模型”选项卡中单击“拉伸”按钮，“拉伸”选项卡随即打开。

2）选择要拉伸的草绘，或创建一个草绘，切换至“放置”选项卡，单击“定义”按钮，草绘一个截面，然后单击“确定”按钮。

注意：用户也可以先选择一个草绘，或先选择一个基准平面或平面曲面，然后在“模型”选项卡中单击“拉伸”按钮。

3）创建曲面，则单击按钮。

4）从该菜单中选择深度选项。

5）相对于草绘平面反向特征创建方向，则单击按钮。

6）（可选）用于使拉伸的截面和选定的草绘关联。切断此关联性并将截面复制到拉伸中，切换至“放置”选项卡，然后单击“断开链接”按钮。

7）创建双侧特征，切换至“选项”选项卡并为第二侧定义深度。

8）如果已将闭合截面用于拉伸特征，则可封闭拉伸曲面的端点。切换至“选项”选项卡并勾选“封闭端”复选框。

9）（可选）向拉伸添加锥度。切换至“选项”选项卡，勾选“添加锥度”复选框，然后输入 -30°~30°的锥角值。

注意：如果特征的截面是封闭环，则可以为拉伸添加锥度。

10）单击“确定”按钮。

2. 创建旋转曲面

旋转特征必须包含一个旋转轴。通过草绘旋转截面中心线，或通过选择现有线性几何来创建旋转轴。

1）在“模型”选项卡中单击“旋转”按钮，“旋转”选项卡随即打开。

2）选择草绘或创建草绘。切换至“放置”选项卡，单击“定义”按钮，草绘一个截面，如果需要，在“基准”选项组中单击“草绘”按钮，再单击“中心线”（Centerline）按钮以创建几何中心线，然后单击“确定”按钮。

注意：用户也可以先选择一个草绘，或选择一个基准平面或平面曲面，然后在“模型”选项卡中单击“旋转”按钮。

3）如果草绘的截面不包含中心线，则单击按钮，然后选择线性参考作为旋转轴。

4）创建曲面，则单击按钮。

5）从菜单中选择一个角度。

6）相对于草绘平面反向特征创建方向，则单击按钮。

7）创建双侧特征，则切换至“选项”选项卡，在“侧 2”菜单中选择一个角度，然后输入角度值或选择相交参考。

8）如果已将闭合截面用于旋转特征，则可关闭旋转曲面的端点。切换至“选项”选项卡并勾选“封闭端”复选框。

9）单击“确定”按钮。

3. 创建扫描曲面

1）单击“扫描”按钮。

2）选择草绘截面或草绘，将出现“选项”工具栏。

在此阶段，不能取消选择先前选择的草绘截面或草绘。如果需要，可按住 <Ctrl> 键添加更多草绘截面或草绘。

3）单击按钮并选择扫描的原点轨迹。

① 确保选定的轨迹与草绘平面不相交。

② 如果选择草绘作为轨迹，则不能使用 < Ctrl > 键来添加更多轨迹。

③ 如果选择边作为轨迹，则按住 < Ctrl > 键向轨迹添加相邻边。

4）单击按钮将扫描创建为曲面。

5）根据所选的草绘截面（或草绘）及轨迹确定扫描的方向。更改方向则单击以下选项。

①——垂直于轨迹扫描草绘截面。

②——沿着轨迹扫描草绘截面，同时保持该截面平行于平面。单击按钮选择投影的参考平面。

6）单击按钮关闭曲面的端部。

4. 螺旋扫描曲面

螺旋扫描由螺旋扫描轮廓（定义从螺旋特征截面原点到旋转轴距离的旋转曲面）、横截面和螺距来定义。

图 2-161 所示为螺旋扫描截面。

图 2-162 所示为螺旋扫描图形。

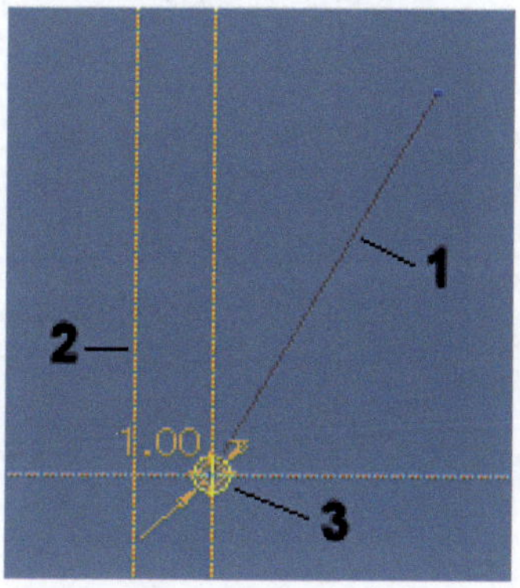

图　2-161

1—螺旋扫描轮廓　2—旋转轴　3—横截面

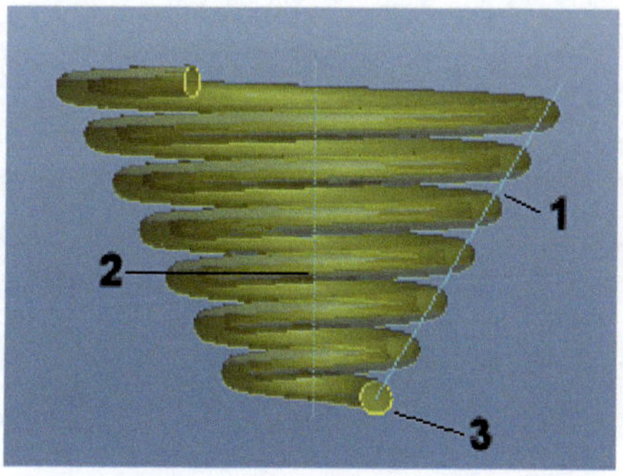

图　2-162

1—螺旋扫描轮廓　2—旋转轴　3—横截面

【操作步骤】

1）在“模型”选项卡中，单击“扫描”旁边的箭头，然后单击“螺旋扫描”（Helical Sweep）按钮，可打开“螺旋扫描”（Helical Sweep）选项卡。

2）选择或草绘螺旋扫描轮廓和旋转轴，其步骤如下：

① 单击“参考”按钮，“参考”选项卡随即打开。

② 单击“定义”按钮。在“草绘器”中，设置参考并草绘一个开放截面来定义螺旋扫描轮廓。草绘图元必须形成一个开放环。

③ 草绘一条几何中心线以定义旋转轴。

④ 反向扫描轨迹的起点，单击“反向”按钮。

⑤ 单击“确定”按钮。

3）设置相对于螺旋扫描轮廓的截面方向。

4）草绘要扫描的截面，步骤如下：

① 单击按钮打开“草绘器”，设置参考。

② 在扫描起点（虚线交叉）处草绘一个截面。

③ 单击“确定”按钮。

5）在按钮旁，输入或选择螺距值。

6）单击按钮以使用右手定则或单击按钮以使用左手定则。

7）封闭曲面扫描的端点。在“选项”选项卡中勾选“封闭端”复选框。

8）单击“确定”按钮。

四、产品设计案例

完成淋浴把手的造型，如图 2-163 所示。

1）新建并命名零件模型（handle. prt），如图 2-164 所示。

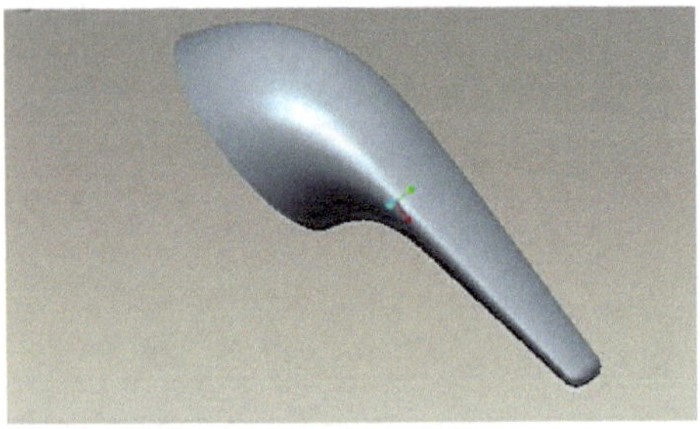

图 2-163

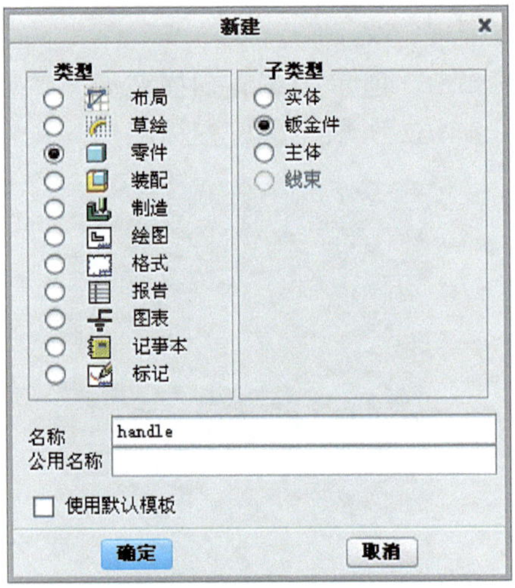

图 2-164

2）创建如图 2-165 所示的基准曲线 1。

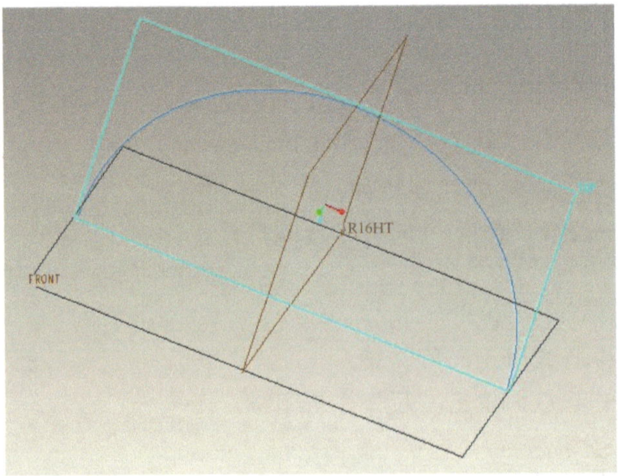

图 2-165

① 单击工具栏上的“草绘基准曲线”按钮。

② 定义草绘截面放置属性。选 TOP 基准面为草绘平面，RIGHT 基准面为参照平面，方向为右；单击“草绘”按钮。

③ 创建基准曲线 1。进入草绘环境后，绘制如图 2-166 所示的截面草图；完成后单击“草绘完成”按钮。

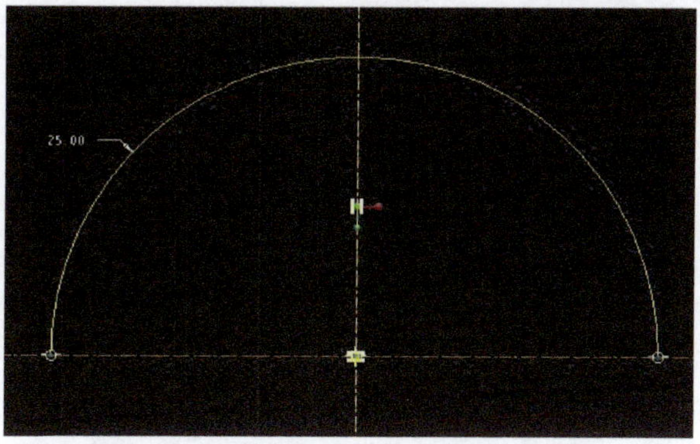

图 2-166

3）单击“创建基准平面”按钮，创建如图 2-167 所示的基准平面 DTM1。

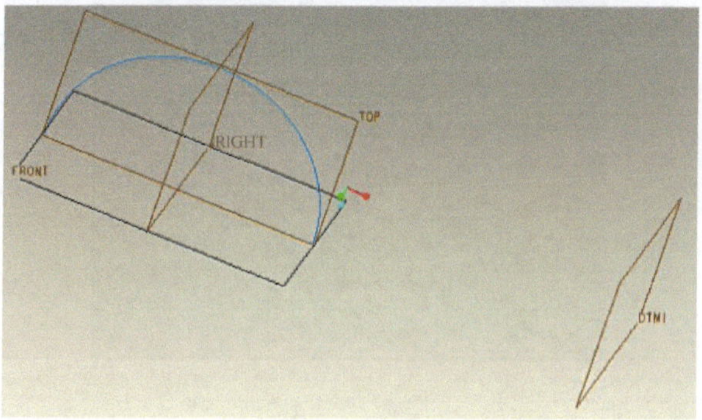

图 2-167

4）选取 RIGHT 基准面约束类型为“偏移”，偏移值为 80mm，如图 2-168 所示，单击“确定”按钮。

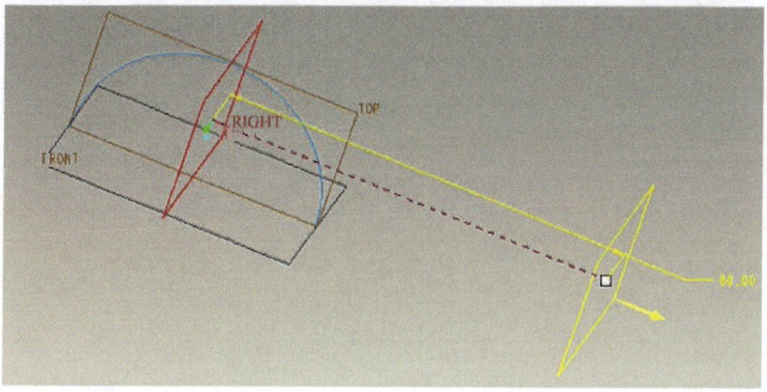

图 2-168

5）创建如图 2-169 所示的基准曲线。单击工具栏上的“草绘基准曲线”按钮；选取 DTM1 基准面为草绘平面，选取 FRONT 基准面为参照平面，方向为左。

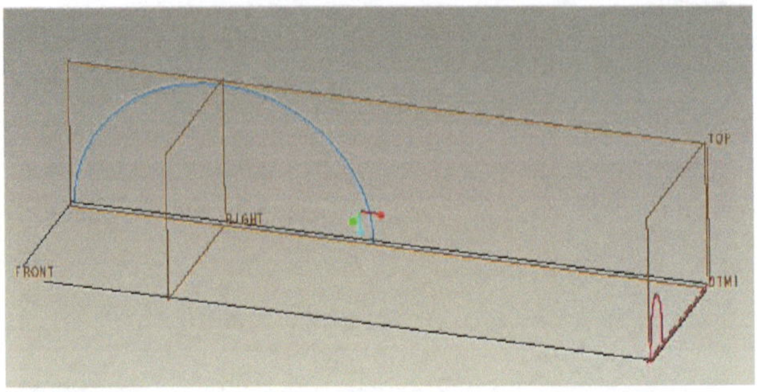

图 2-169

6）利用“椭圆”命令及“修剪”命令创建如图 2-170 所示的截面草图。

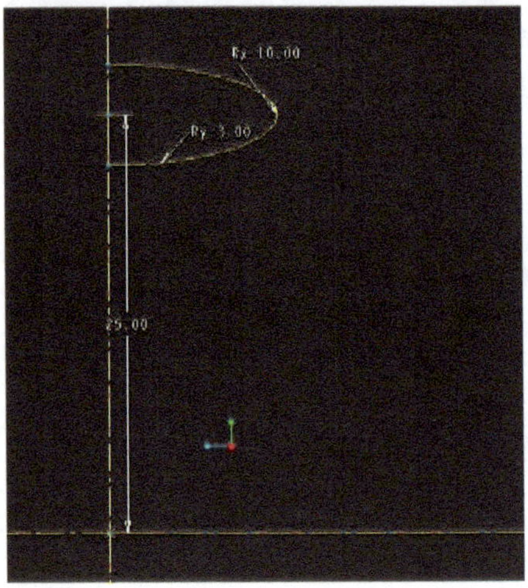

图 2-170

7）创建如图 2-171 所示的基准点 PNT0、PNT1、PNT2 和 PNT3。

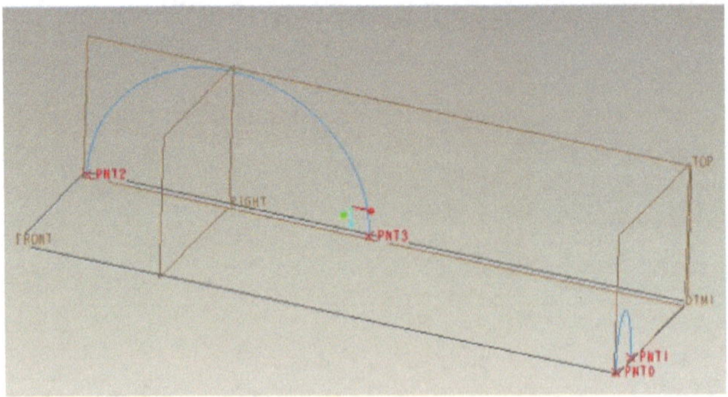

图 2-171

8）创建如图 2-172 所示的基准曲线。单击工具栏上的“草绘基准曲线”按钮；选择

FRONT 基准面为草绘平面，RIGHT 为参照平面，方向为右。

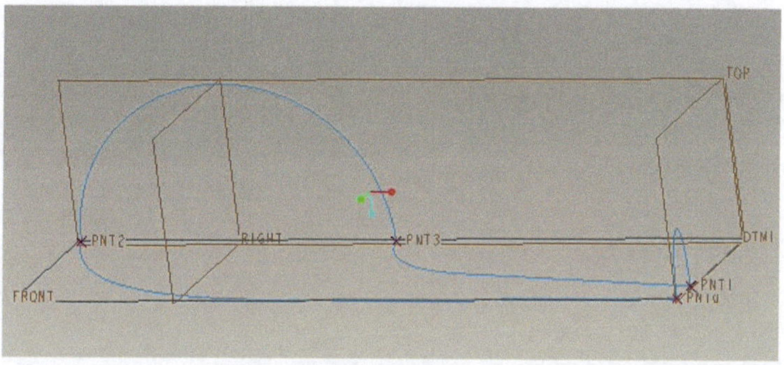

图　2-172

9）进入草绘环境后，选择基准点 PNT0、PNT1、PNT2 和 PNT3 以及基准平面 DTM1 为草绘参照，绘制如图 2-173 所示的截面草图。

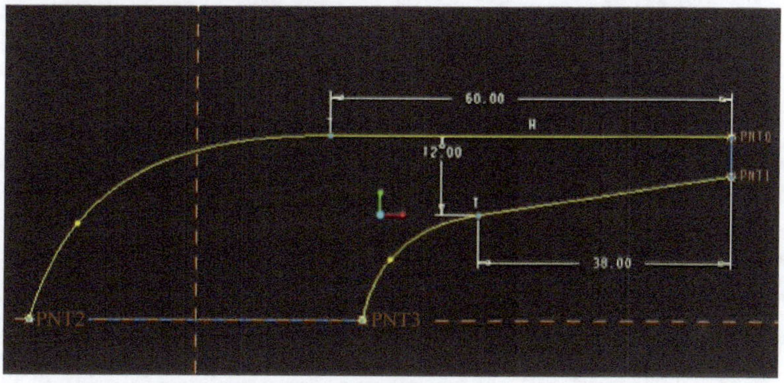

图　2-173

10）单击“创建基准平面”按钮，创建如图 2-174 所示的基准面 DTM2。

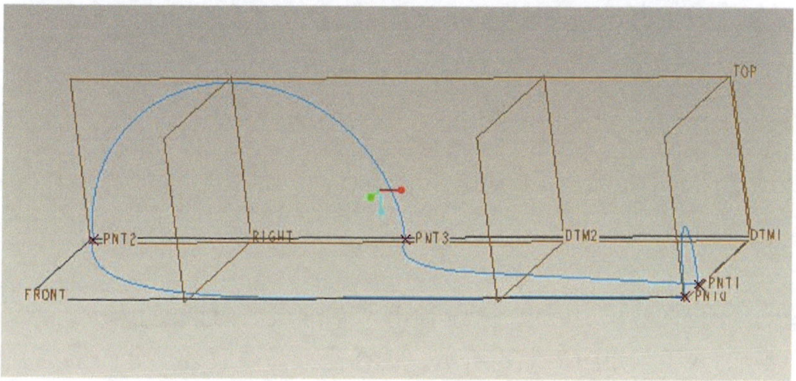

图　2-174

11）选取 RIGHT 基准面，约束类型为“偏移”，偏移值为 50mm，如图 2-175 所示，单击“确定”按钮。

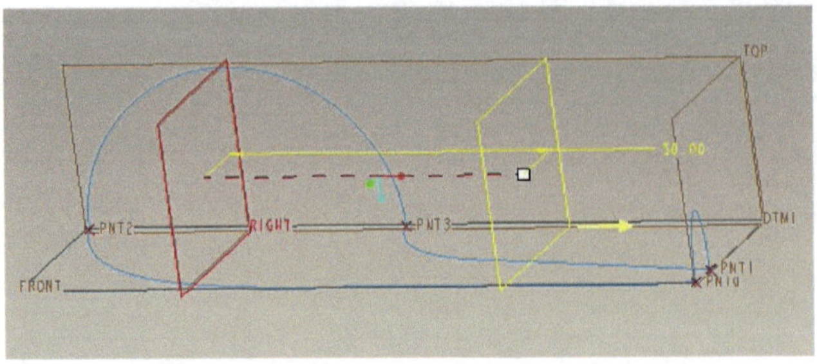

图 2-175

12）创建如图 2-176 所示的基准点 PNT4 和 PNT5。

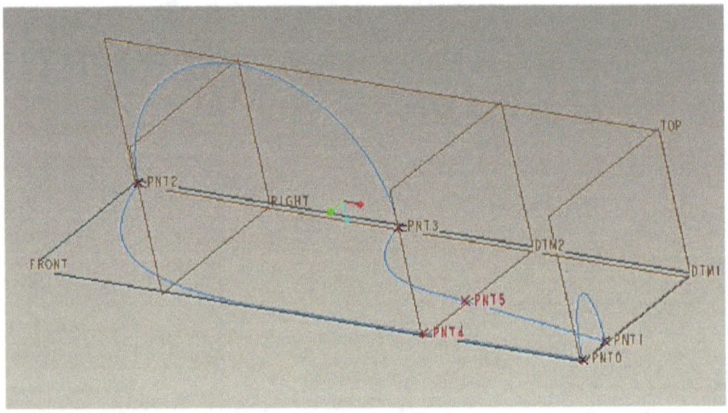

图 2-176

13）创建如图 2-177 所示的基准点 PNT6 和 PNT7。

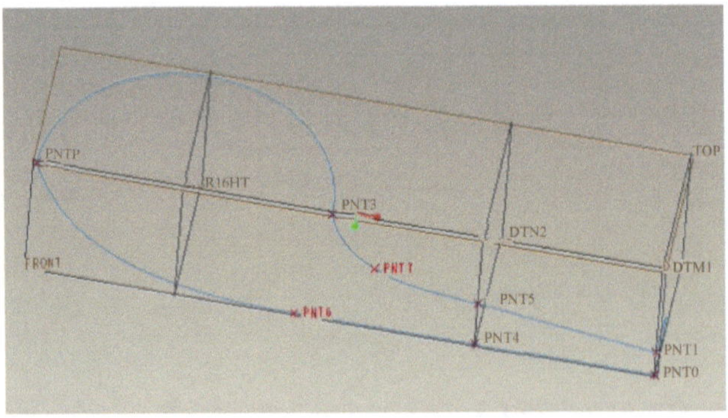

图 2-177

① 单击基准点的“创建”按钮，系统弹出“基准点”对话框。

② 创建基准点 PNT6。如图 2-178 所示，选择基准曲线直线部分的端点。

③ 创建基准点 PNT7。如图 2-179 所示，选择基准曲线的样条曲线部分，系统立即产生一个基准点 PNT7，选择基准点的定位方式为比率，比率值为 0.4，并按 <Enter> 键。

④ 单击“确定”按钮，完成 PNT6 和 PNT7 的创建。

14）创建如图 2-179 所示的基准平面 DTM3。

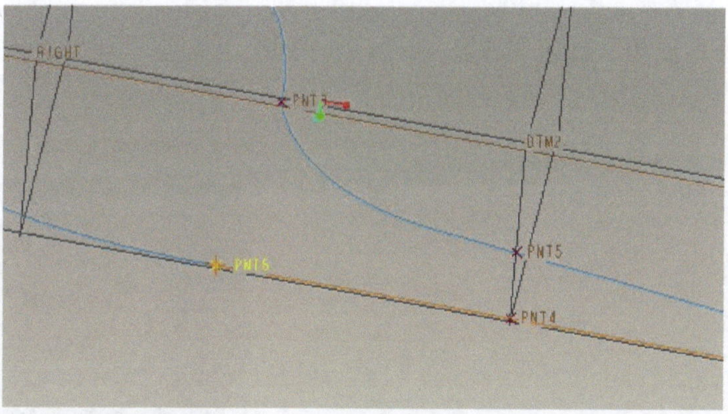

图　2-178

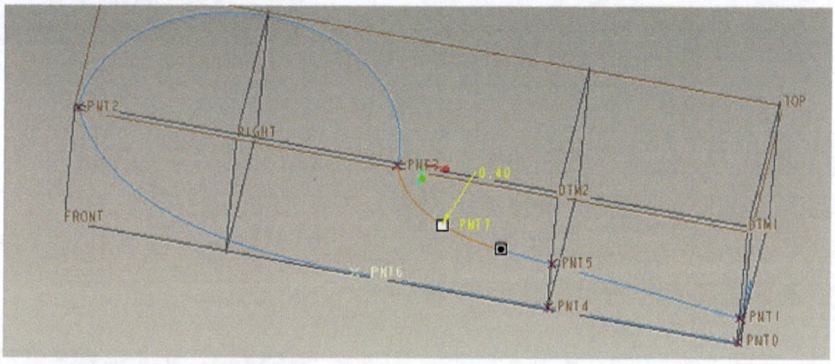

图　2-179

① 单击“创建基准平面”按钮，选取基准点 PNT6，约束类型为“穿过”；按住 <Ctrl>键，选择基准点 PNT7，约束类型为“穿过”；按住 <Ctrl>键，选取 FRONT 基准平面，约束类型为“法向”，如图 2-180 所示。

② 单击“基准平面”对话框中的“确定”按钮。

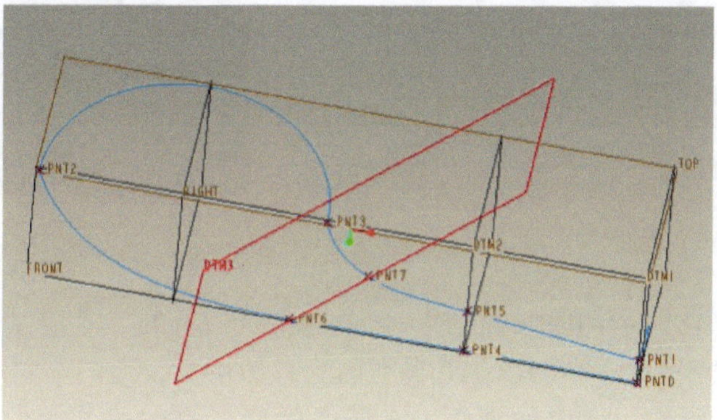

图　2-180

15）创建如图 2-181 所示的基准曲线 4。单击工具栏上的“草绘基准曲线”按钮；选取

DTM2 基准面为草绘平面，选取 FRONT 面为参照平面，方向为左。

16）进入草绘环境后，选取基准点 PNT4 和 PNT5 为草绘参照；利用“椭圆”命令及“修剪”命令创建如图 2-182 所示的截面草图。

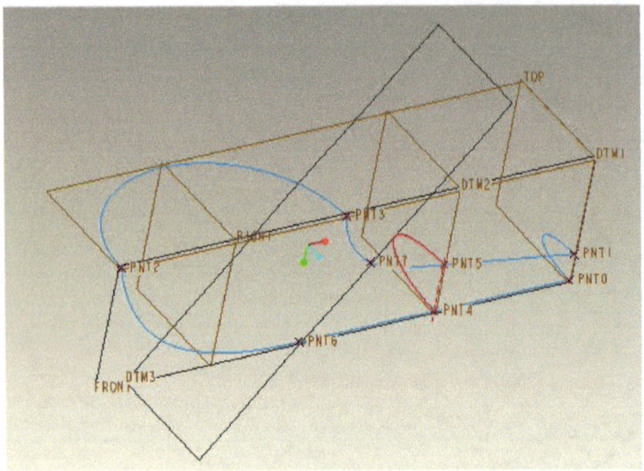

图 2-181

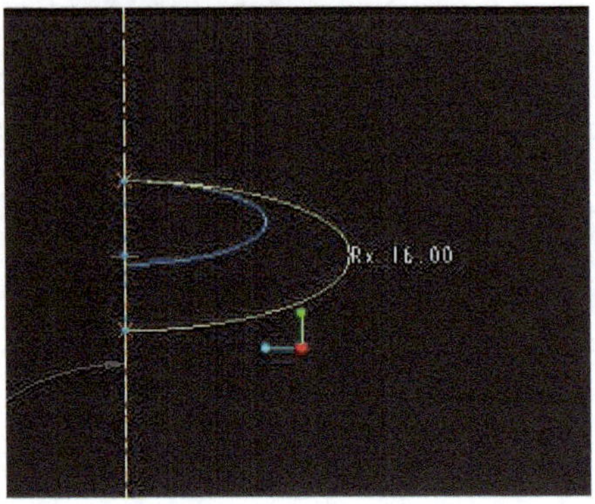

图 2-182

17）创建如图 2-183 所示的基准曲线 5。单击工具栏上的“草绘基准曲线”按钮；选取 DTM3 基准面为草绘平面，FRONT 面为参照平面，方向为左。

18）进入草绘环境后，选取基准点 PNT6 和 PNT7 为草绘参照；利用“椭圆”命令及“修剪”命令绘制如图 2-184 所示的截面草图。

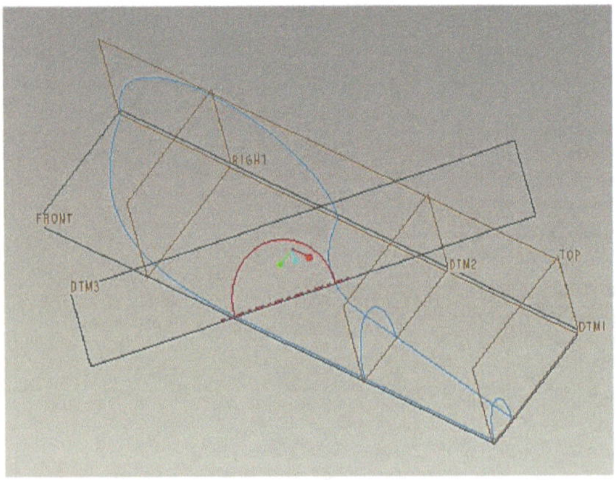

图 2-183

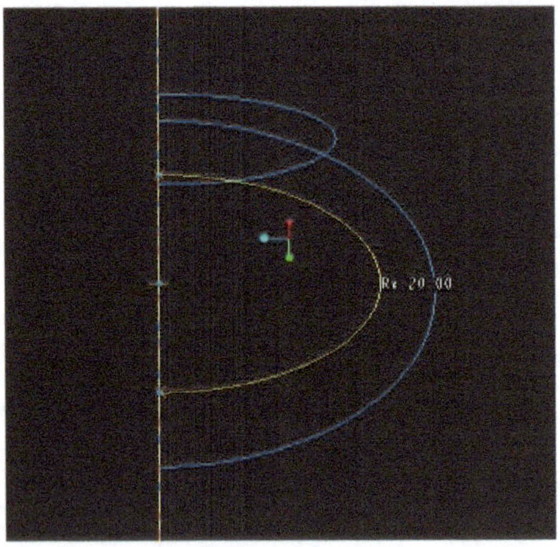

图 2-184

19）创建如图 2-185 所示的基准曲线 6。单击工具栏上的“草绘基准曲线”按钮；选取 FRONT 基准面为草绘平面，选取 RIGHT 基准面为参照平面，方向为右。

20）进入草绘环境后，选取如图 2-186 所示的两条直线段为草绘参照；利用“椭圆”命令及“修剪”命令绘制如图 2-186 所示的截面草图。

21）创建如图 2-187 所示的边界曲面 1。

① 选择“插入”→“边界混合”命令。

② 定义边界曲线。按住 <Ctrl> 键，依次选取基准曲线 2、基准曲线 4、基准曲线 5 和基准曲线 1（图 2-188）为第一方向边界曲线。

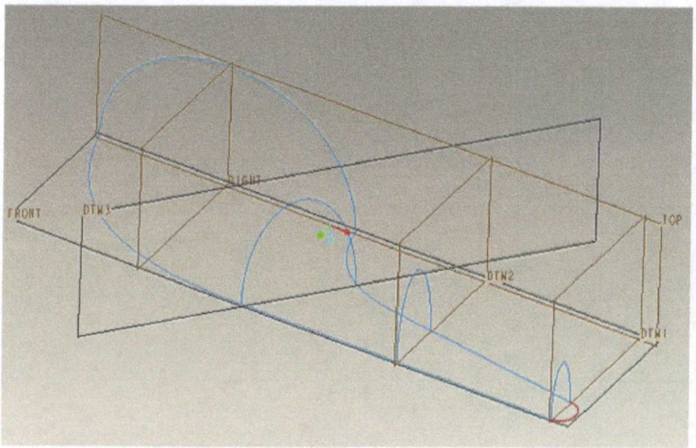

图　2-185

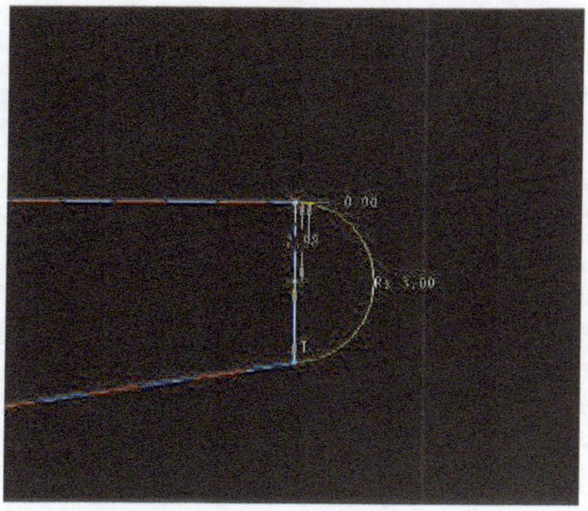

图　2-186

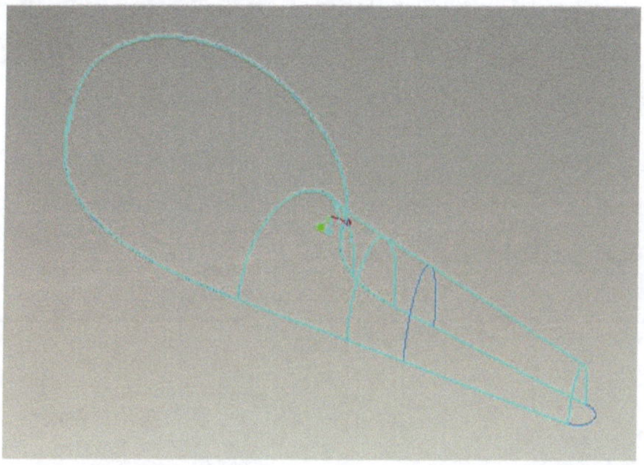

图　2-187

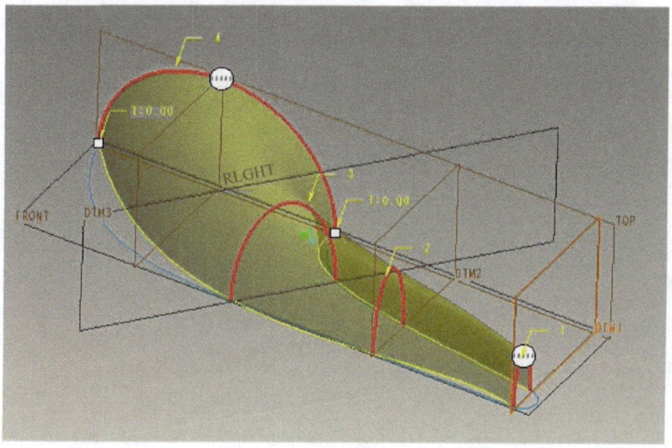

图　2-188

③ 单击操控板中的第二方向曲线操控栏，按住 < Ctrl > 键，依次选取基准曲线（图 2-189）为第二方向边界曲线。

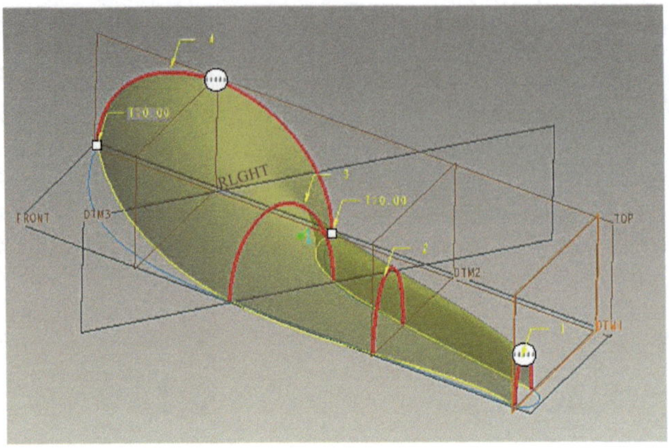

图 2-189

④ 定义边界曲线的约束。单击操控板中的“约束”按钮，弹出如图 2-190 所示的界面。

⑤ 在该界面的第一列表区域中将方向 2 的第一条链和最后一链的约束条件设置为“垂直”，其余的按默认设置，此时“约束”界面如图 2-191 所示。

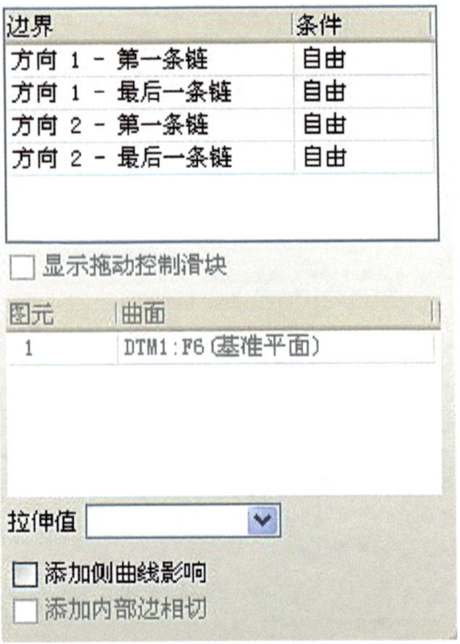

图 2-190

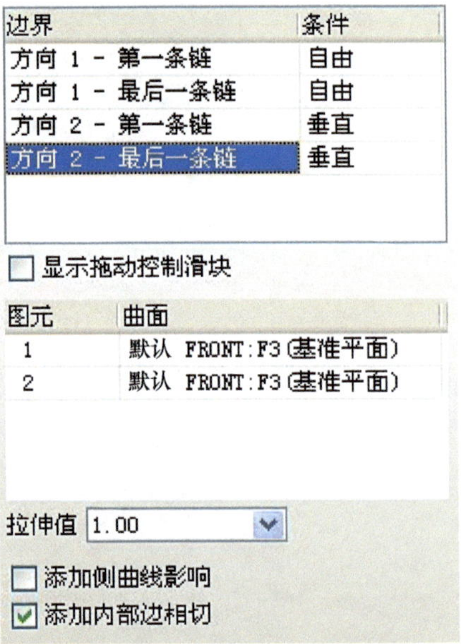

图 2-191

⑥ 单击操控板中的“完成”按钮。

22）创建如图 2-192 所示的边界曲面 2。

① 选择“插入”→“边界混合”命令；按住 < Ctrl > 键，依次选择基准曲线 2 和基准曲线 6；在“约束”界面中将方向 1 的第一条链的约束条件设置为“切线”，再单击该界面的第二列表区域，选取如图 2-193 所示的边界曲面 1 为相切曲面。

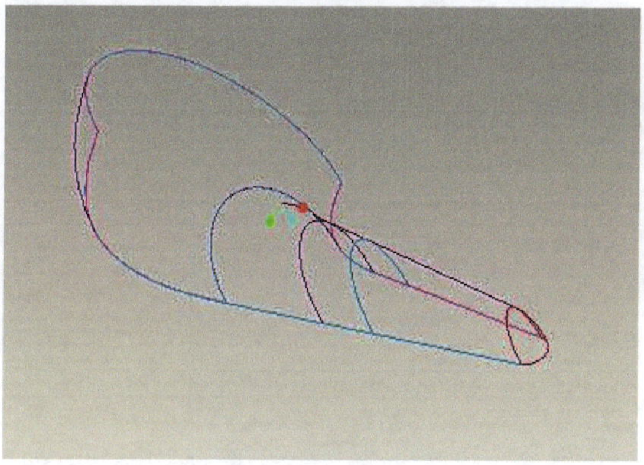

图　2-192

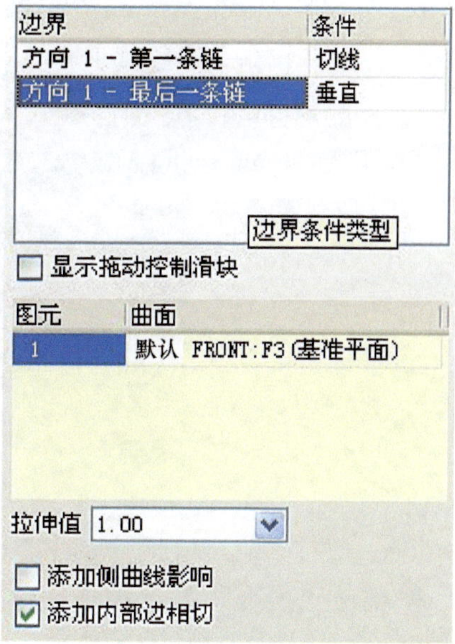

图　2-193

② 将方向 1 的最后一条链的约束设置为“垂直”，第二列表区域采用系统默认的设置，此时“约束”界面如图 2-194 所示。

23）将边界曲面 1 与边界曲面 2 进行合并。

① 单击界面右下方的“智能”按钮，选择下拉菜单栏中的“面组”选项，这样会很容易地选到曲面。

② 按住 <Ctrl> 键，选取如图 2-195 所示的边界曲面 1 和边界曲面 2。

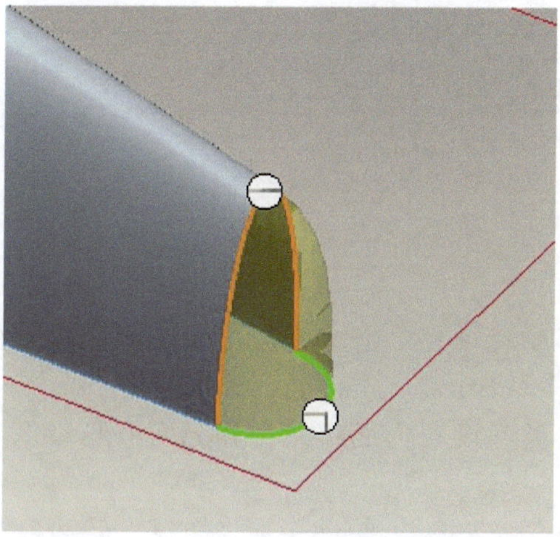

图　2-194

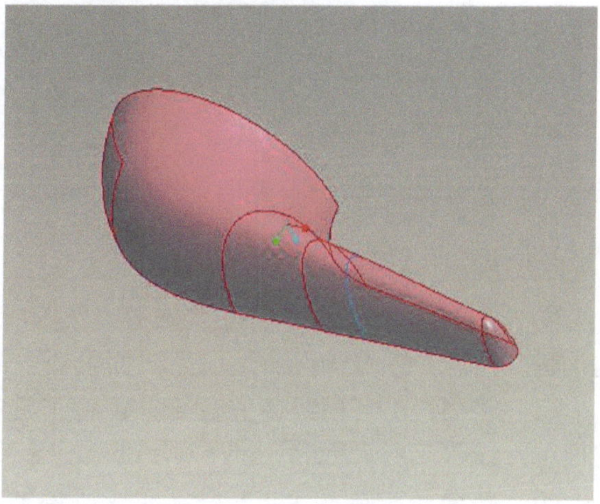

图　2-195

③ 选择“编辑”→“合并”命令，预览合并后的面组，确认无误后，单击“完成”按钮。合并后的面组暂且成为“面组 1”。

24）创建镜像曲面复制特征。

① 将“选择”类型设置为面组，再选择如图 2-196 所示的面组 1。

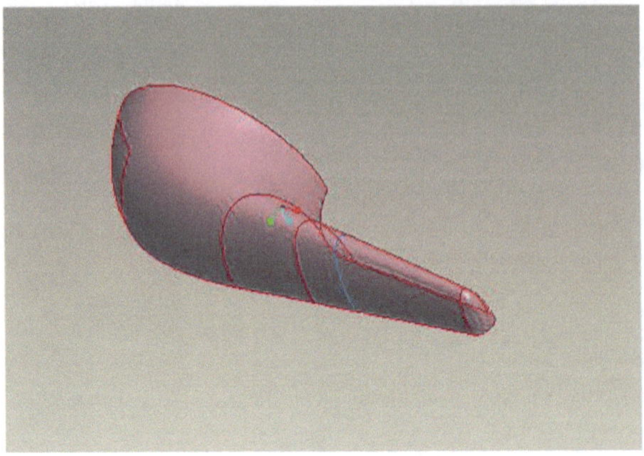

图 2-196

② 选择“编辑”→“镜像”命令。

③ 在“选取要相对于其进行镜像的平面”的提示下，选择如图 2-197 所示的 FRONT 基准面。

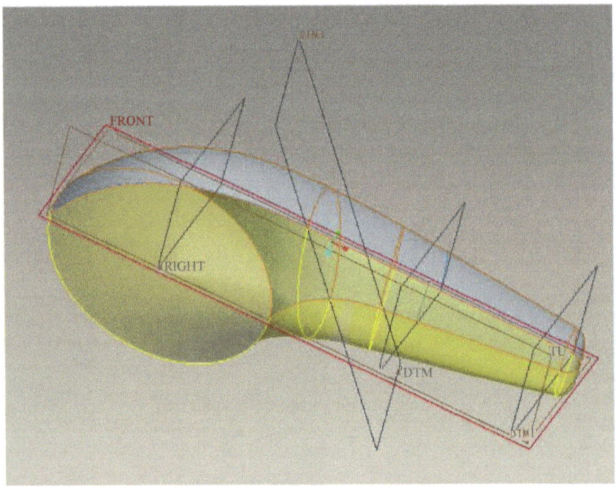

图 2-197

④ 单击操控板中的“预览”按钮，预览所创建的特征；单击“完成”按钮，完成特征的创建。注意：镜像所得面组成为“面组 2”。

25）将面组 1 与面组 2 进行合并。将“选择”类型设置为面组，合并源面组和镜像后的面组，如图 2-198 所示。

26）将曲面加厚。选取要将其变成实体的面组 3，选择“编辑”→“加厚”命令；在操控板中输入厚度值“0.6”；单击“完成”按钮，如图 2-198 所示。

27）遮蔽曲线层。单击“视图”选项卡的“层”按钮，进入“层”的操作界面；在“层”操作界面中选取曲线所在的层，然后单击鼠标右键，在快捷菜单中选择“隐藏”命令；再次用鼠标右键单击曲线所在的层，在弹出的快捷菜单中选择“保存状态”命令。

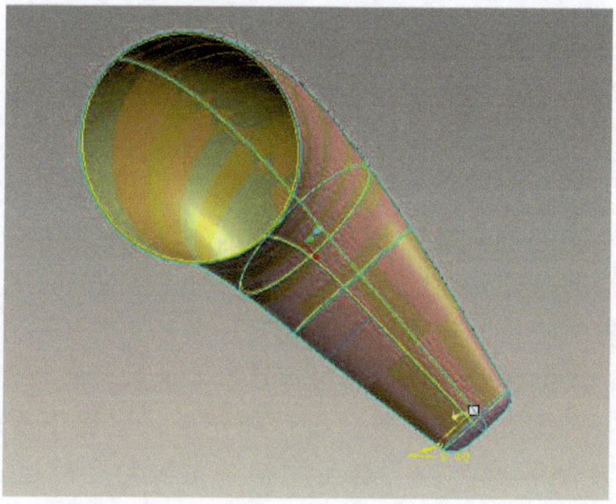

图　2-198

28）保存零件模型文件，如图 2-199 所示。

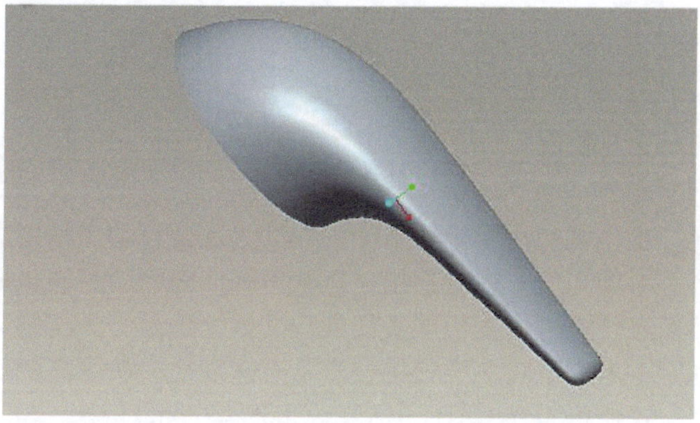

图　2-199

第三章　逆向工程设计

逆向工程设计是相对于正向工程而言的。一般的产品设计是根据产品的用途和功能，先有构想，再通过计算机辅助设计软件制成图样，通过加工制造而最后成型定产的。而通常所说的逆向工程是根据现有的产品，并通过激光扫描和点采集等手段获取现有的产品实物的三维数据和空间几何形状，再把获取的数据通过计算机专业设计软件设计成图样，用于生产制造的过程。也有的通过制造模型来作为逆向设计的样板，也属于逆向工程设计的范围。逆向工程设计不是简单的复制和模仿，而是运用相关手段对产品进行分析和再设计等创新处理，从而使产品表现出更加优良的性能，缩短新产品的开发周期，提高设计开发效率。逆向工程设计的过程主要应用三维扫描技术、数据处理技术及基于三维设计软件的逆向造型技术。

第一节　三维数据的获取

一、三维扫描的历史与发展

1. 三维扫描简介

三维扫描是集光、机、电和计算机技术于一体的先进全自动高精度立体扫描技术，主要用于对物体空间外形、结构和色彩进行扫描，以获得物体表面的空间坐标。它的重要意义在于能够将实物的立体信息转换为计算机能直接处理的数字信号，为实物数字化提供了相当方便、快捷的手段，如图 3-1 所示。三维扫描技术具有速度快、精度高的优点，其测量结果能直接与多种软件接口，这使得它在 CAD、CAM、CIMS 等技术日益普及的今天很受欢迎。

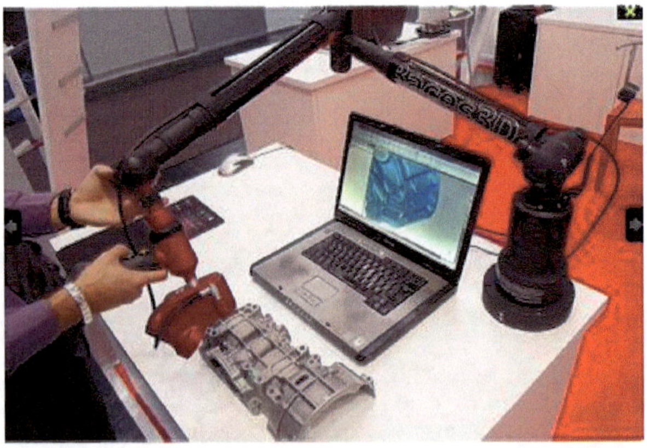

图　3-1

三维扫描仪（3D Scanner）是一种进行三维扫描的科学仪器，用来侦测并分析现实世界中物体或环境的形状（几何构造）与外观数据（如颜色、表面反照率等性质）。其搜集的数据常被用于进行三维重建计算，在虚拟世界中创建实际物体的数字模型。在发达国家的制造业中，三维扫描仪作为一种快速的立体测量设备，因其测量速度快、精度高、非接触、使用方便等优点而得到越来越多的应用。用三维扫描仪对样品、模型进行扫描，可以得到其立体的尺寸数据，这些数据能直接与 CAD/CAM 软件接口，在 CAD 系统中可以对数据进行调整和修补，再送到加工中心或快速成型设备上制造，可以极大地缩短产品制造周期。

2. 三维扫描仪的种类

三维扫描仪分为接触式三维扫描仪（也称为三坐标测量仪）和非接触式三维扫描仪。其中，非接触式三维扫描仪又分为光栅三维扫描仪（也称为拍照式三维扫描仪）和激光扫描仪。光栅三维扫描又有白光扫描或蓝光扫描等，激光扫描仪有点激光、线激光和面激光的区别（图 3-2 为三坐标测量仪，图 3-3 为三维激光扫描仪）。

图　3-2

图　3-3

3. 三维扫描仪的发展历程

1884 年，德国工程师尼普科夫（Paul Gottlieb Nipkow）利用硒光电池发明了一种机械扫描装置，这种装置在后来的早期电视系统中得到了应用，到 1939 年被淘汰。虽然它与 100 多年后利用计算机来操作的扫描仪没有必然联系，但从历史的角度来说，这算是人类历史上最早使用的扫描技术。

扫描仪是 19 世纪 80 年代中期才出现的光机电一体化产品，它由扫描头、控制电路和机械部件组成，采取逐行扫描，得到的数字信号以点阵的形式保存，再使用文件编辑软件将它编辑成标准格式的文本储存在磁盘上。从诞生至今，扫描仪的品种多种多样，并在不断地发展。

第一种三维扫描仪：点测量。

代表系统有三坐标测量仪、点激光测量仪和关节臂扫描仪。它通过每一次的测量点反映物体表面特征，优点是精度高，但速度慢，如果要做逆向工程，只能在测量高精密几何公差要求的物体上有优势。它适合用于物体表面几何公差检测。

第二种三维扫描仪：线测量。

代表系统有三维台式激光扫描仪、三维手持式激光扫描仪和关节臂 + 激光扫描头。通过一段（一般为几厘米，激光线过长会发散）有效的激光线照射物体表面，再通过传感器得到物体表面数据信息。它适合扫描中小件物体，扫描景深小（一般只有 5cm），精度较高。此代系统发展比较成熟，其新产品最高精度已经达到 0.01μm。所以在精度上，其比肩点扫描，速度上已有极大的提高，在高精度工业设计领域将有广阔用途。

第三种三维扫描仪：面扫描。

代表系统有拍照式三维扫描仪和三维摄影测量系统等。通过一组（一面光）光栅的位移，再同时经过传感器而采集到物体表面的数据信息，如图 3-4 所示。

图 3-4

4. 三维扫描仪的用途

1）三维扫描仪的用途是创建物体几何表面的点云（Point Cloud），这些点可用来插补成物体的表面形状，越密集的点云，创建的模型越精确（这个过程称为三维重建）。若扫描仪能够取得表面颜色，则可进一步在重建的表面上粘贴材质贴图，也就是材质印射（Texture Mapping）。

2）三维扫描仪可模拟为照相机，它们的视线范围都体现圆锥状，信息的搜集都限定在一定的范围内。两者不同之处在于照相机所抓取的是颜色信息，而三维扫描仪测量的是距离。

二、三维扫描仪的应用领域

最近几年，三维扫描技术不断发展并日渐成熟，三维扫描仪的巨大优势就在于可以快速扫描被测物体，不需反射棱镜即可直接获得高精度的扫描点云数据，这样一来就可以高效地对真实世界进行三维建模和虚拟重现。因此，它已经成为当前研究的热点之一，并在文物数字化保护、土木工程、工业测量、自然灾害调查、数字城市地形可视化和城乡规划等领域有广泛的应用，如图 3-5 和图 3-6 所示，具体如下：

图 3-5

图 3-6

1. 测绘工程领域

大坝和电站基础地形测量，公路测绘，铁路测绘，河道测绘，桥梁、建筑物地基等的测绘，隧道的检测及变形监测，大坝的变形监测，隧道地下工程结构，测量矿山及体积计算。

2. 结构测量方面

桥梁扩建工程，桥梁结构测量，结构检测和监测，几何尺寸测量，空间位置冲突测量，空间面积和体积测量，三维高保真建模，海上平台、造船厂、电厂和化工厂等大型工业企业内部设备的测量，管道和线路测量，各类机械制造安装。

3. 建筑和古迹测量方面

建筑物内部及外观的测量保真、古迹（古建筑、雕像等）的保护测量（图 3-7）、文物修复、古建筑测量、资料保存等古迹保护，遗址测绘，赝品成像，现场虚拟模型，现场保护性影像记录。

4. 紧急服务业

反恐怖主义，陆地侦察和攻击测绘，监视，移动侦察，灾害估计，交通事故正射图，犯罪现场正射图，森林火灾监控，滑坡泥石流预警，灾害预警和现场监测，核泄漏监测。

5. 娱乐行业

电影产品的设计，为电影演员和场景进行的设计，3D 游戏的开发，虚拟博物馆，虚拟旅游指导，人工成像，场景虚拟，现场虚拟，人体 3D 扫描如图 3-8 所示。

图 3-7

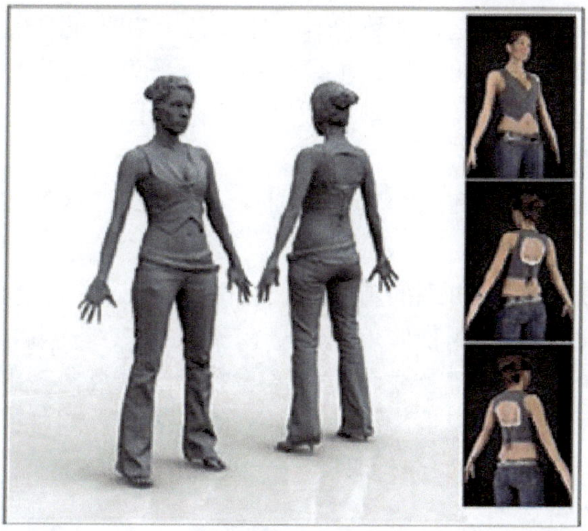

图 3-8

三、三维扫描仪的基本原理及工作流程

1. 三维扫描仪的基本原理

下面以三维激光扫描仪为例来介绍三维扫描仪的基本原理及工作流程。

无论扫描仪是何种类型，其构造原理都是相近的。三维扫描仪的主要构造是一台高速精确的激光测距仪，配上一组可以引导激光并以均匀角速度扫描的反射棱镜。激光测距仪主动发射激光，同时接受由自然物表面反射的信号，从而可以测距。针对每一个扫描点可测得测站至扫描点的斜距，再配合扫描的水平和垂直方向角，可以得到每一扫描点与测站的空间相对坐标。如果测站的空间坐标是已知的，那么则可以求得每一个扫描点的三维坐标，如图 3-9所示。

2. 三维扫描仪的工作流程

三维激光扫描仪的工作过程大致可以分为计划制订、外业数据采集和内业数据处理三部分。在具体工作展开之前，首先需要制订详细的工作计划，做一些准备工作，主要包括根据

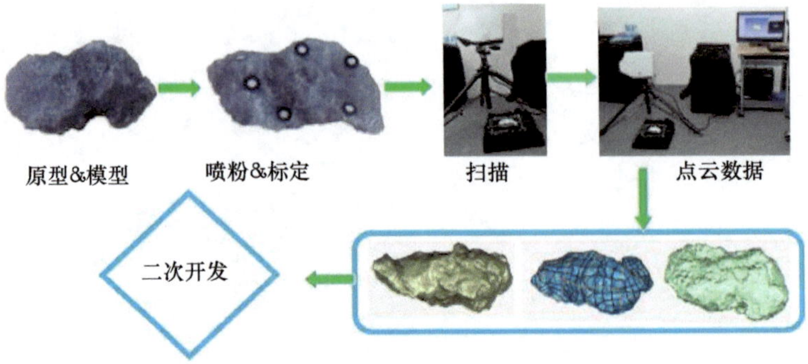

图 3-9

扫描对象的不同和精度的具体要求设计一条合适的扫描路线、确定恰当的采样密度、大致确定扫描仪至扫描物体的距离、设站数、设站位置等。外业工作主要是采集数据，主要包括数据采集、现场分析采集到的数据是否大致符合要求、进行初步的质量分析和控制等；内业数据处理是最重要也是工作量最大的一环，主要包括外业采集的激光扫描原始数据的显示，数据的规格网格化，数据滤波、分类、分割，数据的压缩，图像处理，模式识别等。

四、非接触式扫描仪的应用

下面主要以三维激光扫描仪和照相式三维扫描仪来介绍非接触式扫描仪的应用。

1. 三维激光扫描仪的应用

三维激光扫描技术是近年来出现的新技术，在国内越来越引起研究领域的关注。它是利用激光测距的原理，通过记录被测物体表面大量密集点的三维坐标、反射率和纹理等信息，可快速复建出被测目标的三维模型及线、面、体等各种图件数据。由于三维激光扫描系统可以密集地大量获取目标对象的数据点，因此相对于传统的单点测量，三维激光扫描技术也被称为从单点测量进化到面测量的革命性技术突破。该技术在文物古迹保护、建筑、规划、土木工程、工厂改造、室内设计、建筑监测、交通事故处理、法律证据收集、灾害评估、船舶设计、数字城市、军事分析等领域也有了很多的尝试、应用和探索，三维激光扫描仪如图 3-10所示。

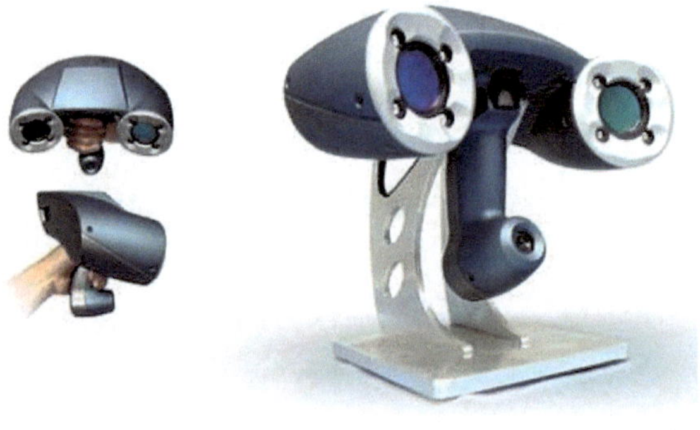

图 3-10

2. 照相式扫描仪的应用

照相式扫描仪是针对工业产品涉及领域的新一代扫描仪，与传统的激光扫描仪和三坐标测量系统比较，其测量速度提高了数十倍。由于它有效地控制了整合误差，整体测量精度也大大提高。其采用可见光将特定的光栅条纹投射到测量工作表面，借助两个高分辨率的 CCD 数字照相机对光栅干涉条纹进行拍照，利用光学拍照定位技术和光栅测量原理，可在极短时间内获得复杂工作表面的完整点云。其独特的流动式设计和不同视角点云的自动拼合技术使扫描不需要借助于机床的驱动，扫描范围可达 12m，而扫描大型工件则变得高效、轻松和容易。其高质量的完美扫描点云可用于汽车制造业中的产品开发、逆向工程、快速成型和质量控制，甚至可实现直接加工。

非接触光学三维扫描仪，其结构主要由光栅投影设备和两个工业级的 CCD 数字照相机构成，由光栅投影在待测物上，并加以粗细变化及位移，配合 CCD 数字照相机将所获取的数字影像通过计算机运算处理，即可得知待测物的实际 3D 外形。

照相式三维扫描仪采用非接触白光技术，避免对物体表面的接触，可以测量各种材料的模型，测量过程中被测物体可以任意翻转和移动，对物件进行多个视角的测量，系统进行全自动拼接，轻松实现物体 360°高精度测量。照相式三维扫描仪还能在获取表面三维数据的同时，迅速地获取纹理信息，得到逼真的物体外形，能快速地应用于模具制造行业的扫描，如图 3-11 和图 3-12 所示。

图　3-11

图　3-12

五、接触式扫描仪的应用

接触式扫描仪采用探测头直接接触物体表面，通过探测头反馈回来的光电信号转换为数字信息，从而实现对物体表面形状的扫描和测量，主要以三坐标测量仪为代表，如图 3-13 所示。

图　3-13

接触式测量具有较高的准确性和可靠性，配合测量软件，可快速准确地测量出物体的基本几何形状，如面、圆、圆柱、圆锥、圆球等。其缺点是：测量费用较高；探头易磨损；测量速度慢；检测一些内部元件有先天的限制，故欲求得物体真实外形则需要对探头半径进行补偿，因此可能会导致修正误差的问题；在测量时，接触探头的力将使探头尖端部分与被测件之间发生局部变形而影响测量值的实际读数；由于探头触发机构的惯性及时间延迟而使探头产生超越现象，趋近速度会产生动态误差。

接触式扫描仪主要用于机械、汽车、航空、军工、家具、工具原型、机器等中小型配件、模具等行业中的箱体、机架、齿轮、凸轮、蜗轮、蜗杆、叶片、曲线、曲面等的测量，还可用于电子、五金、塑胶等行业中，对工件的尺寸、形状和几何公差进行精密检测，从而完成零件检测、外形测量、过程控制等任务。然而因其在扫描过程中必须接触物体，待测物有遭到探针破坏和损毁的可能，因此不适用于高价值对象如古文物、遗迹等的重建作业。

1. 接触式测量仪在模具行业中的应用

模具的型芯、型腔与导柱、导套的匹配如果出现偏差，可以通过三坐标测量仪找出偏差值以便纠正。在模具的型芯、型腔轮廓加工成型后，很多镶件和局部的曲面要通过电极在电脉冲上加工成型，从而使电极加工的质量和非标准的曲面质量成为模具质量的关键。因此，用三坐标测量仪测量电极的形状必不可少。三坐标测量仪可以应用3D数模的输入，将成品模具与数模上的定位、尺寸、相关的几何公差、曲线和曲面进行测量比较，输出图形化报告，直观清晰地反映模具质量，从而形成完整的模具成品检测报告。在某些模具使用了一段时间出现磨损要进行修正，但又无原始设计数据（即数模）的情况下，可以用截面法采集点云，用规定格式输出，探针半径补偿后造型，从而达到完好如初的修复效果。

当一些曲面轮廓既非圆弧又非抛物线，而是一些不规则的曲面时，可用油泥或石膏手工做出的曲面作为底胚，然后用三坐标测量仪测出各个截面上的截线、特征线和分型线，用规定格式输出，探针半径补偿后造型，在造型过程中圆滑曲线，从而设计制造出全新的模具。

2. 接触式扫描仪在汽车行业中的应用

汽车零部件具有品质要求高、批量大、形状各异的特点。根据不同的零部件测量类型，主要分为箱体、复杂形状和曲线曲面三类，每一类相对测量系统的配置不尽相同，需要从测量系统的主机、探测系统和软件方面进行相互的配套与选择，如图3-14所示。

图 3-14

3. 接触式扫描仪在发动机制造中的应用

发动机是由许多各种形状的零部件组成的，这些零部件的制造质量直接关系到发动机的性能和寿命。因此，需要在这些零部件生产中进行非常精密的检测，以保证产品的精度及公差配合。在现代制造业中，高精度的综合测量机越来越多地应用于生产过程中，使产品质量的目标和关键渐渐由最终检验转化为对制造流程进行控制，通过信息反馈对加工设备的参数进行及时调整，从而保证产品质量和稳定生产过程，提高生产率。

六、数据获取案例

2001年3月，清华大学土木工程系和某测量系统公司的技术人员采用三维激光扫描系统对清华大学校内的建筑物二校门进行了三维激光扫描测量，并建立了二校门的三维模型，如图3-15所示。

1. 扫描前的准备工作

针对需要扫描的目标确定扫描的测站数和测站位置，以及控制标靶的个数和位置，在本案例中，测站数为4、标靶个数为6、测站约10处，分别位于建筑物的前左、前右、后左、后右，标靶的位置如图 3-16 所示。

图　3-15

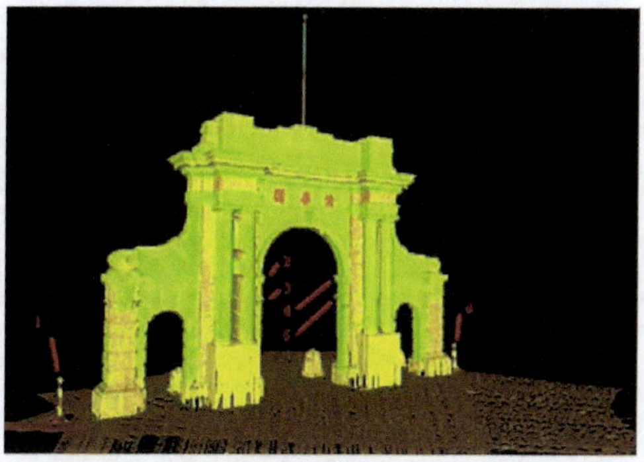

图　3-16

2. 扫描

在选定的测站上架设扫描仪，调整好扫描仪面对的方向和倾角，将扫描仪和笔记本式计算机用网线连接好，打开扫描仪的电源开关。

扫描仪的扫描过程由 Cyclone 软件控制，通过集成的数字照相机得到扫描对象的影像，在影像图上选择扫描区域。根据所设置的扫描参数（如行数、列数、扫描分辨率等），扫描仪自动进行扫描。

3. 三维建模

通过软件提供的坐标登记功能，将各测站测得的点云数据拼合为一个完整的建筑物点云模型。利用自动分段处理功能、抽取功能、TIN 模型构造功能等，将建筑物的细部模型化，并最终完成整个建筑物的建模。

4. 应用处理

根据实际工作的应用需要，由模型可以生成断面图、投影图和等值线图等，并可将模型以 AutoCAD 和 MicroStation 的格式输出。此外，技术人员也可以对模型进行渲染，以得到模型的晕渲图，如图 3-17 所示。

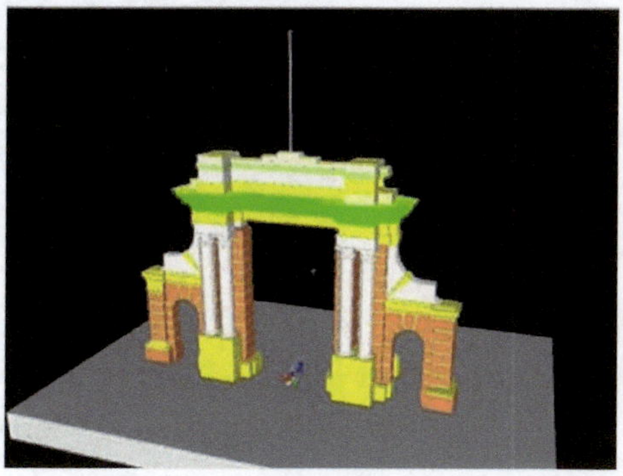

图　3-17

随着三维激光扫描技术的迅猛发展，采用激光扫描获取三维空间数据的系统与应用也越来越成熟。对于城市精细空间数据的采集以及如何根据数据用三维立体模型表达空间信息，在技术、设备以及开发应用方面还有很多的问题值得探讨和研究。应该说，采用激光扫描获取三维空间数据这一技术具有广阔的发展空间。

第二节　三维数据的处理

一、三维扫描系统的基本原理

三维扫描系统的基本原理如图 3-18 和图 3-19 所示。

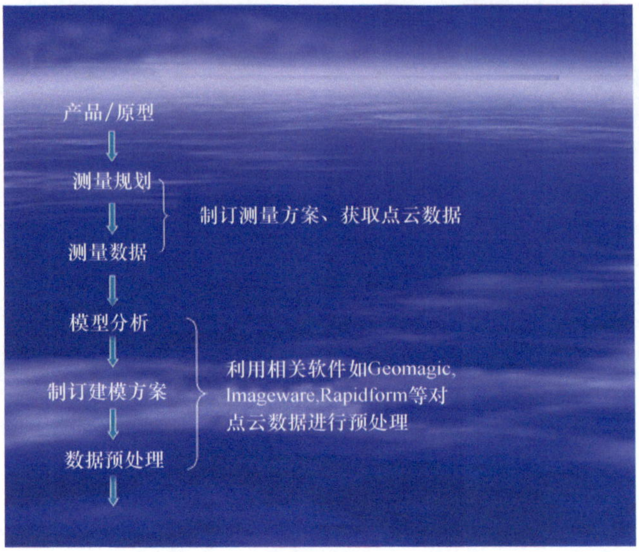

图 3-18

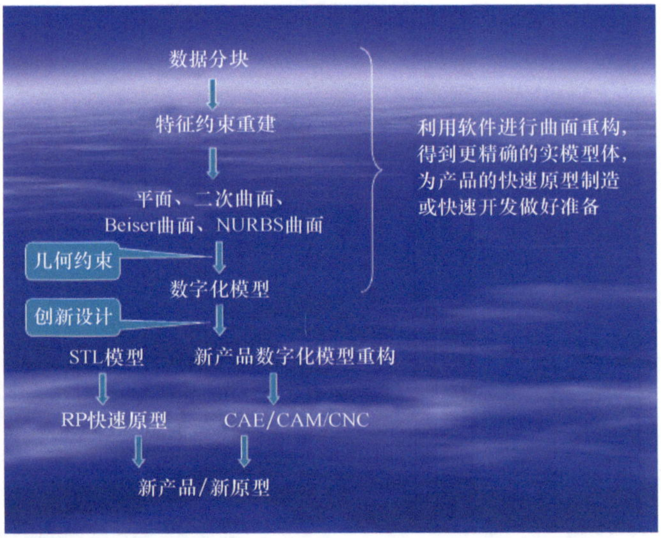

图 3-19

二、三维扫描系统的应用

下面主要讲解三维扫描系统的应用领域。

1）逆向工程实训室教学，如图 3-20 所示。

2）逆向工程（RE）/快速成型。

3）扫描实物，建立 CAD 数据；扫描模型，建立用于检测部件表面的三维数据，如图 3-21 所示。

4）为不能使用三维 CAD 数据的部件建立数据。

5）进行竞争对手产品与自己产品的确认与比较，并创建数据库。

图 3-20

图 3-21

6）使用由 RP 创建的真实模型建立和完善产品设计。

7）有限元分析的数据捕捉。

8）检测（CAT）/CAE。

9）生产线质量控制和产品元件的形状检测，如图 3-22 所示。

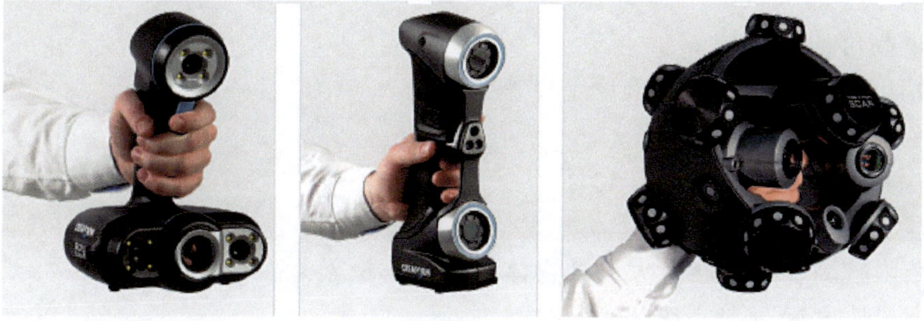

图 3-22

10）文物的录入和电子展示。

11）牙齿及畸齿矫正。

12）整容及上颌面手术。

三、三维扫描仪及数据处理的主要误差分析

1. 三维扫描仪

三维扫描仪就是针对三维信息领域的发展而研制开发的计算机输入信息的前段设备。它用来侦测并分析现实世界中物体或环境的形状（几何构造）与外观数据（如颜色、表面反照率等性质）。搜集到的数据常被用来进行三维重建计算，在虚拟世界中创建实际物体的数字模型。这些模型具有相当广泛的用途，如工业设计、瑕疵检测、逆向工程、机器人导引、地貌测量、医学信息、生物信息、刑事鉴定、数字文物典藏、电影制片、游戏创作素材等都可见其应用。

照相式三维扫描仪原理如图 3-23 所示。

三维扫描仪具体有以下几种。

1）拍照式。

扫描范围：单面可扫描 400mm × 300mm，测量景深一般为 300 ~ 500mm。

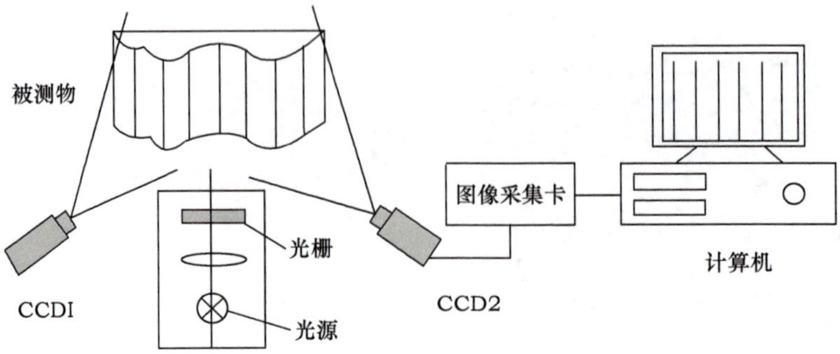

图 3-23

精度：最高可达 0.007mm。

优点：扫描范围大、速度快，精细度高，扫描的点云杂点少，系统内置标志点自动拼接并自动删除重复数据，操作简单，价格较低。

2）关节臂式。

扫描范围：可达 3.7m。

精度：最高可达 0.016mm。

优点：精度较高，测量范围理论上可达到无限。

3）三坐标（固定式）。

扫描范围：为指定型号的工作台面。

扫描精度：最高可达 0.9μm。

优点：精度较高，适合测量大尺寸物体，如整车框架。

缺点：扫描速度慢，需要花费较长时间。

4）激光跟踪式。

扫描范围：可达 70m。

扫描精度：可达 0.003mm。

优缺点：精度较高，测量范围大，可对如建筑物等大型物体进行测量，但价格较高。

5）激光扫描式。

扫描范围：比较小。

优点：扫描速度快，便携，方便，适用于对精度要求不高的物体。

缺点：扫描精度较低。

2. 数据处理的主要误差分析

扫描得到的产品外形数据不可避免地会引入数据误差，所以要对原始点云数据进行预处理，通常要经过以下步骤。

1）去掉噪声点。

2）插补数据。

3）数据的平滑。

4）数据的光顺。

5）点云的重定位整合。

得到产品数据后，以逆向工程软件进行点数据的处理，经过分门别类、群组分隔、点线面与实体误差的比对后，再重新建构曲面模型，产生 CAD 数据、进行数控加工或 RP 制作。由三维扫描仪得到的点云数据建立曲面，在建立过程中应配合所测得的数据点数目及精度来决定曲面重建所使用的方法。

四、数据获取和缩减、坐标纠正

1. 数据获取

三维数据获取是指通过特定的测量设备和测量方法获取零件表面离散点的几何坐标数据。高效率和高精度地获取零件表面的三维数据是产品检测的重要研究内容，也是实现逆向工程的重要步骤之一。采用先进的数字测量技术和产品来迅速提升制造业水平，是当前的一个重要发展方向。按照传统的划分方法，数据测量主要分为接触式和非接触式。

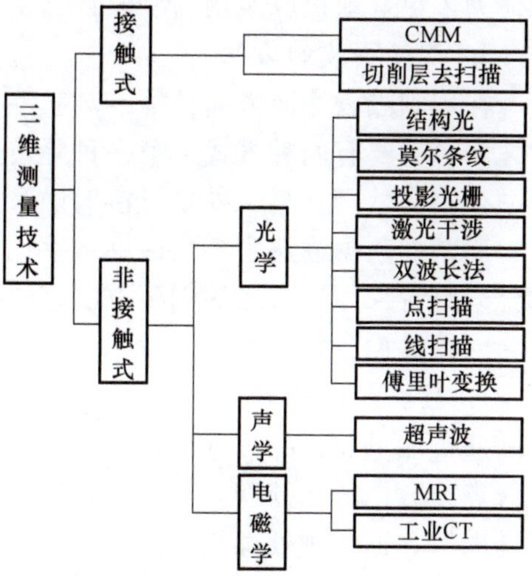

图 3-24

图 3-24 所示为三维测量技术的综合划分。

2. 数据缩减

从数据处理的角度来看，数据缩减是对高密集度的点云数据进行裁截，以实现点云数据量的减小。数据缩减常常包含在其他数据处理过程中，其实现算法也相当复杂。为了提高数据处理的效率，点云数据的缩减已经成为三维激光扫描数据处理的一项重要研究内容。直接缩减算法可以解决外业扫描数据过密的问题，并通过对真实三维激光扫描数据的直接缩减处理得到缩减预测模型，可用于直接缩减效果的预测。该算法将会在古建筑物保护、考古、城市规划建设的扫描点云数据处理中得到实际应用。由于三维激光扫描数据处理的目的和过程千差万别，不同的工程应用中所需要的数据缩减算法和缩减效果也截然不同。

3. 坐标纠正

由于激光扫描仪测量得到的数据中所采用的三维直角坐标系与实际坐标系之间的欧拉角可能很大，所以在纠正中不能采用通常的小角度空间直角坐标转换模型，而采用一种大旋转角的空间直角坐标转换的简便模型。该模型不仅能实现大角度的转换，而且计算过程简明，便于程序实现。其主要思想是将旋转矩阵中 9 个方向的余弦都设为未知量，外加 3 个平移，1 个尺度，共有 13 个未知数；由于旋转矩阵中仅有 3 个独立参数，根据旋转矩阵的正交特性，可列出 6 个条件式。若有 n 个公共点，则可列出 $3n$ 个观测方程。另外，旋转矩阵 9 个参数中列出 6 个条件，将这 6 个条件式作为条件方程按附有条件的间接平差方法求解，就可获得 13 个未知数的最小二乘解。坐标转换模型示意如图 3-25 所示。

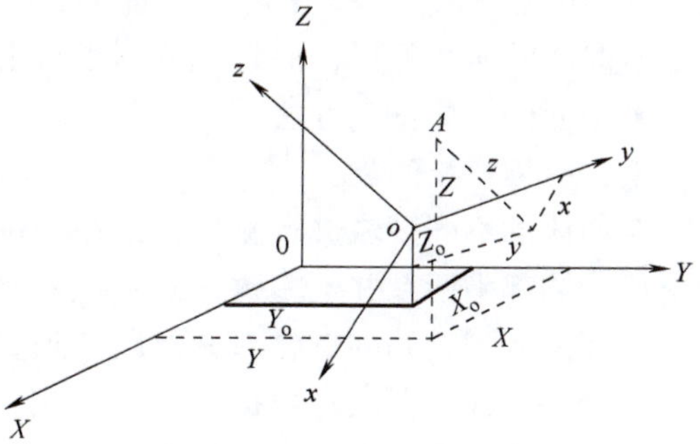

图 3-25

五、数据滤波

1. 数据滤波的概念

在进行数据处理前，必须对其进行滤波处理。其目的是去除噪声数据，获得曲面更高阶平滑性的同时，尽可能保持目标物体的几何特征，防止其收缩变形或过于光顺。

在数据测量上，数据滤波是指：在对实物扫描数字化的过程中，不可避免地会引入错误点、冗余点以及扫描环境所带来的测量噪声等，这些点会对后期的实物模型重构带来很大影响，为了更好地提取实物的特征数据，必须进行数据滤波，将这些错误点等去除。

2. 数据滤波的方法

在规则点云滤波方面，推广数字图像处理领域的滤波方法就能进行处理；在散乱点云滤波方面，主要有两种方式，第一种是首先根据散乱点云数据构建网格模型，然后再对网格模型进行去噪处理，第二种是直接对散乱点云数据进行滤波处理。

通常的数据滤波主要是借助数字信号处理和图像处理中的滤波技术来进行滤波，但也有部分研究者采用了自己的创新方法来进行数据滤波，也达到了很好的滤波效果。

六、数据分割

1. 数据分割的作用

通过测量获得的数据往往存在一定缺陷，因此在对产品零件进行建模和评价之前，需要进行点云数据的预处理。其中，离散数据的处理较复杂，是相关研究的重点。数据分割处理正是离散数据的预处理之一。

2. 数据分割的基本原理

三维测量数据的分割一般可以分为两类，一类是基于边分割法，另一类是基于面分割法。

（1）基于边分割法　基于边分割法首先估计出测量点的法向矢量或曲率，然后以法向矢量或曲率的突变处为边界的位置，并经边界跟踪等处理方法形成封闭的边界，最终将各边界所围区域作为分割结果。由于在分割过程中只用到边界局部数据，以及存在微分运算，因此这种方法易受到测量噪声的影响，特别是对于变化缓和的曲面，该方法并不适合。

（2）基于面分割法　基于面分割法是将具有相似几何特征的空间点划为同一区域。由于这种方法具有明确的几何意义，因此目前应用较广。基于面分割法是尝试推断出具有相同曲面性质的点，然后决定其所属的曲面，最后由相邻的曲面决定曲面间的边界。它适合于包含二次曲面的实物外形，但是不适用于自由曲面。目前已经有人提出了基于参数二次曲面改进的基于面的数据分割方法。

七、数据拼接匹配

对物体的不同区域进行测量，是在测量位置对应的局部坐标系下进行的，因此多次测量所对应的局部坐标系并不一致，必须把各次测量对应的局部坐标系统一到同一坐标系中，并消除相邻重复测量间的重叠部分，以得到完整数据。这就需要将分块测量所得到的多片点云数据拼合在一起，即点云数据的拼接匹配。

数据拼接匹配类型及原理如下：

1）基于三个基准点的拼接匹配法。在工程中较常用基于三个基准点的拼接匹配法，三点可以确定一个平面，从而实现三维测量数据的多视点统一。

2）应用四元组算法来处理移动物体匹配问题。

3）点云迭代匹配方法。首先从一个点集、一条曲线或一个曲面中找到与一点对应的最近点，再用这个结果去找两个对应的点集，最后采用单位四元素法来找出两个点集的变换矩阵。它也能处理其他几何对象的匹配问题，包括点集和多边形、曲线和曲面的匹配等。

4）三角面片分割阵列图像法。此法用三角面片分割阵列图像，然后用统计方法来合并两个阵列图像的方法，最终的3D模型由三角面片形成的多个曲面片构成。

八、针对点云的后处理

1. 点云的后处理

采集的数据只是散乱的物体外形坐标，要生成用于再制造的CAD模型就必须对这些点进行处理。逆向工程中后处理部分的主要任务在于对扫描所得到的点云数据进行噪声剔除、多视拼合、特征线提取等操作，最后得到三维实体模型，从而建立起一条完整的逆向应用流程，如图3-26所示。

图　3-26

2. 点云后处理的主要功能

逆向工程中的后处理部分主要完成以下四大功能：点云数据预处理、点云数据拼合、特征线提取和产品建模。

（1）点云数据预处理　通常把三维空间中的点集称为点云或点群。最小的点云只包含一个点，高密度点云可达数百万个数据点。由于曲线曲面建构方法多种多样，对测量数据在质量、数量、密度及组织形式方面的要求不尽相同，故需要对原始测量数据进行预处理。点云数据预处理包括数据平滑、数据过滤、数据分块和数据融合及数据优化等操作。

（2）点云数据拼合　无论是采用接触式还是非接触式的数字测量方法，希望通过一次测量完成对整个待测件的数字化工作是很困难的。通常的做法是将待测件重新定位，以另一有利的角度或者方向获取试件不同方位的表面信息，这称为视。从不同的视对待测件进行几次测量后，所得数据的局部坐标系和组织是不同的，将这些不同的数据集转化为统一的数据形式并构成整个待测件表面的完整信息，这个过程称为拼合。

对同一物体的多视点云的拼合，一般有两种处理方法：一是对点进行处理，即直接对点云进行拼合，再构造出原型；二是对各视图进行局部构造几何形体，最后拼合这些几何形体。显然，若单个视图能局部地构造几何形体，并具有明显的几何特征，利用这些特征进行拼合，其速度和准确性都是显而易见的。但其缺点是，不同视图中的特征往往不一致，甚至同一特征在其他视图中被分割成许多特征或者消失。同时，该方法带来的几何图形之间的布尔运算将涉及许多CAD中目前尚未解决或解决不甚圆满的难题。基于点的拼合的最大优点是能对物体所求得的各个面有总体上的了解和把握，能获得拓扑上一致的数据结构。尽管该数据结构可能非常庞大，但这种一致性是基于面的拼合难以达到的。

（3）特征线提取　经过以上处理步骤，可以得到与实体形状非常逼近的完整点云。但为了进一步使实体开头直观化并为后面的曲面造型提取特征，则可以构造大略表达实体的特征线。当然，就整体平滑的实体而言，构造特征的密度可以较小或者不进行这一步处理；对曲率变化比较大的实体，应尽量保证完整表达曲率变化的范围，即使特征线的密度大些，否则会失去实体的细节信息，使实体特征表达不够完全。

(4) 产品建模 特征线提取出来后，可以用标准格式（如 IGES 文件）输出到通用 CAD 三维造型软件中，作为建立 CAD 模型的基本特征，以此重建待测物体的三维 CAD 模型，从而达到逆向工程的最终目的。

三维点云数据后处理是逆向工程中比较关键的一环，其结果将直接影响最后结果的精确度。认真研究这一方面的处理方法，在提高精度的同时用最少的点云来表达信息将是这一领域研究人员的一大任务。

九、数据处理演示案例

1. 滤波示例

滤波函数库包含局外点（Outlier）和噪声点（Noise）的去除。

对于一个点，给定领域的大小，可计算领域内相邻的数据点。当领域内的点数小于阈值时，作为局外点滤除，如图 3-27 所示。

2. 点云数据后处理建模

以叶片为例，简述由获取的点云到 CAD 实体模型建立的过程。图 3-28 所示为叶片的实体模型。

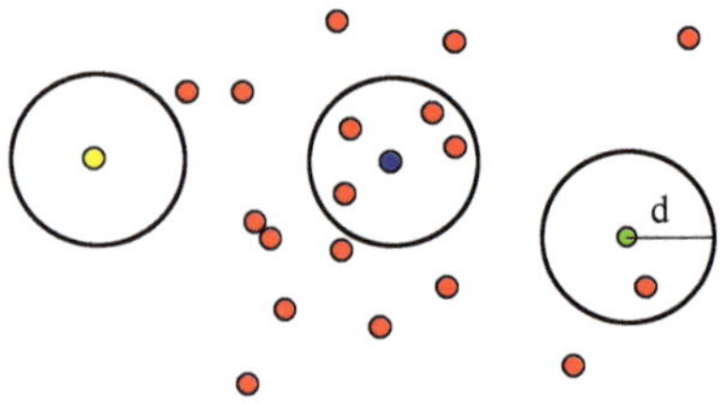

图 3-27

图 3-28

将叶片的外表面和内表面头侧点云、尾测点云数据采用 Geomagic 软件进行拼合，拼合好的完整的叶片点云数据如图 3-29 所示。

将得到的完整叶片点云数据采用 Surface 软件进行特征线提取，再输出到 Creo 软件中，以特征线为基础分别建立各个曲面。各曲面经过缝合并转换，最后得到完整的 CAD 实体模型，如图 3-30 所示。

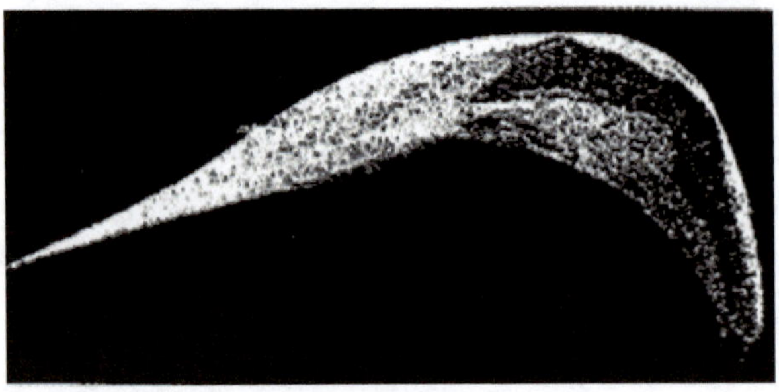

图 3-29

图 3-30

第四章　3D打印工艺设计及材料分析

第一节　融熔沉积技术

一、融熔沉积技术的发展历史

1. 融熔沉积技术的概念

熔融沉积快速成型（Fused Deposition Modeling，FDM）是继光固化快速成型和叠层实体快速成型工艺后，另一种应用比较广泛的快速成型工艺。它采用热熔喷头使半流动状态的材料按CAD分层数据控制的路径挤压并沉积在指定位置凝固成型，逐层沉积、凝固后形成整个原型或零件。这一技术又称为熔化堆积法、熔融挤出成模等。

FDM快速原型工艺是一种不依靠激光作为成型能源，而将各种丝材加热熔化的成型方法。此工艺通过熔融丝料的逐层固化来构成三维产品，以该工艺制造的产品目前在市场上的占有率约为6.1%。

2. 融熔沉积技术的发展历史

研究熔融沉积制造工艺的企业主要有Stratasys公司和Med Modeler公司，以美国Stratasys公司开发的FDM制造系统应用最为广泛。

Stratasys公司开发的产品制造系统应用FDM-1650（台面为250mm×250mm×250mm）机型（图4-1）后，先后推出FDM-2000、FDM-3000和FDM-8000机型。

引人注目的是1998年Stratasys公司推出的FDM-Quantum机型（图4-2），其最大成型体积为600mm×500mm×600mm。由于它采用挤出头磁浮地位系统，可在同一时间控制两个挤出头，因此其造型速度为过去的5倍。

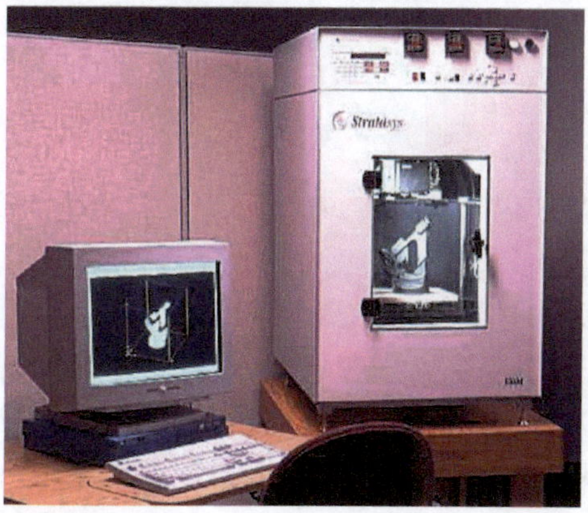

图　4-1

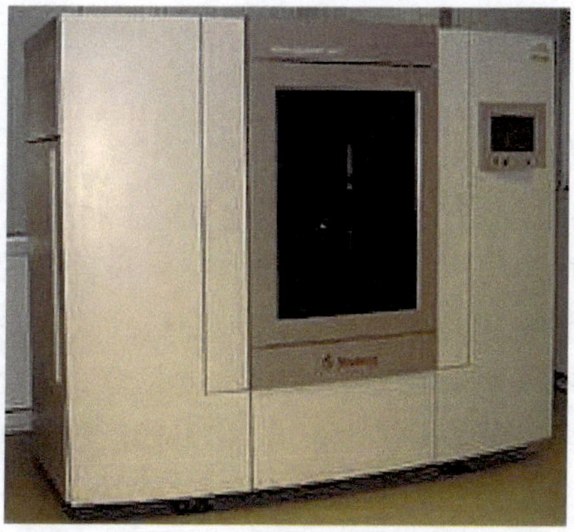

图　4-2

Stratasys公司在1998年与Med Modeler公司合作开发了专用于医院和医学研究单位的Med Modeler机型，使用ABS材料，并于1999年推出可使用聚酯热塑性塑料的Genisys型改进机型 Genisys-Xs（图 4-3），其成型体积达 305mm×203mm×203mm。

图 4-3

二、融熔沉积技术的打印原理

1. 融熔沉积技术的基本原理

融熔沉积又称熔丝沉积，是将丝状的热熔性材料加热熔化，通过一个带有微细喷嘴的喷头挤喷出来。喷头可在水平面沿着 X、Y 方向移动，而工作台则沿高度 Z 方向移动。如果热熔性材料的温度始终稍高于固化温度，而成型部分的温度稍低于固化温度，就能保证热熔性材料挤喷出喷嘴后，随即与前一层面熔结在一起。一个层面沉积完成后，工作台按预定的增量下降一个层的厚度，再继续熔喷沉积，直至完成整个实体造型（图 4-4 和图 4-5）。熔融沉积制造工艺的具体过程如下：

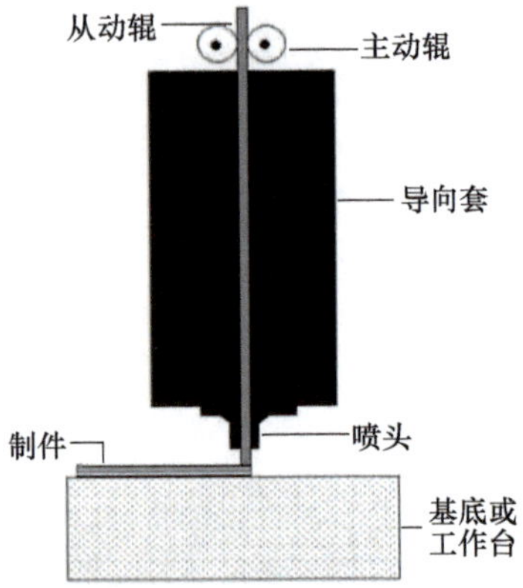

图 4-4

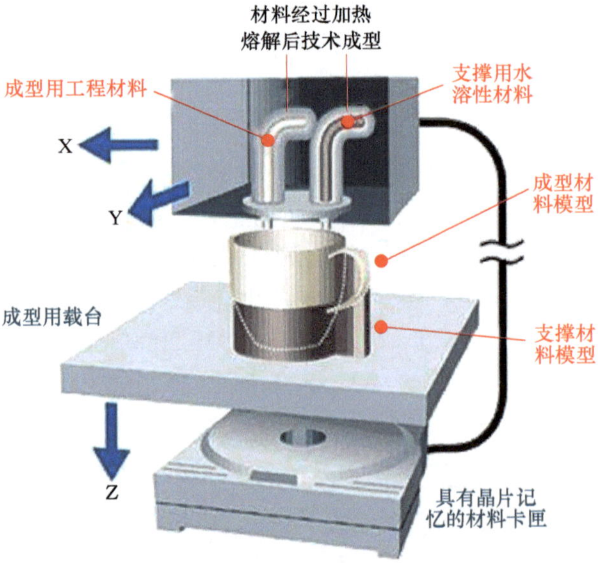

图 4-5

将实心丝材原材料缠绕在供料辊上，由电动机驱动辊子旋转，辊子和丝材之间的摩擦力使丝材向喷头的出口送进。在供料辊与喷头之间有一个导向套，采用低摩擦材料制成，以便丝材能顺利、准确地由供料辊送到喷头的内腔（最大送料速度为 10～25mm/s，推荐速度为 5～18mm/s）。喷头的前端有电阻丝式加热器，在其作用下，丝材被加热熔融（熔模铸造蜡丝的熔融温度为 74℃，机加工蜡丝的熔融温度为 96℃，聚烯烃树脂丝的熔融温度为 106℃，聚酰胺丝的熔融温度为 155℃，ABS 塑料丝的熔融温度为 270℃），然后通过出口（内径为 0.25～1.32mm，随材料的种类和送料速度而定）涂覆至工作台上，并在冷却后形成界面轮廓。由于受结构的限制，加热器的功率不可能太大，因此丝材一般为熔点不太高的热塑性塑料或蜡。丝材熔融沉积的层厚随喷头的运动速度（最高速度为 380mm/s）而变化，通常最大层厚为 0.15～0.25mm。

熔融沉积快速成型工艺在原型制作时需要同时制作支撑，为了节省成本和提高沉积效率，新型 FDM 设备采用了双喷头，如图 4-6 所示。一个喷头用于沉积模型材料，一个喷头用于沉积支撑材料。一般来说，模型材料丝精细而且成本较高，沉积的效率也较低；而支撑材料丝较粗且成本较低，沉积的效率也较高。双喷头的优点是除了沉积过程中具有较高的沉积效率和可降低模型制作成本以外，还可以灵活地选择具有特殊性能的支撑材料，以便于后处理过程中支撑材料的去除，如水溶材料、低于模型材料熔点的热熔材料等。

2. 融熔沉积技术的工艺过程

FDM 的工艺过程包括设计 CAD 三维模型、三维模型的近似处理、STL 文件的分层处理、造型和后处理，如图 4-7 所示。

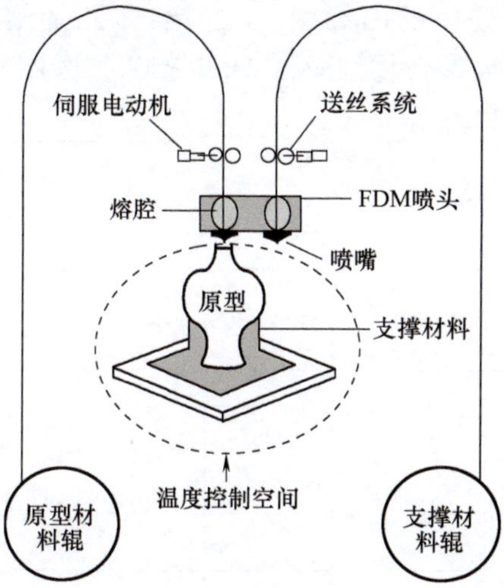

图　4-6

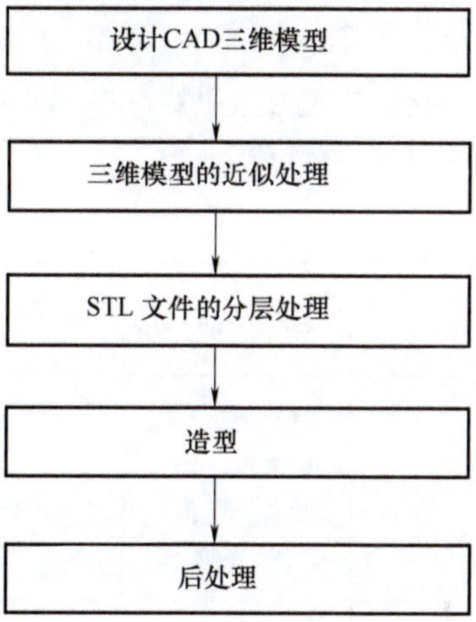

图　4-7

1）设计 CAD 三维模型。设计人员根据产品的要求，利用计算机辅助设计软件设计出 CAD 三维模型。常用的设计软件有 UG、Pro/Engineering、Solidworks、MasterCAM 和 AutoCAD 等。

2）三维模型的近似处理。用一系列相连的小三角平面来逼近曲面，得到 STL 格式的三维近似模型文件。许多常用的 CAD 设计软件都具有这项功能。

3）STL 文件的分层处理。由于快速成型是将模型按照一层层截面加工累加而成的，所以必须将 STL 格式的 CAD 三维模型转化为快速成型制造系统可接受的层片模型。层片的厚度范围通常为 0.025～0.762mm。

4）造型。产品的造型包括两个方面：支撑制作和实体制作。

5）后处理。快速成型的后处理主要是对成型进行表面处理，去除实体的支撑部分，对部分实体表面进行处理，使成型精度和表面粗糙度等达到要求。但是，成型的部分复杂和细微结构的支撑很难去除，在处理过程中会出现损坏成型表面的情况，从而影响成型的表面品质。于是，1999 年 Stratasys 公司开发出水溶性支撑材料，有效地解决了这个难题。目前，我国自行研发的 FDM 工艺还无法做到这一点，成型的后处理仍然是一个较为复杂的过程。

三、融熔沉积技术的打印材料分析

1. 打印材料的特点

FDM 工艺对成型材料的要求是熔融温度低、黏度小、黏结性好、收缩率小。影响材料挤出过程的主要因素是黏度。材料的黏度小、流动性好，阻力就小，有助于材料顺利地挤出。材料的流动性差，需要很大的送丝压力才能挤出，会增加喷头的启停响应时间，从而影响成型精度。

2. 主要材料介绍

FDM 技术的材料主要为丝状热塑性材料，常用的有 ABS、PC、尼龙、人造橡胶和石蜡等。

目前用于 FDM 的材料主要是美国 Stratasys 公司的丙烯腈-丁二烯-苯乙烯聚合物细丝（ABS P400）、甲基丙酸烯-丙烯腈-丁二烯-苯乙烯聚合物细丝（ABSi P500，医用）、消失模铸造蜡丝（ICW06 wax）和塑胶丝（Elastomer E20）等。

常用 FDM 成型材料的性能见表 4-1。

表 4-1

性能参数 \ 种类	ABS plus	ABSi	ABS-M30	ABS-M30i	PC-ABS	PC-ISO	PC
颜色	牙白、红、蓝、橄榄绿、黑、暗灰、桃色、银光黄	自然色、琥珀、半透红	牙白、白、红、蓝、黑、暗灰	牙白	黑	白、半透自然色	白
抗拉强度/MPa	36	37	36	36	41	57	68
延伸率（%）	4.0	4.4	4.0	4.0	6.0	4.3	4.8
弯曲应力/MPa	52	62	61	61	68	90	104
冲击试验（凹口）/（J/M）	96	96	139	139	196	86	53
热变形温度/℃	96	87	96	96	110	133	138
特性	色彩多样	半透明材料	色彩多样		耐冲击性好		抗拉强度高

四、融熔沉积技术的支撑材料分析

1. FDM 设计支撑原因

FDM 成型中，每一个层片都是在上一层上堆积而成的，上一层对当前层起到定位和支撑作用。随着高度的增加，层片轮廓的面积和形状都会发生变化，当其形状发生较大变化时，上层轮廓就不能给当前层提供充分的定位和支撑，这就需要设计一些辅助结构——支撑，以保证成型过程顺利实现，如图 4-8 所示。

2. FDM 支撑材料

FDM 支撑材料的强度不能太高，且应与本体成型材料易于分解，具有成型后易于去除的特点。

FDM 支撑材料有水溶性和剥离性两种类型。水溶性支撑材料可以通过碱性溶液水洗去除，存放时要注意防潮。剥离性支撑材料可以直接剥离去除。水溶性支撑材料因为可以不用考虑机械式的移除，所以可以很细小，因而使用更广泛，如图 4-9 所示。

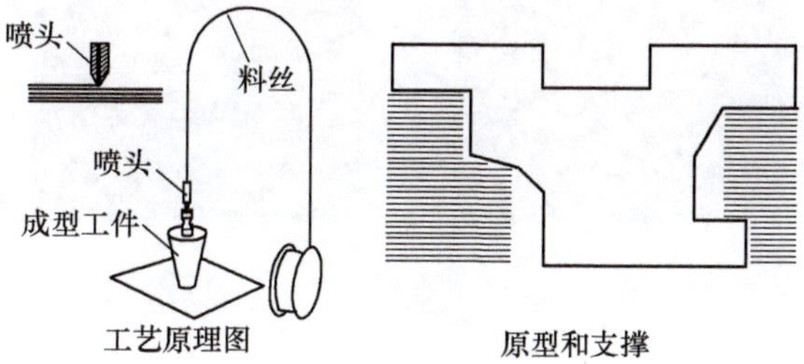

图 4-8

图 4-9

五、融熔沉积技术的优势与缺陷

1. 融熔沉积技术的优势

1）FDM 系统无毒性且不产生异味、粉尘、噪声等污染，不用建造维护设备的专用场地，适合于办公室设计环境使用。

2）成型速度快。用熔融沉积方法生产出来的产品，不需要 SLA 中的刮板再加工这一道工序，且系统校准为自动控制。

3）用蜡成型的零件原型，可以直接用于熔模铸造。

4）FDM 系统可以成型任意复杂程度的零件，常用于成型具有很复杂的内腔和孔等零件。

5）FDM 系统的原型尺寸稳定性高，不产生翘曲或收缩，不会受潮变形，适合于装配件设计，如图 4-10 所示。

图 4-10

6）FDM 工程材料（ABS、PC、PPSF）具有抗化学、耐高温以及耐冲压特性，适合研发团队用于开发功能性原型的测试。图 4-11 所示为一些耐高温产品。

7）原材料利用率高，且材料寿命长。

8）FDM 系统可以制作具有色彩的原型，且符合新产品设计的资料保密特性，如图 4-12 所示。

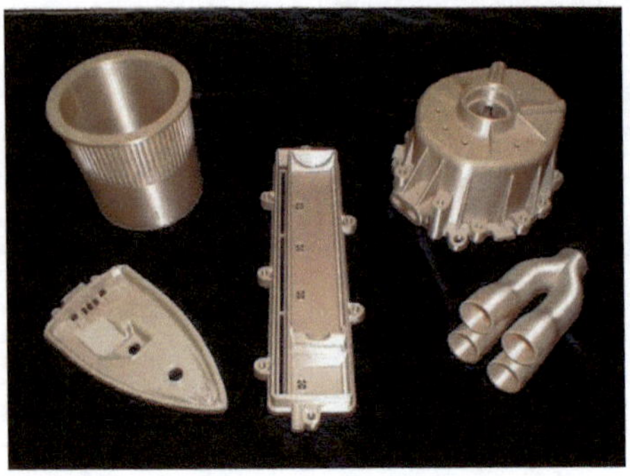

图 4-11

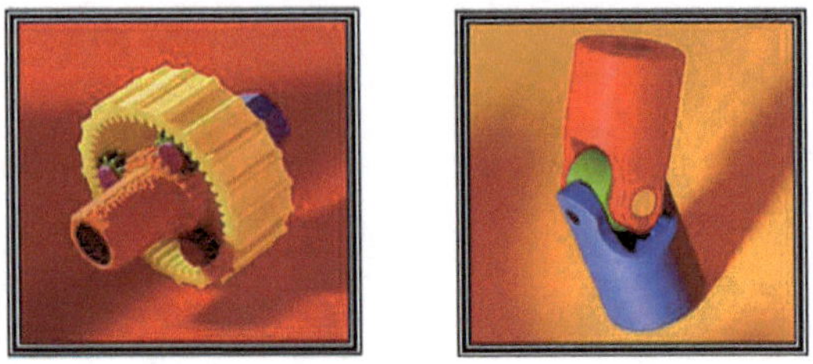

图 4-12

9）FDM 支持水溶性支撑，成型之后的处理简单、方便，不需要用化学溶剂清洗以及紫外线照射，适合于复杂与细小特征的建构，如图 4-13 所示。

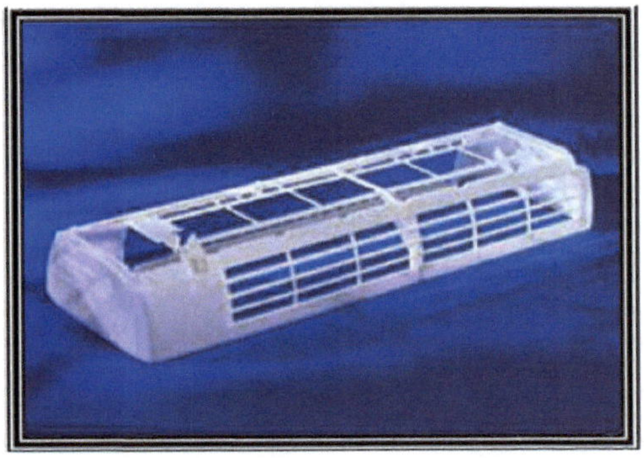

图 4-13

2. 融熔沉积技术的缺陷

1）成型件的表面有较明显的条纹。

2）沿成型轴垂直方向的强度比较弱。

3）FDM 系统需要设计与制作支撑结构。

4）FDM 系统需要对整个截面进行扫描涂覆，成型时间较长。

5）原材料价格昂贵。

六、融熔沉积技术的市场

FDM 快速成型技术已被广泛应用于汽车、机械、航空航天、家电、通信、电子、建筑、医学和玩具等产品的设计开发过程，如产品外观评估、方案选择、装配检查、功能测试、用户看样订货、塑料件开模前校验设计以及少量产品制造等，也应用于政府、大学及研究所等机构。用传统方法需几个星期或几个月才能制造的复杂产品原型，用 FDM 成型法无需任何刀具和模具，瞬间便可完成。由于 FDM 工艺的特点，FDM 已经广泛地应用于制造行业。它降低了产品的生产成本，缩短了生产周期，大大地提高了生产率，给企业带来了较大的经济效益。

1. FDM 在日本丰田公司的应用

丰田公司采用 FDM 工艺制作汽车右侧镜支架和四个车门把手的母模，通过快速模具技术制作产品而取代传统的 CNC 制模方式，使得 2000 Avalon 车型的制造成本显著降低，右侧镜支架模具的成本降低 20 万美元，四个车门把手模具的成本降低 30 万美元。FDM 工艺已经为丰田公司在轿车制造方面节省了 200 万美元。

2. FDM 在美国快速原型制造公司的应用

从事模型制造的美国 Rapid Models & Prototypes 公司采用 FDM 工艺为生产厂商 Laramie Toys 制作了玩具水枪模型，如图 4-14 和图 4-15 所示。借助 FDM 工艺制作该玩具水枪模型，通过将多个零件一体制作，减少了传统方式制作模型的部件数量，避免了焊接与螺纹联接等组装环节，显著提高了模型制作的效率。

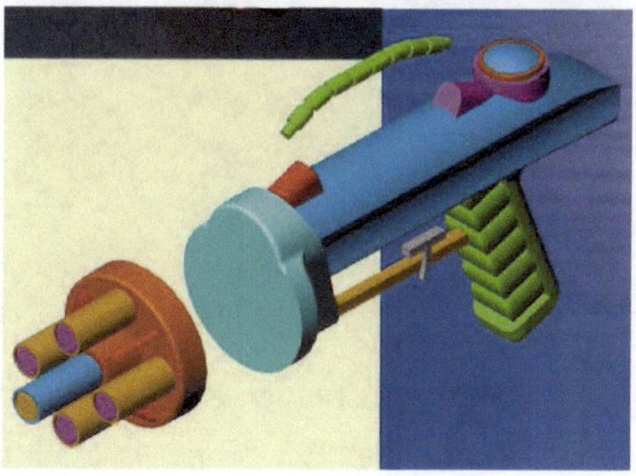

图　4-14

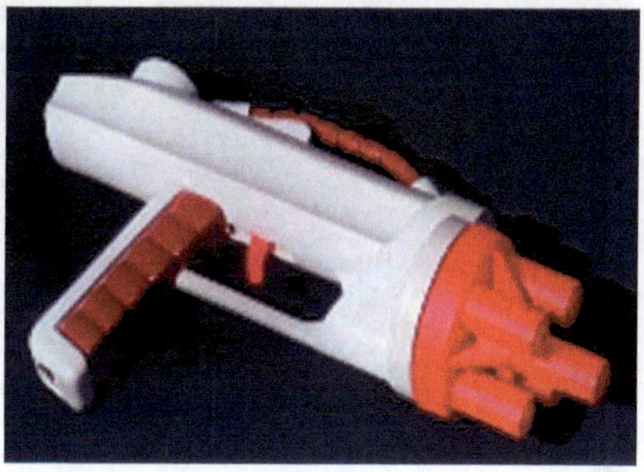

图　4-15

3. FDM 在 Mizuno 公司的应用

Mizuno 公司是世界上最大的综合性体育用品制造公司。1997 年 1 月，Mizuno 公司开发一套新的高尔夫球杆，通常需要 13 个月的时间。FDM 的应用大大缩短了这个过程，设计出的新高尔夫球头用 FDM 制作后，可以迅速地得到反馈意见并进行修改，大大加快了造型阶段的设计验证，一旦设计定型，FDM 最后制造出的 ABS 原型就可以作为加工基准在 CNC 机床上进行钢制母模的加工。新高尔夫球杆的整个开发过程在 7 个月内就全部完成，缩短了 40% 左右的时间。目前，FDM 快速原型技术已成为 Mizuno 公司在产品开发过程中起决定性作用的组成部分。

4. FDM 在福特公司的应用

福特公司常年需要部件的衬板，在部件从一厂到另一厂的运输过程中，衬板用于支撑、缓冲和防护。衬板的前表面根据部件的几何形状而改变。福特公司一年间要采用一系列的衬板，一般来说，每种衬板改型要花费成千万美元和 12 周时间制作必需的模具。新衬板的注射消失模被联合公司选作生产部件后，部件的蜡靠模采用 FDM 制作，制作周期仅 3 天。其间，必须小心地检验蜡靠模的尺寸，测出模具收缩趋向，然后从铸造石蜡模翻出 A2 钢模，该处理过程将花费一周时间。接着车削模具外表面，划上修改线和水平线以便机械加工。

该模具在模具后部设计成中空区，以减少用钢量，中空区填入化学黏结剂。采用 FDM 工艺后，福特公司大大缩短了运输部件衬板的制作周期，并显著降低了制作成本。

5. FDM 在韩国现代汽车公司的应用

韩国现代汽车公司采用了美国 Stratasys 公司的 FDM 快速原型系统，用于检验设计、空气动力评估和功能测试。FDM 系统在起亚的 Spectra 车型设计上得到了成功的应用，现代汽车公司自动技术部的首席工程师 Tae Sun Byun 说：“空间的精确和稳定对设计检验来说是至关重要的，采用 ABS 工程塑料的 FDM Maxum 系统满足了两者的要求，在 1382mm 的长度上，其最大误差只有 0.75mm。” 图 4-16 和图 4-17 所示为现代汽车公司采用 FDM 工艺制作的某车型的仪表盘。

图 4-16

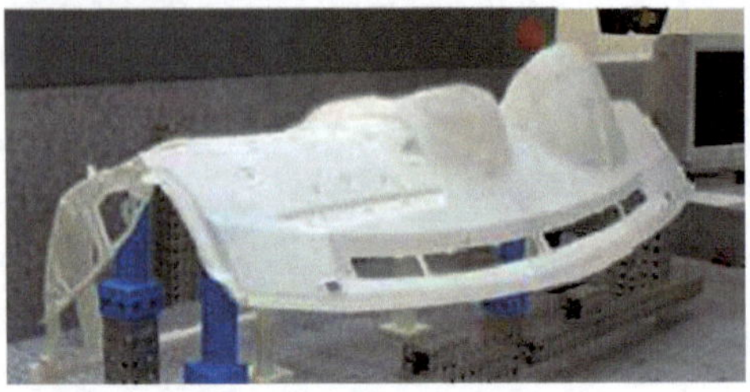

图 4-17

实际上，FDM 工艺的应用除了上述提及的汽车领域外，在其他领域的应用也是十分广泛的，下面给出了采用 FDM 工艺制作的多种原型（工艺制品如图 4-18a 所示，汽车保险杠如图 4-18b 所示，小型齿轮如图 4-19a 所示，抗冲击构件如图 4-19b 所示，溜冰鞋如图 4-20a 所示，电钻如图 4-20b 所示）。

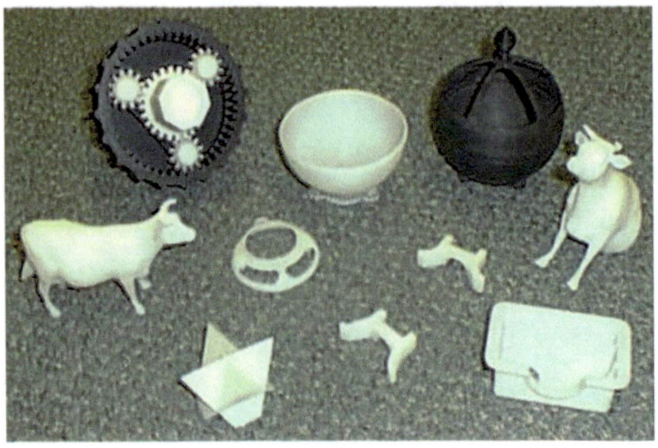

a)

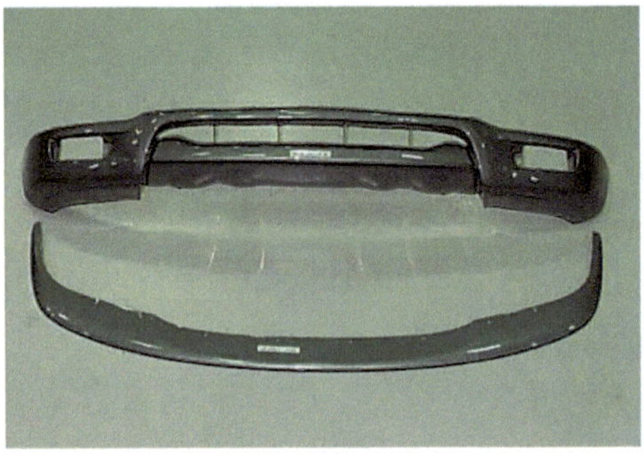

b)

图 4-18

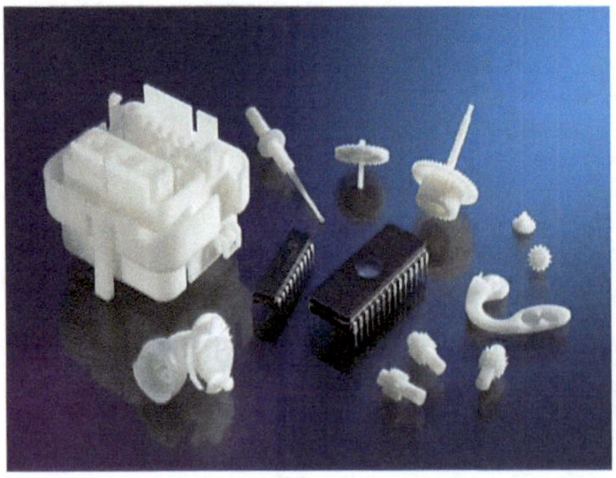

a)

b)

图 4-19

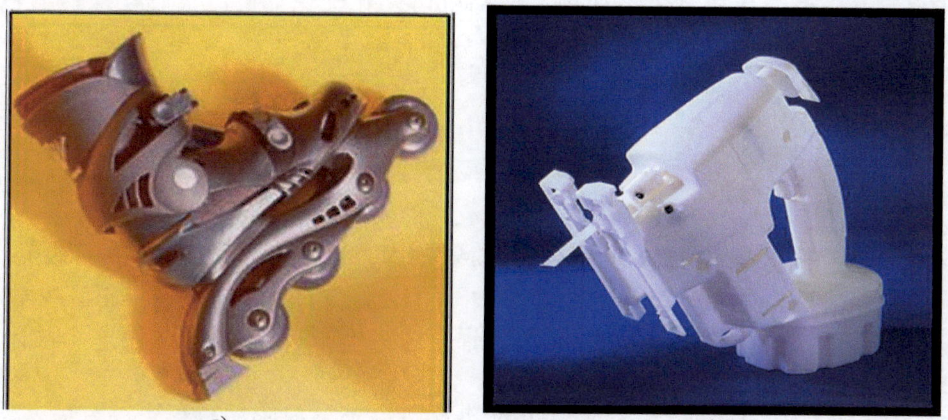

a) b)

图 4-20

七、融熔沉积技术的发展方向

FDM 工艺是快速成型领域中很有特色的工艺方法，与 LOM（分层实体制造）和 SLS（选择性激光烧结）工艺可并称为三大主流技术。快速成型是虚拟制造技术的有力补充，是直接架通思想与现实的桥梁。美国在 20 世纪 80 年代末提出，20 世纪 90 年代重点发展的武器研制系统方法并行工程强调了阶段的相互关联、阶段信息的双向交流以及反馈，RP 技术是实现这些目标的有力手段。可以预期，FDM 必将在制造业、航空航天业中体现更高的价值，并得到更迅速的发展。当前 FDM 快速成型技术的发展趋势是将 FDM 快速成型与其他先进的设计与制造技术密切结合起来，共同发展。FDM 快速成型技术未来的发展趋势主要体现在以下几个方面。

1. 材料成型和材料制备

随着科学技术的发展，要求材料和零件具有很高的性能，要求实现材料和零件设计的定量化和数字化，实现材料和零件制备的一体化和集成化。

2. 生物制造和生长成型

21 世纪是生物科学的世纪，与工程科学相结合，特别是与制造科学相结合，基于对不同层次生命活动的理解，生物技术和生物医学工程能够为人类创造财富和解决人类的健康问题。

3. 计算机外设和网络制造

FDM 快速成型技术是全数字化的制造技术，FDM 快速成型设备的三维成型功能与普通打印机具有共同的特性。

4. FDM 快速成型与微纳米制造

目前，常用的微加工技术方法在加工原理上属于通过去除材料而“由大到小”地去除成型工艺，难于加工三维异形微结构，并且深宽比的进一步增大受到了限制，而 FDM 快速成型根据离散/堆积的降维制造原理，能制造任意形状复杂的结构。

5. 直写技术与快速处理

1）直写技术。直写技术对材料单元具有精确控制的能力，是 FDM 快速成型的核心。

2）信息来源与软件。随着快速成型技术向快速制造技术转变，制造出最终零件对精度的要求越来越高。对快速成型进行建模、计算机仿真和优化，可以提高快速成型技术的精度，实现真正的净成型，成型的工具包括限差分和有限元等。

第二节　紫外光固化技术

一、紫外光立体光固化技术的发展

紫外光立体光固化技术又称多喷孔立体喷射技术，最早由于 1986 年成立的美国 3D 公司开始研究并商业化使用。2003 年，以色列 OBJET 公司（图 4-21），也推出该技术的设备，宣布进入 3D 行业。受技术壁垒的限制，目前全球只有这两家公司在做这个技术的产品研究。

最早，美国 3D 公司紫外光立体光固化的设备只做光敏树脂的材料，材料种类和打印模式都比较少，发展到今天，不仅光敏树脂的材料种类增加很多，而且还可以使用用于铸造完全石蜡材料，同时一些高端设备还支持不同树脂材料的混合打印，如图 4-22 和图 4-23 所示。

图　4-21

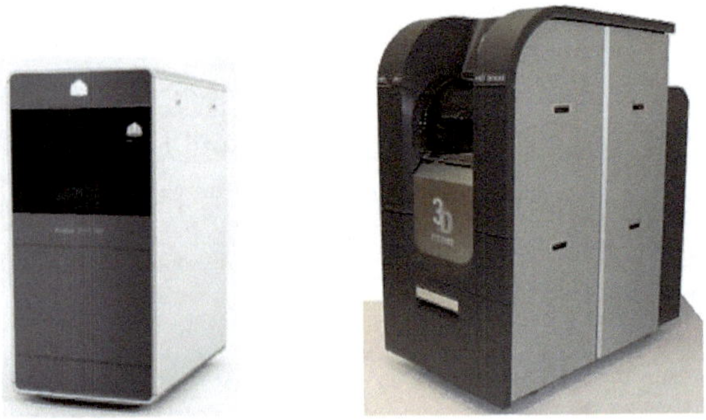

图　4-22

3D InVision Printer

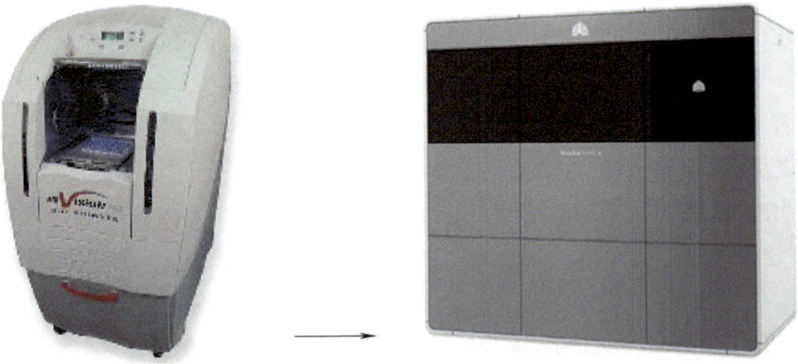

图　4-23

2003 年，以色列 OBJET 公司正式推出自己的紫外光立体光固化设备，发展到今天已经有 11 个不同型号的设备，图 4-24 所示为其中 3 种。虽然 OBJET 进入行业比美国 3D 公司晚，不过它也有自己的优势领域，就是材料的多样性，即混合打印技术。

图　4-24

二、紫外光立体光固化技术的打印原理

固态树脂材料在送料管道内经过加热液化传送到打印头，如图 4-25 所示。

根据切片软件对 3D 图档切片后的每层数据，模型材料和支撑材料从喷头挤出落在对应的位置，如图 4-26 所示，在紫外灯照射下喷射到托盘表面的支撑材料和模型材料按顺序固化。

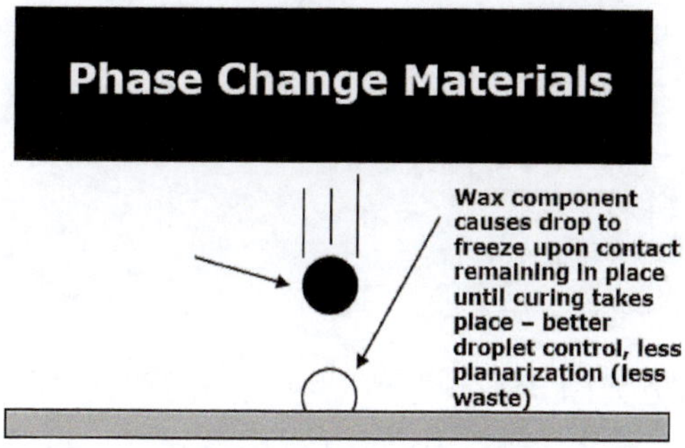

图　4-25

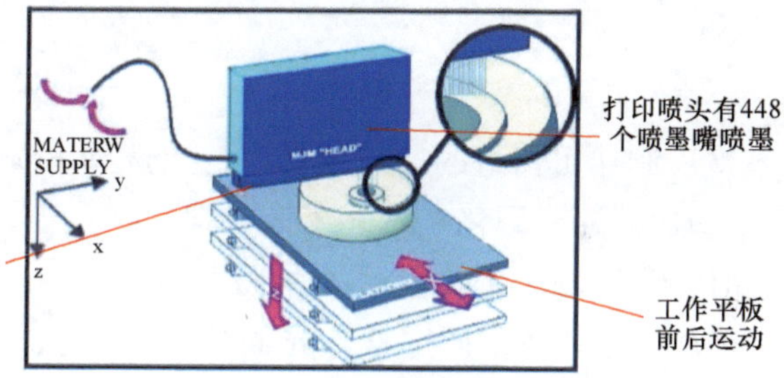

图　4-26

打印托盘前后移动，完成一层切片数据的打印，平台下降一层，开始下一层打印工作，直至完成所有层的打印任务。

三、紫外光固化技术的打印材料分析

首先，需要明白紫外光立体光固化技术的打印材料都是光敏树脂材料，强度不会很高，目标应用是非产品级别的手板应用；然后，根据实际需求去选定响应的材料，选择打印使用的模型材料的关键参数分别是弹性模量、断裂拉伸率、变形温度和色彩外观等。

下面给出 Projet 3510 系列设备材料参数及相应材料成型外观效果，作为将来打印模型前选择材料的依据，如图 4-27 所示。

根据实际应用选择材料，具体如下：

1）制作工业零件（装配零件有较多扣位），需要零件有较好的韧性，应选择断后伸长率较高的材料，以保证在装配时扣位不会轻易断裂。

2）制作医学模型（模型有很多细小特征），要求模型有较高的硬度，应选择弹性模量和耐热性能好的材料，保证在后处理的加热去支撑阶段，细小特征不会被处理掉。

Properties	Condition	VisiJet M3 X	VisiJet M3 Black	VisiJet M3 Crystal	VisiJet M3 Proplast	VisiJet M3 Navy	VisiJet M3 Techplast	VisiJet M3 Procast
Composition		UV Curable Plastic						
Color		White	Black	Natural	Natural	Blue	Gray	Dark Blue
Bottle Quantity		2 kg	2 kg	2 kg	2 kg	2 kg	2 kg	2 kg
Density @ 80 ℃ (liquid)	ASTM D4164	1.04 g/cm³	1.02 g/cm³	1.02 g/cm³	1.02 g/cm³	1.02 g/cm³	1.02 g/cm³	1.02 g/cm³
Tensile Strength	ASTM D638	49 MPa	35.2 MPa	42.4 MPa	26.2 MPa	20.5 MPa	22.1 MPa	32 MPa
Tensile Modulus	ASTM D638	2168 MPa	1594 MPa	1463 MPa	1108 MPa	735 MPa	866 MPa	1724 MPa
Elongation at Break	ASTM D638	8.3 %	19.7 %	6.83 %	8.97 %	8 %	6.1 %	12.3 %
Flexural Strength	ASTM D638	65 MPa	44.5 MPa	49 MPa	26.6 MPa	28.1 MPa	28.1 MPa	45 MPa
Heat Distortion Temperature @ 0.45 MPa	ASTM D648	88 ℃	57 ℃	56 ℃	46 ℃	46 ℃	46 ℃	N/A
Ash Content		N/A	N/A	N/A	0.01 %	0.01 %	0.01 %	0.01 %
Melting Point		N/A	N/A	N/A	N/A	N/A	N/A	N/A
Softening Point		N/A	N/A	N/A	N/A	N/A	N/A	N/A
USP Class VI Certified*		No	No	Yes	No	No	No	No
ProJet Compatibility		SD, HD	SD, HD	SD, HD	SD, HD	SD, HD	SD, HD	HD
Description		ABS-like Plastic	High strength & flexibility plastic	Tough Plastic, Translucent	Plastic, Natural	Plastic, Blue	Plastic, Gray	Castable Plastic

图 4-27

3）制作可铸造的蜡材料模型，应选择 Procast 材料。

四、紫外光固化技术的支撑材料

1. 紫外光固化技术的支撑材料分析

3D 打印行业中研究紫外光固化技术的公司主要是美国 3D 公司和以色列 OBJET 公司，两家公司的技术虽然很接近，但还是有不同的地方，关键差异便是其使用的支撑材料，一个公司使用石蜡，而另一个公司使用质地松软的树脂材料。正是这个支撑材料的不同，导致两个公司做出来的零件效果有差异，相比之下 Projet 零件的清晰度更好、精度更高、支撑去除得更干净，而且由于其支撑材料在油里面清洗，是柔性的支撑去除方式，所以可以做出更多可能性的模型结构，如图 4-28 和图 4-29 所示。

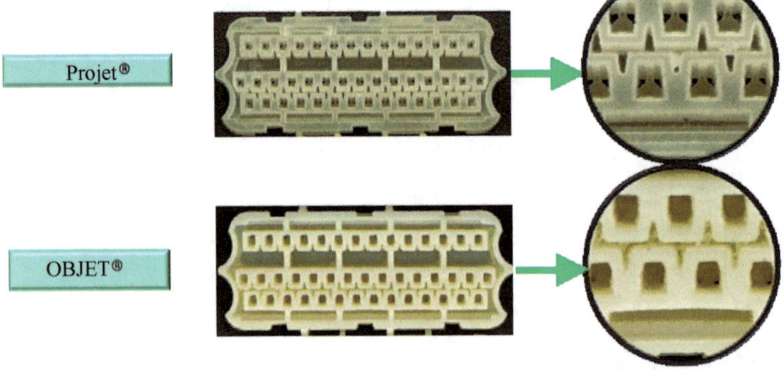

图 4-28

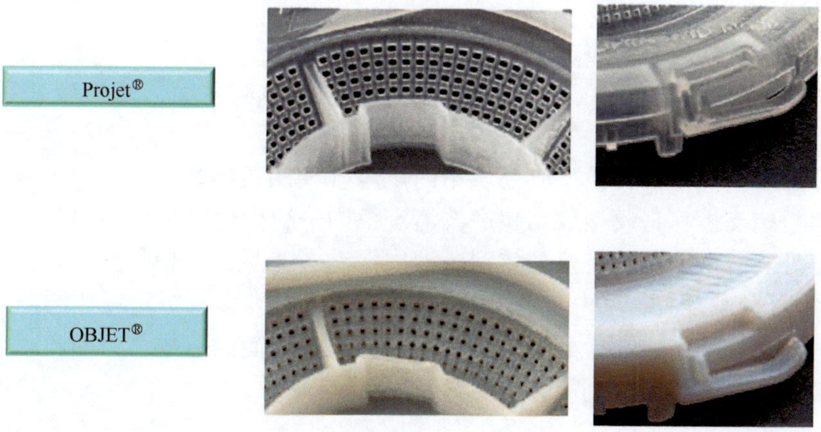

图　4-29

2. 支撑材料的选择（Projet 系列设备）

注意：由于紫外光固化技术的模型材料有树脂和石蜡材料的区别，所以支撑材料的性能也不一样。当然，选择了模型材料，就可以确定支撑材料。以图 4-30 为例，Projet 系列设备所用支撑材料就是模型材料为树脂材料和石蜡材料时的不同选择。

属性	条件	VisiJet® S300	VisiJet® S400
构成		蜡质支撑材料	
颜色		白色	白色
瓶质量/kg		2	1.75
80℃时的浓度(液体)/(g/cm³)	ASTM D4164	无	0.87
抗拉强度/MPa	ASTM D638	无	无
拉伸模量/MPa	ASTM D638	无	无
断后伸长率(%)	ASTM D638	无	无
挠曲强度/MPa	ASTM D638	无	无
0.45MPa时的热变形温度/℃	ASTM D648	无	无
灰分(%)		无	无
熔点/℃		60	55~65
软化点/℃		40	无
体积收缩(%)	40℃到室温	无	无
线性收缩(%)	40℃到室温	无	无
USP 6级认证*		无	无
Pro Jet兼容性		SD,HD	CP,CPX
描述		无毒蜡质材料，用于免动手、消融支撑物	

图　4-30

3. 支撑材料的去除

石蜡支撑结构后处理需要四个工序。

取件：从设备中将模型和托盘一起取出，并放到小冰箱里面，使模型托盘分离（使用机器）。

去除大部分石蜡支撑：将模型放到烘箱内烘烤（使用机器）。

去除残余石蜡支撑：将模型放到超声波清洗机内进行振荡（使用机器）。

去除模型外表残余油脂：将模型放到碱液内清洗（少量人工操作）。

4. 支撑材料的处理

支撑材料为高纯度石蜡，后处理完成后残留在烘箱里面的石蜡可以回收，用于铸造消失模，以减少浪费，提高材料的利用率。

第三节　立体光固化技术

一、立体光固化技术的打印原理

1. 立体光固化技术的打印原理

立体光固化 3D 打印（Stereo Lithography Appearance，SLA）即立体光固化成型法。

用特定波长与强度的激光聚焦到光固化材料表面，使之以由点到线、由线到面的顺序凝固，完成一个层面的绘图作业，然后升降台在垂直方向上移动一个层片的高度，再固化另一个层面。这样层层叠加构成一个三维实体，打印机和打印实体分别如图 4-31 和图 4-32 所示。

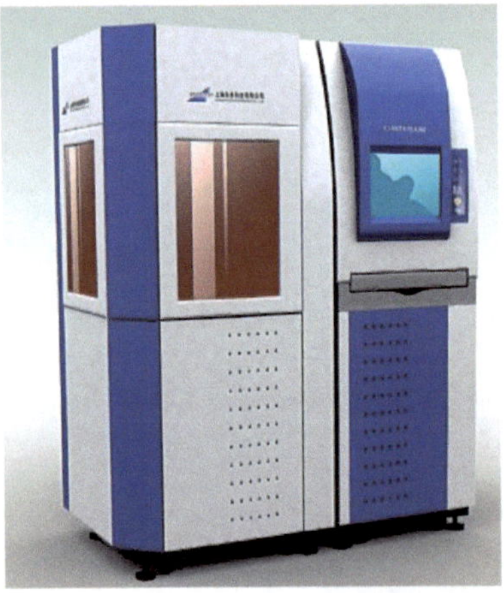

图　4-31

图　4-32

2. 立体光固化技术的打印过程

在计算机的控制下，激光器发出的激光束按照零件的截面形状沿 X—Y 方向在光敏树脂表面进行逐点扫描，形成零件的一个薄层，未被扫描的树脂仍然呈液态。当前层扫描完毕后，工作台沿 Z 轴方向下降一层的高度，在固化的树脂表面上涂覆一层新的液态光敏树脂，挂板将黏度较大的树脂液面刮平，激光束按照新一层的截面信息在树脂上扫描，新一层树脂固化并与前一层已经固化的树脂黏结，如此反复，直到零件实体模型成型，如图 4-33 所示。

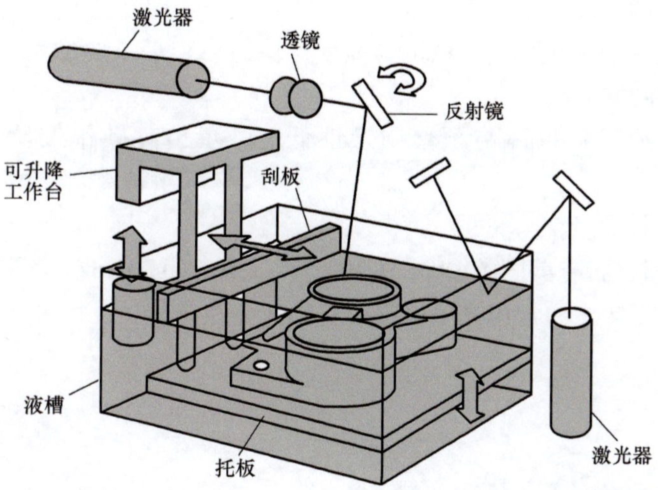

图　4-33

3. 立体光固化技术打印的后处理

后处理主要包括以下步骤。

1）取出样件：待制件从成型腔中升起后，将铲刀插入样件与工作台面间，从工作台上取出样件并放置在漏斗内，排出样件里的液态树脂。

2）去除支撑：用铲子和镊子等工具去除样件的支撑结构。

3）清洗样件：将去除支撑后的样件放入洗槽内用酒精清洗，注意清除圆柱孔内、深孔、小夹槽等细小机构内的树脂。对于薄壁零件，应使用酒精快速清洗。

4）干燥样件：清洗结束后，立即用风枪吹干样件表面，但要注意吹干温度不能过高，以防零件变形。吹干后样件表面应无粘手现象，注意样件的摆放，防止其变形。

5）进行样件打磨及加工：用砂纸和锉刀等打磨样件表面，去掉样件表面的细小台阶与缺陷。可采用热熔材料、乳胶与腻子等材料修补样件表面缺陷，再用砂纸打磨、抛光和涂装。

二、立体光固化技术的打印支撑材料分析

1. 立体光固化技术成型对材料的要求

立体光固化技术成型所使用的材料为反应型的液态光敏树脂，在光化学反应作用下从液态转变成固态。由于立体光固化技术成型工艺的独特性，对成型材料有以下 6 个特殊要求。

1）低黏度。成型过程中，低黏度的树脂利于树脂浸润、新层涂覆与流平，可减少涂层时间，提高成型效率。

2）快速固化，光敏性好。立体光固化技术一般采用紫外激光，激光能量在几十到几百毫瓦范围内，激光扫描速度快，激光作用于树脂的时间极短，树脂应对该波段的光有较强的吸收作用和较快的响应速度。

3）微小的固化形变。成型过程中的形变大小不仅直接影响样件的尺寸精度，较大的固化形变还会导致零件的翘曲、变形和开裂等问题，致使成型失败。

4）固化产物良好的耐溶剂性能。成型过程中，固化产物浸润于液态树脂中，如固化物发生溶胀，样件会失去强度与精度。后处理清洗时采用溶剂，为减小溶剂对样件影响，固化

物应具有良好的耐溶剂性能。

5）固化产物优良的机械强度。精度与强度是快速成型最重要的两个指标，高机械强度可以满足制作功能件的要求。

6）低毒性。成型材料单体与预聚物毒性低，可减小对操作人员的危害与对环境的污染。

2. 常用成型材料的性能

常用的光敏树脂材料有美国的DSM SOMOS和日本Asahi Denka公司的产品，如图4-34和图4-35所示。表4-2中为常用光敏树脂材料的部分性能。

图 4-34

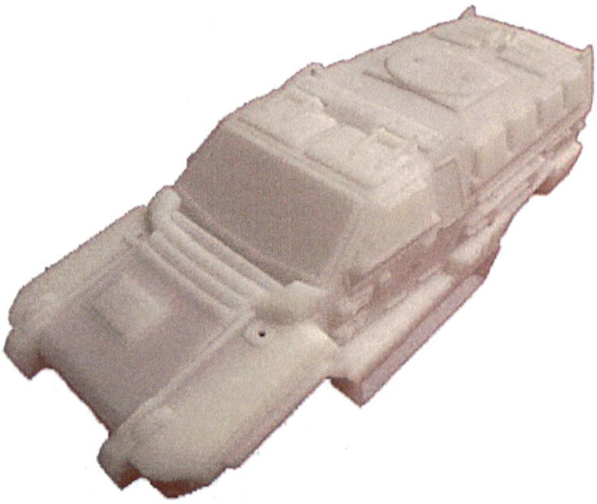

图 4-35

表 4-2

性能参数 \ 产品	SOMOS 11120	SOMOS 12120	SOMOS 14120
外观	透明	半透明樱桃红色	半透明樱桃红色
密度（25℃）/(g/cm^3)	约1.12	约1.15	约1.15
黏度（30℃）/cps	约260	约550	约550
光敏波长/nm	355	355	355

三、立体光固化技术的优势与缺陷

1. 立体光固化技术的优势

1）立体光固化技术是最早出现的快速成型制造技术，其成熟度高，经过了时间的检验。

2）由CAD数字模型直接制成原型，其加工速度快，产品生产周期短，无需切削工具与模具。

3）该技术可以加工结构外形复杂或使用传统手段难于成型的原型和模具。

4）该技术使CAD数字模型直观化，降低错误修复的成本。

5）为实验提供试样，可以对计算机仿真计算的结果进行验证与校对。

6）该技术可联机操作和远程控制，利于自动化生产。

2. 立体光固化技术的缺陷

1）立体光固化系统造价高昂，使用和维护成本高。

2）立体光固化系统是对液体进行操作的精密设备，对工作环境要求苛刻。

3）成型件多为树脂类，强度、刚度和耐热性有限，不利于长时间保存。

4）预处理软件与驱动软件运算量大，与加工效果关联性太高。

四、立体光固化技术的前途及发展方向

1. 立体光固化技术的发展方向

立体光固化技术的发展方向是高速化、高精度化、节能环保与微型化。

1）高速化。现在使用的立体光固化设备加工样件的速度都比较慢，一般需要几个到十几个小时，甚至是几十个小时，所以高速化是其必然的发展方向，可以大大提高效率。

2）高精度化。现有设备加工时，一般每层厚度为 0.076 ~ 0.381mm，层厚对最后样件精度的影响非常大，最终的样件精度可达到 ±0.10mm，而现今各行业对产品制造精度的要求越来越高，同样，进一步提高精度必定是立体光固化技术的发展方向。

3）节能环保。现有的光固化材料都有一定的毒性，不够环保，所以节能环保也是未来的发展方向。

4）微型化。目前，传统立体光固化设备的成型精度为 ±0.1mm，能够较好地满足一般的工程需求。但是在微电子和生物工程等领域，一般要求制件具有微米级或亚微米级的细微结构，而传统的 SLA 技术已无法满足这一领域的需求。尤其在近年来，MEMS（Micro-Electro-Mechanical Systems）和微电子领域的快速发展，使得微机械结构的制造成为具有极大研究价值和经济价值的热点。微光固化快速成型（Micro Stereolithography，μ-SL）便是在传统立体光固化技术的基础上，面向微机械结构制造的需求而提出的一种新型快速成型技术。

2. 立体光固化技术的研究进展与应用前景

1）立体光固化技术的研究进展。光固化快速成型制造技术自问世以来在快速制造领域发挥了巨大作用，已成为工程界关注的重点。光固化成型的制作精度和成型材料的性能成本，一直是该技术领域的研究热点。目前，很多研究者通过对成型参数、成型方式和材料固化等各种影响成型精度的因素进行分析，提出了很多提高光固化原型制作精度的方法，如扫描线重叠区域固化工艺、改进的二次曝光法、用 CAD 原始数据直接切片法、在制件加工之前对工艺参数进行优化等。这些工艺方法都可以减小零件的变形，降低残余应力，以提高原型的制作精度。此外，SLA 技术所用的材料为液态光敏树脂，其性能的好坏直接影响成型零件的强度和韧性等重要指标，进而影响 SLA 技术的应用前景。所以，近年来在提高成型材料的性能和降低成本方面也做了很多的研究，提出了很多有效的工艺方法，如将改性后的纳米 SiO_2 分散到自由基-阳离子混杂型的光敏树脂中，可以使光敏树脂的临界曝光量增大而投射深度变小，其成型件的耐热性、硬度和弯曲强度有明显的提高，又如在树脂基中加入 SiC 晶须，可以提高其韧性和可靠性。开发的新型可见光固化树脂固化速度快，对人体危害小，提高生产率的同时大幅度地降低了生产成本。

2）立体光固化技术的应用前景。光固化快速成型技术发展到今天已经比较成熟，各种新的成型工艺不断涌现，特别是在微光固化快速成型制造技术和生物医学两方面的应用。

目前提出并实现的 μ-SL 技术主要包括基于单光子吸收效应的 μ-SL 技术和基于双光子吸收效应的 μ-SL 技术，可将传统 SLA 技术的成型精度提高到亚微米级，开拓了快速成型技

术在微机械制造方面的应用。

在生物医学方面，光固化快速成型技术为不能制作或难以用传统方法制作的人体器官模型提供了一种新的方法，基于 CT 图像的光固化成型技术是制作假体、规划复杂外科手术和修复口腔颌面的有效方法，如图 4-36 所示。目前在生命科学研究的前沿领域出现了一门新的交叉学科——组织工程，它是光固化成型技术非常有前景的一个应用领域。基于立体光固化技术可以制作具有生物活性的人工骨支架，该支架具有很好的机械性能和与细胞的生物相容性，且有利于成骨细胞的黏附和生长。

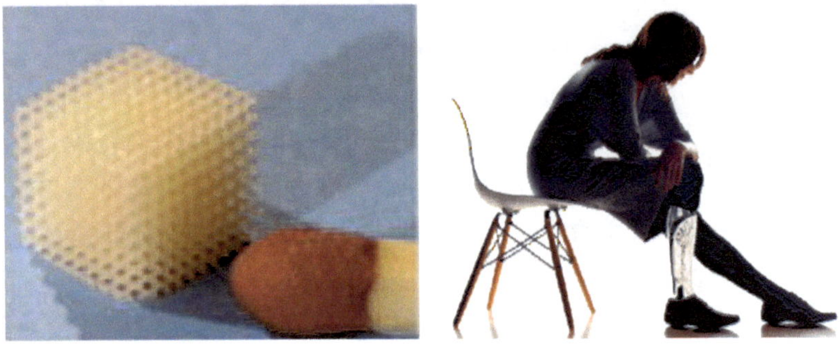

图 4-36

第四节 分层实体制造技术

一、分层实体制造技术简介

1. 分层实体制造技术的打印原理

分层实体制造技术由美国 Helisys 公司的 Michael Feygin 于 1986 年研制成功。该公司已推出 LOM-1050 和 LOM-2030 两种型号的成型机。

另外，研究 LOM 工艺的公司除了美国 Helisys 公司以外，还有日本 Kira 公司、瑞典 Sparx 公司、新加坡 Kinergy 公司、清华大学和华中理工大学等。

分层实体制造技术采用薄片材料，如纸和塑料薄膜等。片材表面事先涂覆上一层热熔胶。加工时，先用热压辊热压片材，使其与下面已成型的工件粘接，再用 CO_2 激光器在刚粘接的新层上切割出零件截面轮廓和工件外框，并在截面轮廓与外框之间多余的区域内切割出上下对齐的网格；激光切割完成后，工作台带动已成型的工件下降，与带状片材（料带）分离；供料机构转动收料轴和供料轴，带动料带移动，使新层移到加工区域；工作台上升到加工平面，热压辊热压，工件的层数增加一层，高度增加一个材料的厚度；然后在新层上切割截面轮廓。如此反复操作，直至零件的所有截面粘接和切割完成，得到分层制造的实体零件，如图 4-37 所示。

在这种技术的快速成型机上，截面轮廓被切割和叠合后所成的制品如图 4-38 所示。其中，所需工件被废料小方格包围，剔除这些小方格后，便可得到三维工件。

2. 分层实体制造技术的一般工艺过程

分层实体制造技术的成型全过程可以归纳为前处理、分层叠加成型和后处理 3 个主要步骤。具体来说，LOM 成型的一般工艺过程大致如下：

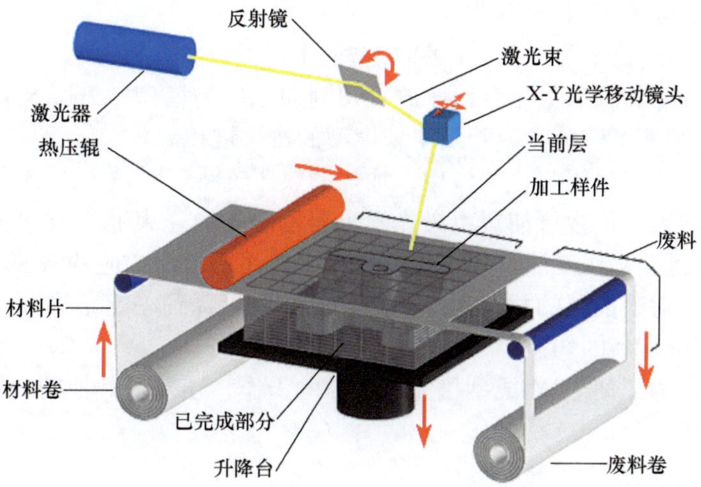

图　4-37

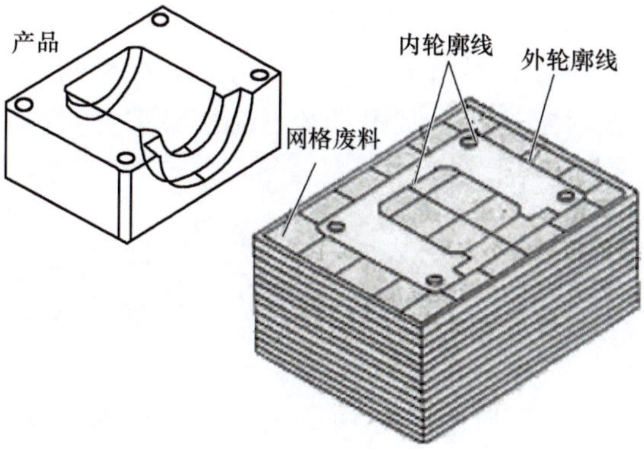

图　4-38

1）图形处理阶段。制造一个产品，首先通过三维造型软件（如 Pro/E、UG、SolidWorks）进行产品三维模型的构造，然后将得到的三维模型转换为 STL 格式，再将 STL 格式的模型导入专用的切片软件（如华中科技大学的 HRP 软件）中进行切片。

2）制作基底。由于工作台的频繁起降，所以必须将 LOM 原型的叠件与工作台牢固连接，这就需要制作基底，通常设置 3~5 层的叠层作为基底。为了使基底更牢固，可以在制作基底前给工作台预热。

3）制作原型。基底制作完成后，快速成型机就可以根据事先设定好的加工工艺参数自动完成原型的加工制作，而工艺参数的选择与制作原型的精度、速度及质量有关。其中重要的参数有激光切割速度、加热辊温度、激光能量和破碎网格尺寸等。

4）去除余料。去除余料是一个极其烦琐的辅助过程，它需要工作人员仔细和耐心，并且最重要的是要熟悉制件的原型，这样在剥离的过程中才不会造成损坏。

5）后置处理。去除余料以后，为提高原型表面质量或进一步翻制模具，则需对原型进行后置处理，如防水、防潮、加固并使其表面光滑等。只有经过必要的后置处理工作，才能满足成型件在表面质量、尺寸稳定性、精度和强度等方面的要求。

3. 分层实体制造技术的一般结构

根据分层实体制造技术的需要，LOM 成型机主要由以下几部分构成。

1）工作台及升降装置。工作台用于放置切割加工后的模型，升降装置用于实现工作台的上下运动，以便调整工作台的位置及实现模型的按层堆积。

2）热压装置。通过热压装置的作用，加热的热压辊将新的输入纸与前一层进行粘接。

3）激光扫描装置。该装置使得由激光发生器发出的激光束通过反射镜进行反射，让激光按照指定的轨迹运动，切割涂有热熔胶的材料，从而切割出相应的截面轮廓和网格。

4）送料装置。对当前层的材料完成切割且工作台下降到一定距离后，利用送料装置送入新的材料，以便进行新的切割。

5）其他装置。为了使 LOM 成型机完成所需的工作，还需要其他的一些辅助装置，如缓冲装置和平衡装置等。

二、分层实体制造技术的材料分析

1. 分层实体制造技术对材料的要求

分层实体制造技术的成型材料为涂有热熔胶的薄层材料，层与层之间的粘接靠热熔胶保证。LOM 成型材料一般由薄片材料和热熔胶两部分组成。

（1）薄片材料　根据对原型件性能要求的不同，薄片材料可分为纸片材、金属片材、陶瓷片材、塑料薄膜和复合材料片材，其中纸片材应用最多。对薄片材料的性能要求如下：

1）抗湿性强。

2）浸润性好。

3）抗拉强度高。

4）收缩率小。

5）剥离性能好。

（2）热熔胶　用于 LOM 热熔胶按基体树脂划分，主要有乙烯-醋酸乙烯酯共聚物型热熔胶、聚酯类热熔胶、尼龙类热熔胶或其混合物。热熔胶的性能要求如下：

1）良好的热熔冷固性能（室温下固化）。

2）在反复“熔融—固化”的条件下，其物理化学性能稳定。

3）熔融状态下与薄片材料有较好的涂挂性和涂匀性。

4）足够的粘接强度。

5）良好的废料分离性能。

2. 常用成型材料的性能

分层实体制造技术中纸片材应用最多。这种纸由纸质基底、涂覆的黏结剂和改性添加剂组成，成本较低。新加坡 Kinergy 公司生产的纸材采用了熔化温度较高的黏结剂和特殊的改性添加剂，成型的制件坚如硬木、表面光滑，有的制件能在 200℃下工作，制件的最小壁厚可达 0.3～0.5mm，成型过程中只有很小的弯曲变形，即使间断地进行成型也不会出现不粘接的裂缝，成型后工件与废料易分离，经表面涂覆处理后不吸水，有良好的稳定性。

未经任何处理的叠层块对水分十分敏感，在水中浸泡 10min，叠层方向上便增加 45mm，增长 41%，而且水平方向的尺寸也略有增长，吸入水分的质量达 164g，说明未经处理的 LOM 原型无法在水中使用，且不宜在潮湿环境中存放太久。为此，将叠层块涂上薄层油漆进行防湿处理。从实验结果来看（表 4-3），涂漆起到了明显的防湿效果。在相同的浸水时间内：刷一层漆的叠层块在叠层方向上仅增长 3mm，吸水质量仅 4g；刷两层漆后，原型尺寸已得到稳定控制，防湿效果十分理想。

表 4-3

	叠层块初始尺寸（X/mm × Y/mm × Z/mm）	叠层块初始质量/g	置入水中后的尺寸（X/mm × Y/mm × Z/mm）	叠层方向增长高度/mm	置入水中后的质量/g	吸入水分的质量/g
未经过处理的叠层块	65 × 65 × 110	436	67 × 67 × 155	45	590	164
刷一层漆的叠层块	65 × 65 × 110	436	65 × 65 × 113	3	440	4
刷两层漆的叠层块	65 × 65 × 110	438	65 × 65 × 110	0	440	2

纸材的最显著缺点是对湿度极其敏感，LOM 成型件吸湿后叠层方向上的尺寸增长，严重时会使叠层之间相互脱离。为避免因吸湿而引起的这些后果，在成型件剥离后的短期内应迅速进行密封处理。涂覆表面可以实现良好的密封，同时可以提高成型件的强度和抗热、抗湿性。

而热熔胶方面，目前 EVA 型热熔胶应用最广。EVA 型热熔胶由共聚物 EVA 树脂、增黏剂、蜡类和抗氧剂等组成。增黏剂的作用是增加对被黏物体的表面黏附性和胶接强度。随着增黏剂用量增加，热熔胶的流动性和扩散性变好，能提高胶接面的润湿性和初黏性。但增黏剂用量过多，则导致胶层变脆，内聚强度下降。为了防止热熔胶热分解、胶变质和胶接强度下降，延长胶的使用寿命，一般会加入 0.5%~2% 的抗氧剂；为了降低成本，减少固化时的收缩率和过度渗透性，有时还要加入填料。热熔胶涂布可分为均匀式涂布和非均匀式涂布两种。均匀式涂布采用狭缝式刮板进行涂布，非均匀式涂布有条纹式和颗粒式。一般来讲，非均匀式涂布可以减少应力集中，但涂布设备价格较高。

分层实体制造工件的用途不同，对薄片材料和热熔胶的要求也不同。当 LOM 工件用作功能构件或代替木模时，满足一般性能要求即可。若将 LOM 工件作为消失模进行精密熔模铸造，则要求高温灼烧时，LOM 工件的发气速度较小，发气量及残留灰分较少等。而将 LOM 工件直接用作模具时，还要求片层材料和黏结剂具有一定的导热和导电性能，如图 4-39 所示。

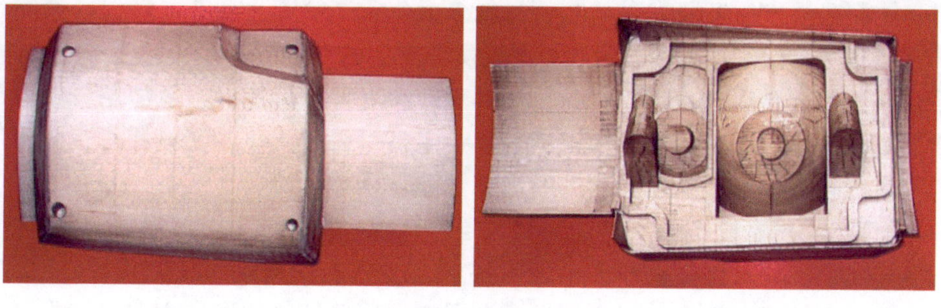

图 4-39

三、分层实体制造技术的优势与缺陷

分层实体制造技术与其他快速原型制造技术相比，具有制作效率高、速度快、成本低等优点，在我国具有广阔的应用前景，如图 4-40 所示为其应用。

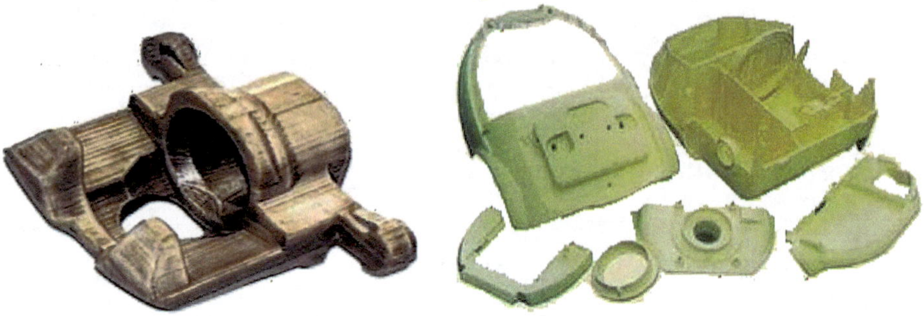

图 4-40

1. 分层实体制造技术的优势

1）原型精度高。

2）较高的硬度和较好的力学性能，可进行各种切削加工。

3）无须后固化处理。

4）无须设计和制作支撑结构。

5）废料易剥离。

6）制件尺寸大。

7）原材料价格便宜，原型制作成本低。

8）成型速度快。

2. 分层实体制造技术的缺陷

1）不能直接制作塑料工件。

2）工件的抗拉强度和弹性不够好。

3）工件易吸湿膨胀。

4）工件表面有台阶纹。

5）前后处理费时费力，且不能制造中空结构件。

四、分层实体制造技术的前途及发展方向

1. 分层实体制造技术的发展方向

分层实体制造技术的发展方向是制件材料多元化、高精度化和节能环保。

1）制件材料多元化。现在分层实体制造技术使用的材料主要为纸，然后通过热熔胶层层热压黏合，虽然金属片材、陶瓷片材、塑料薄膜和复合材料片材也有使用，但还是使用热熔胶黏结，其力学性能有局限性，未来的发展一定是材料多元化，塑料片材、金属片材等都可以不需要热熔胶直接压合，提高制件的力学性能。

2）高精度化。现有设备加工时，一般每层厚度由片材厚度决定，因此层厚对最后样件的精度影响非常大，并且制件表面会出现阶梯状，最终制件精度为 ±0.10mm，而现今各行业对产品制造精度的要求越来越高，同样，分层实体制造技术的发展方向必定是进一步提高

精度。

3）节能环保。现有的材料主要为纸，然后附上热熔胶，不够环保，所以节能环保也是未来的发展方向，如图4-41所示。

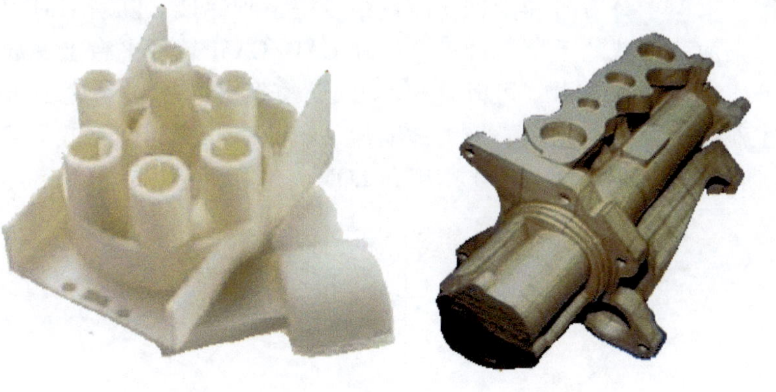

图　4-41

2. 分层实体制造技术的应用前景

1）分层实体制造技术在模具行业的应用。随着汽车制造业的迅猛发展，车型更新换代的周期不断缩短，对与整车配套的各主要部件的设计也提出了更高要求。其中，汽车车灯组件的设计，除要求内部结构满足装配和使用的需求外，其外观的设计也必须达到与车体外形的完美统一。车灯设计与专业生产厂家的传统开发手段受到了重大挑战。快速成型技术的出现，较好地满足了车灯结构与外观开发的需求。图4-42和图4-43所示为某车灯配件公司为国内某大型汽车制造厂开发的某型号轿车车灯LOM原型，通过对整车的装配检验和评估，显著提高了该组车灯的开发效率和成功率。

图　4-42

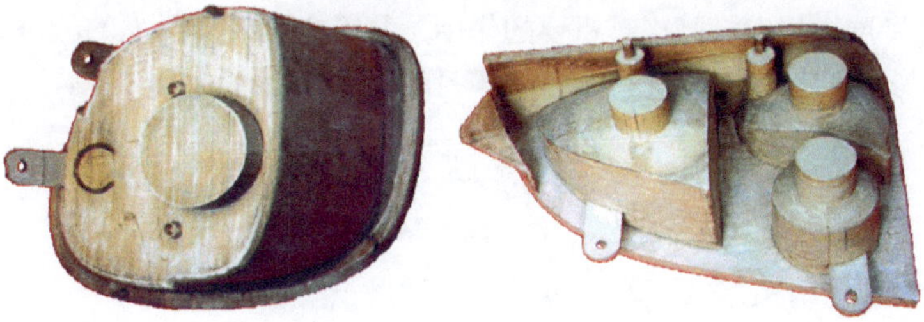

图　4-43

未来随着汽车行业进一步发展，LOM 技术在汽车模具制造行业的应用一定更加广泛，为汽车开发提高效率。

2）分层实体制造技术在砂型铸造行业的应用。某机床操作手柄为铸铁件，以人工方式制作砂型铸造用的木模十分费时和困难，而且精度得不到保证。随着 CAD/CAM 技术的发展和普及，具有复杂曲面形状的手柄设计可直接在 CAD/CAM 软件平台上完成，借助快速成型技术，尤其是分层实体制造技术，可以直接由 CAD 模型高精度地快速制作砂型铸造用的木模，克服了人工制作的局限和困难，极大地缩短了产品生产的周期，并提高了产品的精度和质量。图 4-44 所示为铸铁手柄的 CAD 模型和 LOM 原型。

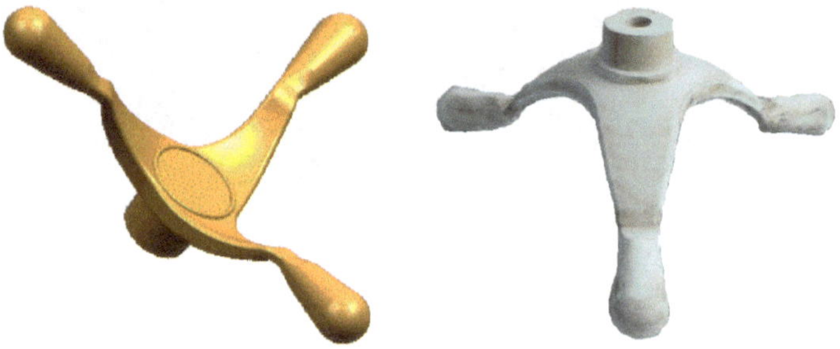

图 4-44

3）分层实体制造技术在制鞋业中的应用。当前国际上制鞋业的竞争日益激烈，而美国 Wolverine World Wide 公司无论在国际上还是美国市场中都一直保持着旺盛的销售势头。该公司鞋类产品的款式一直保持着快速更新，随时能够为顾客提供高质量的产品，而使用 PowerSHAPE 软件和美国 Helysis 公司的分层实体制造技术是 Wolverine World Wide 公司成功的关键之一。

Wolverine World Wide 公司的设计师们首先设计鞋底和鞋跟的模型或图形，从不同的角度用各种材料产生三维光照模型显示，这种高质的图像显示使得在开发过程中能及早排除任何看起来不好的装饰和设计。

即使在前期设计中已经排除了许多不理想的地方，但是投入加工之前，Wolverine World Wide 公司仍然需要有实物模型。鞋底和鞋跟的 LOM 模型非常精巧，但其外观是木质的，为使模型看起来更真实，可在 LOM 表面喷涂以产生不同的材质效果。每一种鞋底配上适当的鞋面后生产若干双样品，放到主要的零售店展示，以收集顾客的意见。根据顾客所反馈的意见，计算机能快速地修改模型，根据需要再产生相应的 LOM 模型和式样。

综上所述，分层实体制造技术是一种具有广泛应用前景且正在不断完善的高新技术，已经在产品设计与制造方面发挥了重要作用。随着市场竞争的日趋激烈，该技术将会被越来越多的企业采用，对企业的发展也将发挥越来越重要的作用，并给企业带来巨大的经济效益。同时，分层实体制造技术作为多学科交叉的专业技术，其本身的发展也将推动相关技术和产业的发展。

第五节 选择性激光烧结技术

一、选择性激光烧结技术（SLS）的起源及现状

1. 选择性激光烧结技术的起源

20 世纪 90 年代开始，随着经济全球化和世界经济竞争的日益激烈，产品制造商们越来

越需要以最短的时间制造出符合人们消费需求的新产品来抢占市场。20 世纪 80 年代末出现的快速成型技术就是在这样的背景下提出并逐步得以发展的。

快速成型技术是一种逐层零件制造工艺，它突破了传统的材料变形成型和去除材料成型的方法，使用近乎全自动化的工艺，从 CAD 文件中直接生产所需要的模型或模具，可以显著减少产品原型的开发时间和成本，极大地提高产品质量。另外，快速成型技术不需要任何传统意义上的工装夹具、刀具或模具即可制造出任何形状复杂的零部件。因此，快速成型技术在现代制造业中越来越具有竞争力，有望成为 21 世纪的主流制造技术。

目前典型的快速成型技术有光固化立体成型、分层实体制造、选择性激光烧结和熔融沉积成型等。各种快速成型技术具有其自身的特点和适用范围。由于 SLS 工艺具有粉末选材广泛、适用性广、制造工艺比较简单、成型精度高、无须支撑结构和可直接烧结零件等诸多优点，成为当前发展最快、最为成功且已经商业化的快速成型技术之一，在现代制造业中得到了越来越广泛的重视。

SLS 技术起源于美国德克萨斯大学奥斯汀分校（University of Texas at Austin）。1986 年，该校学者 Carl Deckard 在其硕士论文中首次提出了 SLS 工艺原理，并于 1988 年研制成功了第一台 SLS 成型机。随后，由美国的 DTM 公司将其商业化，于 1992 年推出了该工艺的商业化生产设备，SinterStation 2000 成型机。在过去的 20 多年中，SLS 技术在各个领域得到了广泛的应用，各国研究人员对 SLS 技术的基本形成原理、加工工艺、新材料、精度控制和数值仿真等方面进行了广泛而深入的研究，有力地推动了 SLS 技术的发展。

2. 选择性激光烧结技术的研究现状

由于 SLS 技术可以直接制造金属零件，近年来受到各国高校以及研发机构的普遍重视。

（1）国外研究状况　美国德克萨斯大学奥斯汀分校的自由成型实验室对选择性激光烧结技术和后处理工艺进行了长期研究，其钢铁及合金粉末材料烧结件的致密度达到 80% 以上，并进一步研究了 SLS 金属热渗透、热等静压等后处理工艺。Michigan 大学的学者们主要从事用 SLS 技术制作医用人工骨骼材料的研究。

比利时的 J. P. Kruth 教授等学者对 SLS 的烧结原理进行了深入研究，并对 SLS 工艺进行分类，对人们认识烧结理论起到了重要作用。

白俄罗斯国家科学院的学者对单一和二元金属粉末（Ni-Cu 和 Fe-Cu 等合金）的 SLS 技术进行了细致研究，提出烧结过程中的“球化效应”（Balling）是影响烧结质量和精度的最关键问题，并对“球化效应”的产生原理和控制方法进行了研究。

英国 Liverpool 大学快速成型中心的学者 K. K. B. Hon 对 SiC 和聚合物混合粉末进行了 SLS 试验，研究了各种工艺参数（如激光功率、扫描速度、间距和层厚等）对烧结件力学性能的影响。Loughborough 大学的学者使用脉冲 Nd：YAG 激光器烧结工具钢粉末，主要研究了扫描方式和烧结线间距对烧结性能的影响。

日本 Osaka 大学的学者主要从事金属 SLS 过程的有限元仿真工作，从而推断出烧结试样成型时最可能发生断裂的地方，该校的学者们还对烧结过程中残余应力的产生和消除办法进行了研究。

除了上述国家以外，瑞士、俄罗斯、德国、韩国、南非、意大利和伊朗等国也相继展开了对 SLS 工艺的温度场演化规律及其建模与仿真、“球化效应”、粉末材料对性能的影响等方面的研究。

(2) 国内研究状况　在我国，快速成型研究工作起步于20世纪90年代，主要进行跟踪研究，其技术和设备以引进为主。引进快速成型设备虽然加快了企业新产品的研发，取得了巨大经济效益，但其设备、配套设备及成型材料均需引进且价格昂贵，使生产成本过高，企业难以承担。为了解决该矛盾和掌握自主知识产权，在国家和企业的大力资助下，国内各高校及科研院所逐步展开了对快速成型技术的研究，并取得了骄人的成绩。

目前，我国从事SLS/SLM（选择性激光熔化）/DMLS（直接金属激光烧结）技术研究的主要机构有华中科技大学、北京航空航天大学、南京航空航天大学、大连理工大学、西南交通大学、中北大学等高校和研究机构。

华中科技大学塑性成型模拟及模具技术国家重点实验室的黄树槐教授与其课题组成员长期对SLS设备、材料、工艺以及烧结理论等方面进行研究，并成功开发了具有自主知识产权的HRPS-IIIA选择性激光成型机。该课题组的蔡道生对SLS自适应分层算法和路径规划进行了研究，提出了扫描路径优化策略，提高了烧结成型的速度。该校机械学院的宾鸿赞教授及其课题组对SLS过程中的扫描路径进行了系统深入的研究，提出分形扫描路径，自主研制了钢丝绳驱动的2DSLS实验原形机，并进行了基于物理过程的SLS加工工艺仿真。试验表明，采用分形扫描的SLS件的抗压强度提高20%左右，SLS功率降低20%左右。

北京航空航天大学的赵保军对SLS过程中的烧结致密度和聚苯乙烯粉末烧结温度场进行了仿真分析。该校汪苏教授研究了SLS工艺参数对制件性能的影响。

南京航空航天大学沈以赴教授对多组分铜基金属粉末的SLS工艺进行了研究，分析了激光功率、光斑直径、扫描速度、扫描间距和铺粉厚度对烧结致密度的影响，发现当烧结能量密度大于某一临界值（$0.15kJ/m^3$）时，烧结致密度明显提高，但是能量密度大于$0.3kJ/m^3$，烧结致密度反而有所降低。

中北大学主要从事SLS激光系统的研究，提出的变长线激光扫描方式突破了目前SLS点扫描的传统模式，极大地提高了烧结质量和烧结成型效率。

此外，还有很多高校及研究所也参与了SLS技术的研究工作。目前国内已在快速成型系统、SLS成型机、金属粉末研究以及烧结理论、扫描路径等方面取得了重大成果。

二、选择性激光烧结技术的打印原理、工作过程及其设备

1. 选择性激光烧结技术的打印原理

选择性激光烧结技术又称为选区激光烧结技术，是以CO_2激光器为能源，利用计算机控制激光束对非金属粉末、金属粉末或复合物的粉末薄层，以一定的速度和能量密度按分层面的二维数据进行扫描烧结，层层堆积，最后形成成型件。选择性激光烧结技术集CAD技术、数控技术、激光加工技术和材料科学技术于一体，其工艺原理如图4-45所示。

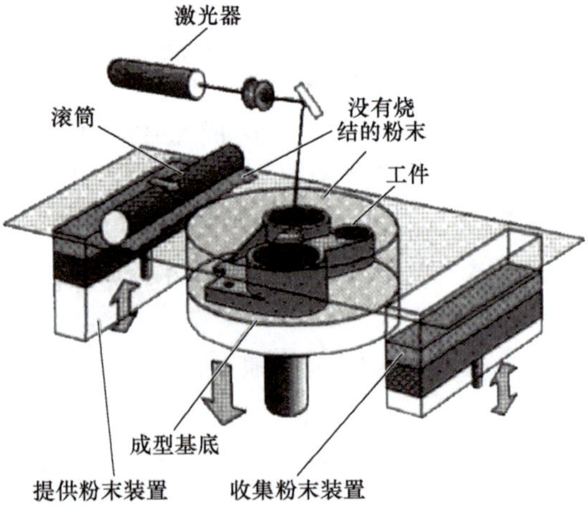

图 4-45

2. 选择性激光烧结技术的打印工作过程

整个工艺装置由粉末缸、成型缸、激光器和计算机控制系统四部分组成。工作时，

粉末缸活塞（送粉活塞）上升，先在基体上用滚筒均匀铺上一薄层金属粉末，并将其加热至略低于材料熔点，以减少热变形，且利于与前一层面结合。然后，激光束在计算机控制光路系统的精确引导下，按照零件的分层轮廓有选择地进行烧结，使材料粉末烧结或熔化后凝固形成零件的一个层面，没有烧过的地方仍保持粉末状态，并可作为有悬臂的微结构（下一层烧结的支撑）。烧结完一层后，基体下移一个截面层厚，铺粉系统铺设新粉，计算机控制激光束进行下一层的烧结。如此循环，层层叠加，就得到三维零件。最后，将未烧结的粉末回收到粉末缸中，取出成型件，再进行打磨和烘干等后处理工艺，最终形成满足要求的制件。

3. 选择性激光烧结设备的主要组成部分

选择性激光烧结设备（图 4-46）由机械系统、光学系统和计算机控制系统组成。机械系统和光学系统在计算机控制系统的控制下协调工作，自动完成制件的加工成型。

图 4-46

计算机控制系统是整个设备的核心控制系统，是整个系统的大脑，所有的运作指令都由此系统发出，对机械系统和光学系统进行控制并协调工作。

机械系统主要由机架、工作平台、铺粉系统、两个活塞缸、集料箱、加热灯和通风除尘装置组成，它是整个系统的身体。

光学系统是整个系统加工能量的来源，其主要任务是发出激光和调整激光束。

三、选择性激光烧结技术的工艺流程

选择性激光烧结技术的成型全过程可以归纳为前处理、激光烧结成型、后处理 3 个主要步骤。

1. 前处理

1）首先通过三维建模软件（如 Pro/E、UG、SolidWorks）进行产品三维模型的构造，或者通过三维扫描仪等逆向工程设备构建三维模型。

2）将得到的三维模型转换为 STL 格式。STL 格式是一种 CAD 模型，是用平面三角形网格构成的一个物体。用三角形网格去逼近空间曲面总是存在一定的误差，但可以通过增加三角形网格的数量减少这个误差。所以，转换参数的设置直接影响到最终成型精度。

3）再将 STL 格式的模型导入专用的切片软件中（如华中科技大学的 HRP 软件）进行切片。

2. 激光烧结成型

烧结工艺参数对成型精度有决定性的影响，其中包括扫描速度、激光功率、粉末类型、烧结间距和单层铺粉厚度等。具体影响如下：

（1）扫描速度　当扫描速度增大时，尺寸误差沿负方向变化，强度减小。

（2）激光功率　随着激光功率的增加，尺寸误差沿正方向变化，并且在厚度方向上的增大趋势要比宽度方向的大。

（3）粉末类型　使用的材质可以分为聚合物粉末材料、金属粉末材料、陶瓷粉末材料和纳米复合粉末材料四大类，材料的性能差距比较大，就算同类材料，因为材质的差异，性能也不一样。

(4) 烧结间距 随着扫描间距的增大，尺寸误差沿负方向变化。

(5) 单层铺粉厚度 随着单层厚度的增加，强度减小，尺寸误差沿负方向变化。

选择性激光烧结技术在成型过程中无需额外支撑，因为没有烧结的粉末起到了支撑的作用。

3. 后处理

1）去除余料。去除余料是将制件从成型室取出后，用毛刷和专用工具将多余的粉末去掉。

2）后置处理。去除余料以后，为提高原型的表面质量或需要进一步翻制模具，需对原型进行后置处理，如打磨、抛光和金属粉末材质的热处理等。只有经过必要的后置处理工作，才能满足快速成型表面质量、尺寸稳定性、精度和强度等要求。

四、选择性激光烧结技术的打印材料分析

选择性激光烧结技术以粉末作为烧结材料，其来源较为广泛，并且在成型过程中，每一层没有烧结的粉末可起到支撑作用，所以不用专门使用支撑材料及在数字模型中设计支撑结构。

目前，研究比较多的烧结材料有聚合物粉末材料、金属粉末材料、陶瓷粉末材料和纳米复合材料等。

1. 聚合物粉末材料

全世界对于聚合物的研究主要集中在聚苯乙烯（PS）、聚碳酸酯（PC）、尼龙（PA）、工程塑料（ABS）和聚丙烯（PP）5 个方面。目前，对于纯 PS 粉末进行烧结得到原型件的变形率较大，因此现在所使用的均为 PS 的混合粉末（PS、滑石粉、氧化铝、碳酸钙），这样的混合粉末进行激光烧结，试样在长、宽、高方向的收缩率分别为 0、0、0.1%，翘曲率为 0.1%，孔隙率为 2.8%，能够达到所需要的质量。

尼龙（Polyamide，PA）因有固定的熔点、适当的分子量并且有较高的强度，也成为国际上研究的热点之一。尼龙是一种结晶态聚合物，具有耐磨、强韧、轻量、耐热、易成型等优点，使得 PA 经选择性激光烧结制备出的功能性零件在很多方面得到了应用。例如用来制造助听器材、F1 方程式赛车零部件和口腔外科上颌面等。PA 的品种有几十种，目前广泛使用的有以下几种。

1）标准的 DTM 尼龙（Standard Nylon），能被用来制作具有良好耐热性和耐蚀性的模型。

2）DTM 精细尼龙（DuraForm GF），不仅具有与标准 DTM 尼龙相同的性能，还提高了制件的尺寸精度，降低了表面粗糙度值，能制造微小特征，适合概念型和测试型制件的制造。

3）DTM 医用级精细尼龙（Fine Nylon Medical Grade），在特定的自然暴露条件下测试，被评为美国药典（USP）六级水平。该材料还能通过高温蒸压被蒸气消毒的五个循环。

4）原型复合材料（Proto FormTM Composite），是 DuraForm GF 经玻璃强化的一种改性材料，与未被强化的 DTM 尼龙相比，它具有更好的可加工性，同时提高了耐热性和耐蚀性。

5）新一代尼龙材料（DuraForm PA），用 DuraForm PA 生产出来的热塑性零件具有很好的表面质量和热稳定性，并且能经受住严格的功能测试，以缩短产品的试验和生产周期，如

图4-47所示为其产品。

2. 金属粉末材料

在选择性激光烧结技术中，直接用金属粉末烧结成型是快速成型制造的最终目标之一，所以金属粉末烧结是近年来研究的热点，国内外科研人员在这方面进行了大量的研究工作，并已取得了一些成果。

图 4-47

目前，选择性激光烧结技术使用的金属粉末材料，按其成分可分为三种：单一成分的金属粉末材料、多组元金属粉末材料、金属粉末和有机黏结剂的混合体。

（1）单一金属粉末 单一金属粉末主要用于低熔点金属粉末的烧结，对于高熔点的金属粉末，则需要在保护气体下使用大功率激光器。目前使用这种方法成型的制件会出现明显的球化和集聚现象，不仅会使制件烧结变形、精度变差，而且还会造成组织结构多孔，导致制件密度低、力学性能差。SLS使用的单一金属粉末主要有Sn、Zn、Pb和Fe等。

（2）多组元金属粉末 多组元金属粉末一般由高熔点金属、低熔点金属以及某些添加元素混合而成，其中高熔点金属粉末作为结构金属，能在SLS过程中保留其固相核心。低熔点金属粉末作为粘接金属，在SLS中熔化形成液相，生成的液相包覆、润湿和粘接固相金属颗粒，以此实现烧结致密化。目前，对于多组元金属粉末材料的研究，主要集中在铜基金属粉末、铁基金属粉末和镍基金属粉末等。

（3）金属粉末和有机黏结剂的混合体 金属粉末和有机黏结剂的混合体，即按一定比例将两种粉末混合均匀，然后用激光束对混合粉末进行选择烧结，其混合方法主要包括以下两种。

1）金属粉末和有机聚合物的机械混合物。这种粉末实际上是金属粉末与有机黏结剂的混合粉末，其制备工艺简单，利用高速混合机即可完成粉末的制备，但该粉末的烧结性能较差。美国Harris等人对60Cu-40PMMA混合粉末进行烧结，经后处理工艺，其成型件的相对密度为84%~96%。

2）有机高分子聚合物覆膜金属粉末。覆膜金属粉末由有机树脂包覆金属粉末材料制得。其制备工艺复杂，但烧结性能好，且所含有机材料的比例小，更有利于后处理工艺，如图4-48所示为其产品。

图 4-48

3. 陶瓷粉末材料

由于陶瓷粉末材料具有烧结温度极高的特性，同时在激光烧结过程中，激光对粉末的作用时间一般为0.01~0.1s，在极短的时间内几乎不能实现粉末间的熔化连接，因此只能通过混合于陶瓷颗粒中或覆膜于陶瓷颗粒之间的黏结剂的熔化来实现陶瓷颗粒之间的连接。目前研究的陶瓷粉末材料主要有四类：直接混合黏结剂的陶瓷粉末、表面覆膜的陶瓷粉末、表面改性的陶瓷粉末和树脂砂。常用的陶瓷材料主要有 SiC 和 Al_2O_3。

4. 纳米复合材料

由于纳米粉体有着巨大的比表面积和很高的烧结活性，烧结一段时间后，晶粒生长将显著加速，以至烧结后材料的纳米特性丧失且烧结密度降低。所以，在纳米材料零件激光烧结成型的过程中，关键技术还是在烧结过程中，既要使纳米粉末烧结致密，又要使纳米晶粒尽量不要粗化长大，失去纳米特性。

五、选择性激光烧结技术的优势与缺陷

1. 选择性激光烧结技术的优势

1）可采用多种材料，成本低廉。从理论上来说，任何受热后能够形成原子间粘接的粉末材料都可以作为 SLS 的成型材料。目前已商业化的材料主要有塑料粉、蜡粉、覆膜金属粉、表面涂有黏结剂的陶瓷粉和覆膜沙等。

2）材料无浪费，未烧结粉末可重复使用。

3）制造工艺比较简单，无须支撑，未烧结的松散粉末可作为自然支架。

4）成型过程与零件的复杂程度无关。对零件的复杂性几乎没有任何限制，特别适合于制造形状复杂的零件。它还可以直接按照设计图样制备产品，而不需要设计和制造模具，还能在无任何机械加工的情况下制造零件。

5）产品的生产周期短。它能迅速投放市场，试用后及时征求用户意见，并进行改进和提高。

6）产品的单价几乎与批量无关。该技术特别适合于新产品的开发或单件、小批量零件的生产。

7）应用面广。由于成型材料的多样化，使得 SLS 适合于多种应用领域，如原型设计验证、模具母模制作、精铸熔模、铸造型壳和型芯等。

2. 选择性激光烧结技术的缺陷

1）设备成本高。

2）制件内部疏松多孔，表面粗糙度值较大，力学性能不高。

3）制件的质量在很大程度上受粉末的影响，不易提升。

4）可制造零件的最大尺寸受到限制。

5）成型过程消耗的能量大，后处理工序复杂。

六、选择性激光烧结技术的应用市场

选择性激光烧结技术已经成功应用于汽车、造船、航天、航空、通信、微机电系统、建筑、医疗和考古等诸多行业，为许多传统制造业注入了新的创造力，也带来了信息化的气息。概括来说，选择性激光烧结技术可以应用于以下场合。

1）快速原型制造。SLS 工艺可快速制造所设计零件的原型，并对产品及时进行评价和修正，以提高设计质量；可使客户获得直观的零件模型；能制造教学和试验用的复杂模型。

2）新型材料的制备及研发。利用 SLS 工艺可以开发一些新型的颗粒，以增强复合材料和硬质合金。

3）小批量和特殊零件的制造加工。在制造业领域中，经常遇到小批量及特殊零件的生

产。这类零件加工周期长、成本高，对于某些形状复杂的零件，甚至无法制造。采用 SLS 技术可经济地实现小批量和形状复杂零件的制造。

4）快速模具和工具制造。SLS 制造的零件可直接作为模具使用，如熔模铸造、砂型铸造、注射模型和高精度且形状复杂的金属模型等，也可以将成型件经后处理后作为功能零件使用。

5）在逆向工程上的应用。SLS 工艺可以在没有设计图样或者图样不完全以及没有 CAD 模型的情况下，按照现有的零件原型，利用各种数字技术和 CAD 技术重新构造出 CAD 模型。

6）在医学上的应用。应用 SLS 工艺烧结的零件具有很高的孔隙率，可用于人工骨骼的制造。根据国外对用 SLS 技术制备的人工骨骼进行的临床研究表明，其生物相容性良好。

七、选择性激光烧结技术的发展方向

1. 选择性激光烧结技术的问题

尽管选择性激光烧结技术在过去的 20 年里取得了较大的发展，但是存在的以下问题仍限制了其普及和推广。

1）选择性激光烧结系统的速度、精度和成型件的表面粗糙度不能满足工业生产的要求。

2）零件质量对激光工艺参数（如激光类型和扫描方式）的变化过于敏感，需要较长时间的摸索。

3）选择性激光烧结设备成本较高。

2. 选择性激光烧结技术的发展方向

针对当前存在的这些问题，目前国内外专家的研究方向集中在以下几个方面。

1）新材料的研究。材料是选择性激光烧结技术发展的关键环节，它直接影响烧结试样的成型速度、精度、物理和化学性能。目前 SLS 制造的零件普遍存在强度不高、精度低、需要后处理等诸多缺点，这就需要研制出各种激光烧结技术快速成型的专用材料。

2）选择性激光烧结技术原理的研究。不同的粉末材料其烧结成型的原理截然不同，金属粉末的烧结过程主要由瞬时液相烧结控制，但是目前对其烧结原理的研究仅停留在显微组织理论层次上，需要从动力学理论进行研究，来定量地分析烧结过程。

3）选择性激光烧结技术工艺参数优化的研究。选择性激光烧结技术的工艺参数（如激光功率、扫描方式和粉末颗粒大小等）对选择性激光烧结件的质量都有影响。目前，工艺参数与成型件质量之间的关系是选择性激光烧结技术的研究热点，国内外对此进行了大量的研究。

4）选择性激光烧结技术的建模与仿真研究。由于烧结过程的复杂性，进行实时观察比较困难，为了更好地了解烧结过程，对工艺参数的选取进行指导，有必要对烧结过程进行计算机仿真。

选择性激光烧结技术的发展，将对设备研发与应用、新工艺和新材料的研究产生积极的影响，对制造业向环保、节能和高效发展产生巨大的推动作用。

第六节 粉末粘接技术

一、粉末粘接技术（3DP）的发展

1. 粉末粘接技术的发展

1993年，由麻省理工学院教授Emanual Sachs创造的三维打印技术，将金属和陶瓷的粉末通过黏结剂粘在一起并成型，当时被称为三维印刷。1995年，麻省理工学院的毕业生Jim Bredt和Tim Anderson修改了喷墨打印机的方案，变为把约束溶剂挤压到粉末床，而不是把墨水挤压在纸张上，随后创立了现代的三维粉末粘接技术并成立了三维打印企业Z Corporation。美国Z-Corp公司与日本Riken Institut公司于2000年研制基于喷墨打印技术、能够做出彩色原型件的三维打印机。该公司生产的Z400、Z406及Z810打印机都是采用喷射黏结剂粘接粉末工艺的三维打印机。2012年1月，Z-Corp公司被美国3D Systems公司收购。

2. 粉末粘接打印机的介绍

传统粉末粘接打印机是用水性溶液作为黏结剂（统称为墨水），采用热泡式喷头喷射水性墨水。喷头的工作原理是通过对其腔内的加热电阻（约90Ω）施加短脉冲信号，使靠近的0.1mm厚的墨水薄层在3μs内快速加热到300℃，汽化并形成气泡，压力可达4.5MPa。此气泡将加热电阻与其他墨水隔离，避免使喷头内的全部墨水加热。加热信号消失后，开始降温，但余热仍会促使气泡在10μs内迅速膨胀到最大，由此产生的压力迫使一定量的墨水克服表面张力，以5~12m/s的速度快速从喷嘴挤出。随着温度继续下降，气泡开始呈收缩状态，原挤出于喷嘴外的墨水受到气泡破裂力量的牵引而形成分散墨滴，并因墨水的收缩使后端墨水开始分离。气泡消失后墨滴与喷头内的墨水完全分离，墨水在10~20μs内由供液装置补入喷头，从而完成了一个喷射过程。热泡式喷头的喷射频率可达到20kHz，喷射的墨滴直径可小于35μm，喷射墨水的黏度一般为1×10^{-3}~3×10^{-3}Pa·s。

图4-49所示为上海富奇凡公司生产的LTY粉末粘接打印机，图4-50所示为Z Corporation公司生产的Z系列粉末粘接打印机，它采用供粉活塞供给粉末材料。

图 4-49

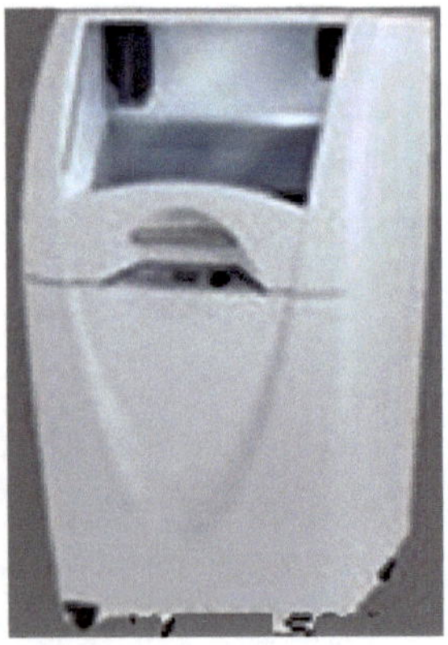

图 4-50

二、粉末粘接技术的打印原理

粉末粘接技术的工作原理是，先铺一层粉末，然后使用喷嘴将黏结剂喷在需要成型的区域，让材料粉末粘接，形成零件截面，然后不断重复铺粉、喷涂、粘接的过程，层层叠加，获得最终打印出来的零件。

1. 粉末粘接打印机的构成

以美国 Z- Corp 公司生产的 ZPrinter450 立体打印机（简称 Z450 打印机）为例，其外形如图 4-51 所示。Z450 打印机主要由计算机控制系统、主机和喷头三部分组成。计算机控制系统由计算机、控制模块、电动机驱动单元和传感器组成，配备 ZPrint 控制软件。主机由可升降成型缸、供粉缸、铺粉辊装置、加热装置和粉末抽除装置五部分组成，主要完成系统的加工传动功能，其结构如图 4-52 所示。喷头为电控喷头，按照计算机发出的指令在粉末层表面有选择地喷洒胶水。

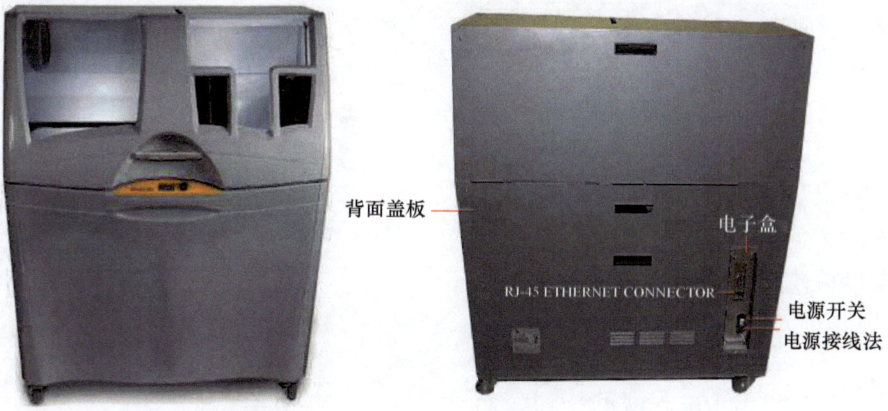

图　4-51

图　4-52

2. 粉末粘接技术的打印原理

粉末粘接技术的打印是一种以数字模型文件为基础，运用粉末状金属或塑料等通过可粘接材料逐层打印的方式来构造物体的技术。3DP 工艺与 SLS 工艺类似，采用粉末材料成型，如陶瓷粉末和金属粉末。两者不同的是材料粉末不是通过烧结连接起来的，而是通过喷头使用黏结剂（如硅胶）将零件的截面“印刷”在材料粉末上面。用黏结剂粘接的零件强度较低，还须进行后处理。粉末粘接技术的具体工艺过程：上一层粘接完毕后，成型缸下降一个距离（等于层厚，为 0.013 ~ 0.1mm），供粉缸上升一个高度，铺粉辊装置将供粉活塞送出的粉末在制作平台上铺开，并特意在每层多铺约 30% 的粉末，以确保制作平台的整个层面都被粉末密实地覆盖。铺粉时多余的粉末被集粉装置收集，以备下次制作时重新使用。打印机通过 ZPrint 软件将所获得的零件的二维层截面信息传给喷头，喷头按截面形状喷出黏结剂（树脂、硅溶胶、石蜡等），让材料粉末粘接在一起，形成一个层面，即零件截面。未被喷射黏结剂的地方为干粉，在成型过程中起支撑作用，且成型结束后，比较容易去除。一层完成后，加工平台由成型活塞带动下降一层，不断重复铺粉、喷涂和粘接的过程，层层叠加，获得最终打印出来的零件。

粉末粘接打印机的打印原理如图 4-53 所示。

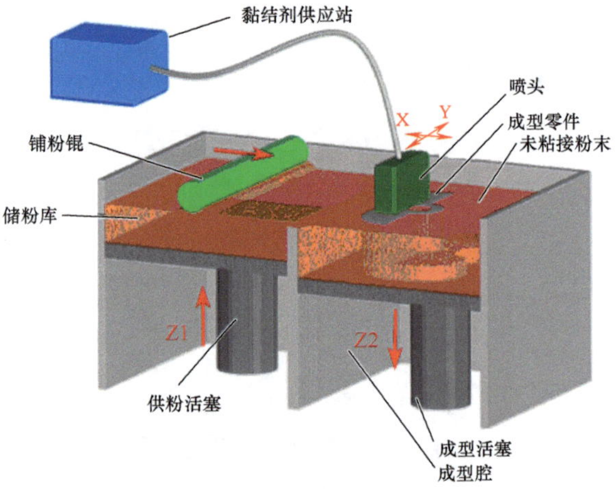

图 4-53

3DP 打印机打出的截面厚度（即 Z 方向）以及平面方向（即 X-Y 方向）的分辨率是以像素每英寸或者微米来计算的。一般的厚度为 100μm，即 0.1mm，也有部分打印机如 Objet Connex 系列还有三维 Systems ProJet 系列可以打印出 16μm 薄的一层。而平面方向则可以打印出跟激光打印机分辨率相近的截面。所打印出来“墨水滴”的直径通常为 50 ~ 100μm。用传统方法制造出一个模型通常需要数小时到数天，根据模型的尺寸以及复杂程度而定，而用三维打印技术则可以将时间缩短为数个小时，当然也是由打印机的性能以及模型的尺寸和复杂程度而定的。图 4-54 所示为粉末粘接打印技术的工艺流程。

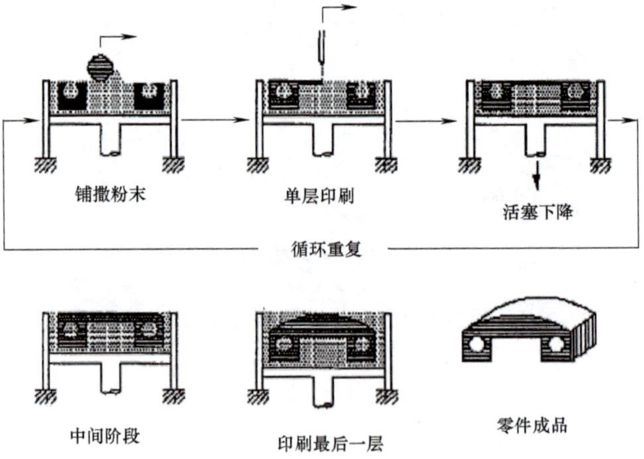

图 4-54

传统的制造技术（如注射法）可以用较低的成本大量制造聚合物产品，而三维打印技术则可以用更快、更有弹性以及成本更低的办法生产数量相对较少的产品。一个桌面尺寸的三维打印机就可以满足设计者或概念开发小组制造模型的需要。

三、粉末粘接技术的打印材料

粉末粘接技术的打印材料包括粉末材料、黏结剂及后处理材料。对粉末材料的要求是：颗粒小、均匀、无明显团聚、流动性好、能铺成薄层，在溶液喷射冲击时不产生凹陷、溅散与孔洞，在黏结剂作用下很快固化。常用的粉末材料有玉米塑料、陶瓷、蜡、金属和石膏等粉末。对黏结剂的要求是：易分散、稳定、能长期储存、对喷头的材料无腐蚀作用、黏度足够低，表面张力大，能按设计的流量从喷头喷出，不易堵塞喷头，成型材料保证无毒和无污染。用于 Z450 打印机的粉末材料有 ZP130 和 ZP150 高性能复合材料，与之相匹配的胶水溶液有 ZB59（ZP130）、ZB63（ZP150）。

1. 粉末粘接打印材料的分类

3DP 技术使用的打印材料主要是模型本体的粉末材料以及粘接粉末的黏结剂。下面分别对模型本体的粉末材料和黏结剂材料进行介绍和分析。

粉末的粒径非常重要。粒径小的颗粒可以提供相互间较强的范德瓦尔斯力，但滚动性较差，且打印过程中易扬尘，导致喷头堵塞。粒径大的颗粒滚动性较好，但是会影响模具的打印精度。粉末的粒径根据所使用打印机的类型及操作条件可为 1～100μm。其次，粉末材料需要选择能快速成型且成型性能较好的材料。常用的粉末材料有很多种，如 ABS 塑料、PLA、尼龙、玉米塑料、陶瓷、蜡、金属、石膏、石英砂、聚合物（如聚甲基丙烯酸甲酯、聚甲醛、聚苯乙烯和聚乙烯等）、金属氧化物（如氧化铝等）和淀粉等。这些粉末材料作为填料主体，选择与之配合的黏结剂可以达到快速成型的目的。

粉末黏结剂可起到加强粉末成型强度的作用，其中聚乙烯醇、纤维素（如聚合纤维素、碳化硅纤维素、石墨纤维素和硅酸铝纤维素等）和麦芽糊精等可以起到加固作用，但是其纤维素链长应小于打印时成型活塞每次下降的高度，胶体二氧化硅的加入可以使得液体黏结剂喷射到粉末上时迅速凝胶成型。除了简单混合，将填料用黏结剂（聚乙烯吡咯烷酮等）包覆并干燥可更均匀地将黏结剂分散于粉末中，便于喷出的黏结剂均匀渗透进粉末内部，或者将填料分为两部分包覆，其中一部分用酸基黏结剂包覆，另一部分用碱基黏结剂包覆，当两者通过介质相遇时，便可快速反应成型。包覆方法也可有效减小颗粒之间的摩擦，增加其滚动性，但要注意包覆厚度要很薄，为 0.1～1.0μm。

其他调节材料：加入固体润滑剂增加粉末滚动性，如氧化铝粉末、可溶性淀粉和滑石粉等，有利于铺粉层薄且均匀；加入二氧化硅等密度大且粒径小的颗粒增加粉末密度，减小孔隙率，防止打印过程中黏结剂过分渗透；加入卵磷脂减少打印过程中小颗粒的飞扬以及保持打印形状的稳定性等。另外，为防止粉末由于粒径过小而团聚，需采用相应方法对粉末进行分散。

2. 粉末粘接材料的性能

3D 打印解决了材料成型的问题，过去复杂的形状结构可以用新的方法来成型。但是材料成型以后，还要解决工程应用必不可少的材料性能问题，满足除了成型性能以外的其他方面的要求，如耐蚀性、强度和硬度等。

（1）塑料的优点　相对密度小（一般为 0.9～2.3），耐蚀性、电绝缘性、减摩性和耐磨性好，有消音吸振性能和良好的工艺性能。

（2）塑料的缺点 刚性差（钢铁材料的 1/100 ~ 1/10），强度低；耐热性差，热膨胀系数大（钢铁的 10 倍），导热系数小（只有金属的 1/600 ~ 1/200）；蠕变温度低，易老化。

（3）金属材料性能特点 金属材料的性能决定着材料的适用范围及应用的合理性。金属材料的性能主要分为四个方面，即力学性能、化学性能、物理性能和工艺性能。对金属材料而言，力学性能与工艺性能常常是分析的重点。

四、粉末粘接技术成型的操作流程

粉末粘接技术的成型分为五步：①CAD 模型设计；②Z 向离散化；③层面信息的处理；④层面的加工与粘接；⑤层层堆积。成型操作流程分六步：①开机前准备；②开机操作与数据准备；③样件制作；④自动去粉；⑤取出样件；⑥样件后处理。

1. 粉末粘接技术的成型

（1）CAD 模型设计 该步骤主要是解决零件几何造型问题，应有较强的实体造型或曲面造型功能，并与后续软件具有良好的数据接口。

（2）Z 向离散化 分层过程，它将 CAD 模型在 Z 向上分成一系列具有一定厚度（0.05 ~ 0.3mm）的薄层，破坏了零件在 Z 向的连续性，Z 向上会产生“台阶”。从理论上来讲，分层厚度合理，才可满足零件的加工精度要求。

（3）层面信息的处理 为控制打印机对层面的加工轨迹，必须把层面的几何形状信息转换成控制打印机运动的数控代码。

（4）层面的加工与粘接 打印机根据控制指令进行二维扫描，同时进行层与层的粘接。

（5）层层堆积 当一层制造完毕后，打印机工作台下降一个层厚的高度，再加工新的一层，如此反复进行，直至整个原型加工完成。最后对完成的原型进行处理，如深度固化、去除余料、修磨和着色等，使之达到要求。

2. 粉末粘接技术成型的操作流程（以 Z450 打印机为例）

（1）开机前的准备工作

1）操作时必须佩戴手套和口罩。

2）检查废料瓶及粉末回收箱是否有足够空间。

3）用工具将粉末内的空气排出。

4）用力将粉末挤实。

5）启动扫粉器将粉末铺平。

6）用蒸馏水洗净喷头。

（2）开机操作与数据准备

1）打开总电源开关。

2）启动计算机后，按下 Z450 打印机后面的启动按钮，启动打印机，并处于“ON-LINE”状态。

3）用鼠标右键双击桌面图标，运行 ZPrinter 软件。

4）单击菜单“File”→“Open”或单击“打开”按钮，弹出“打开”对话框，选择“ex8-1. stl”并打开，弹出“Choose Units”对话框，选择样件单位为毫米或英寸。

5）设置样件色彩，如图 4-55 所示。

6）设置打印机参数，如图 4-56 所示。

图 4-55

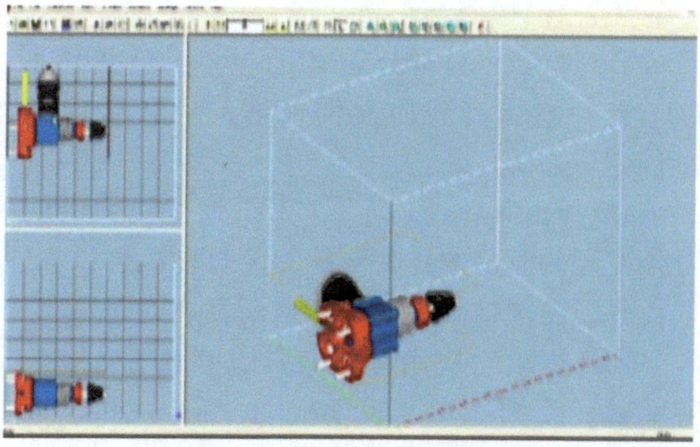

图 4-56

（3）样件制作

1）单击菜单“File”→“3D Print”或3D图标，弹出“Printing Options”对话框，进行分层选择样件打印，打印机默认状态为全部打印，单击“OK”按钮。

2）打印过程中，样件制作信息如图4-57所示，制作完毕后，打印机显示“样件制作完成”信息窗口，如图4-58所示。

图 4-57

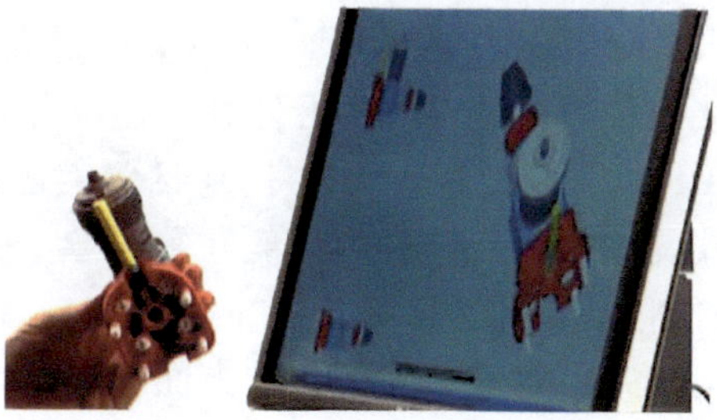

图 4-58

（4）自动除粉　勾选“Printer Status”对话框中的“Print Job Options”复选框，Z450打印机自动进入恒温（380℃）烘焙阶段，结束后，打印机进入自动除粉处理功能程序，如图4-59所示。

（5）取出样件　自动除粉结束后，LCD液晶面板显示“FINISHING”信息，随后显示“ONLINE”状态，将零件从工作室取出，进行表面清理，如图4-60所示。

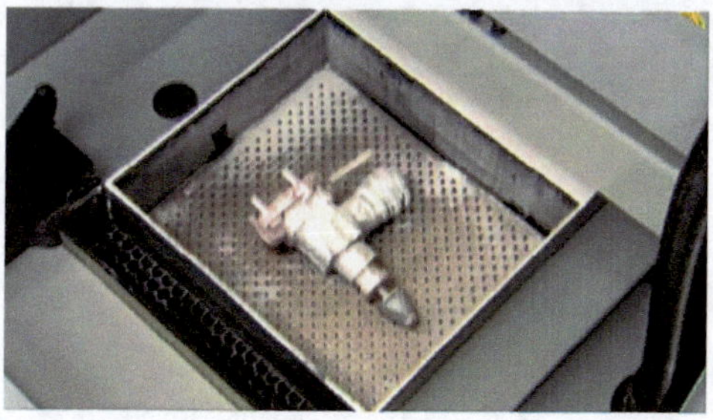

图 4-59

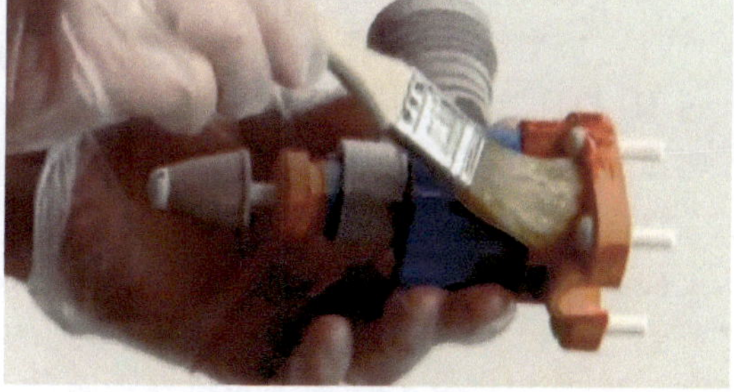

图 4-60

（6）样件后处理

1）将清理好的样件浸入 Z-BondTM 渗透剂或滴上 Z-Bond，或用刷子轻轻地刷涂 Z-Max-TM，进行增强与表面光洁处理，最后得到样件，如图 4-61 所示。

图 4-61

2）单击菜单“File”→“Exit”，退出软件，关闭计算机，但是此步骤不能关闭打印机。

五、粉末粘结技术的应用与发展趋势

3DP 打印的应用范围较广，目前主要用于国防军事、航天航空、医学生物、房屋建筑、汽车制造和食品等。

3DP 打印的发展趋势是：成为工业化力量，造福于大众，治病救人；加快产品创新速度；开发出创新的商业模式；为制造工厂提供助力。

1. 粉末粘结技术的应用

如今，3D 打印技术已经在社会公众中引起了较大的反响，多个企业宣布即将进入或已经进入 3D 打印领域，业界也有学者认为 3D 打印将是推动第三次工业革命的重要内容，将在制造业掀起颠覆性的革命。3D 打印应用领域极其广泛，列举如下。

（1）海军舰艇　2014 年 7 月 1 日，美国海军试验了利用 3D 打印等先进技术快速制造舰艇零件，希望借此提升执行任务的速度并降低成本。

2014 年 6 月 24 日至 6 月 26 日，美国海军在作战指挥系统的活动中举办了第一届制造节，开展了一系列“打印舰艇”研讨会，并在此期间向水手及其他相关人员介绍了 3D 打印及增材制造技术。

美国海军致力于未来在这方面培训水手。采用 3D 打印及其他先进制造方法，能够显著提升执行任务的速度及预备状态，降低成本，避免从世界各地采购舰艇配件。美国海军作战舰队后勤科副科长 Phil Cullom 表示，考虑到成本、海军后勤及供应链现存的漏洞，以及面临的资源约束，先进制造与 3D 打印的应用越来越广，他们设想了一个由技术娴熟的水手支持的先进制造商的全球网络，找出问题并制造产品，如图 4-62 所示。

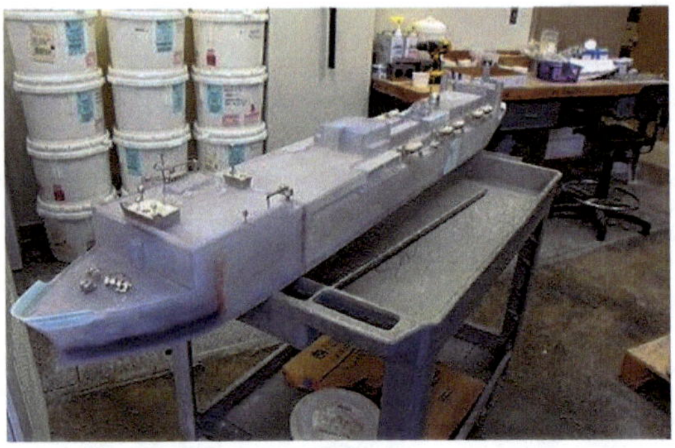

图 4-62

（2）航空航天　2014 年 9 月底，NASA 预计将完成首台成像望远镜，所有元件全部通过 3D 打印技术制造。NASA 也因此成为首家尝试使用 3D 打印技术制造整台仪器的单位。这款太空望远镜功能齐全，其 50.8mm 的长度使其能够放进立方体卫星（CubeSat，一款微型卫星）当中。据了解，这款太空望远镜的外管、外挡板及光学镜架全部作为单独的零件直接打印而成，只有镜面和镜头尚未实现。该仪器将于 2015 年开展振动和热真空测试。这款望远镜将全部由铝和钛制成，而且只需通过 3D 打印技术制造 4 个零件即可，相比而言，传统制造方法所需的零件数量是 3D 打印的

5～10倍。此外，在3D打印的望远镜中，可将用来减少望远镜中杂散光的仪器挡板做成带有角度的样式，这是传统制作方法所无法实现的。

2014年8月31日，美国宇航局的工程师们完成了3D打印火箭喷射器的测试，本项研究在于提高火箭发动机某个组件的性能。由于喷射器内液态氧和气态氢一起混合反应，燃烧温度可达到6000℉，大约为3315℃，可产生2万磅的推力，约为9t，验证了3D打印技术在制造火箭发动机上的可行性。本项测试工作地点位于阿拉巴马亨茨维尔的美国宇航局马歇尔太空飞行中心，这里拥有较为完善的火箭发动机测试条件，工程师可验证3D打印部件在点火环境中的性能。

制造火箭发动机的喷射器需要精度较高的加工技术，如果使用3D打印技术，就可以降低制造上的复杂程度，在计算机中建立喷射器的三维图像，打印材料为金属粉末，在较高的温度下，金属粉末可被重新塑造成需要的形状。火箭发动机中的喷射器内有数十个喷射元件，建造大小相似的元件则需要一定的加工精度，该技术测试成功后将用于制造RS-25发动机，其作为美国宇航局未来太空发射系统的主要动力，该火箭可运载宇航员超越近地轨道，进入更遥远的深空。马歇尔中心的工程部主任克里斯认为3D打印技术在火箭发动机喷射器上的应用只是第一步，最终目的在于测试3D打印部件如何能彻底改变火箭的设计与制造，并提高系统的性能，更重要的是可以节省时间和成本，以及不太容易出现故障。本次测试中，两具火箭喷射器进行了点火，每次5s，设计人员创建的复杂几何流体模型允许氧气和氢气充分混合，压力为1400磅/in^2。

2014年10月11日，英国一个发烧友团队用3D打印技术制出了一枚火箭，他们还准备让这个世界上第一个打印出来的火箭升空。该团队还在伦敦的办公室向媒体介绍这个世界上第一架用3D打印技术制造出的火箭。团队队长海恩斯说，有了3D打印技术，要制造出高度复杂的形状并不困难。就算要修改设计原型，也只要在计算机辅助设计软件上做出修改，打印机将会做出相对的调整。这比传统制造方式方便许多。既然美国宇航局已经在使用3D打印技术制造火箭的零件，那么它的前景必然是十分光明的。

（3）医学领域

1）3D打印头盖骨。2014年8月28日，46岁的周至农民胡师傅在自家盖房子时，从3层楼坠落后砸到一堆木头上，左脑盖被撞碎，在当地医院手术后，胡师傅虽然性命无损，但左脑颅骨凹陷，在别人眼里成了“半头人”。除了面容异于常人，事故还对胡师傅的视力和语言功能造成损伤。医生为帮其恢复形象，采用了3D打印技术辅助设计缺损的颅骨外形，设计了钛金属网重建缺损颅骨，制作出缺损的颅骨如图4-63所示，最终实现左右对称。医生称手术需5～10h，除了用钛金属网支撑起左脑颅骨外，还需要从腿部取肌肉进行填补。手术后，胡师傅的容貌将恢复，至于语言功能还得根据术后的恢复情况。

2）3D打印脊椎植入人体。2014年8月，北京大学研究团队成功地为一名12岁男孩植入了3D打印脊椎，这属于全球首例。据了解，这位小男孩的脊椎在一次足球运行受伤之后长出了一颗恶性肿瘤，医生不得不选择移除掉肿瘤所在的脊椎。不过，这次手术比较特殊的是，医生并未采用传统的脊椎移植手术，而尝试了先进的3D打印技术。研究人员表示，这种植入物可以跟现有骨骼非常好地结合起来，而且还能缩短病人的康复时间。由于植入的3D脊椎可以很好地跟周围的骨骼结合在一起，所以它并不需要太多的“锚定”。此外，研究人员还在上面铸造了微孔洞，它能帮助骨骼在合金之间生长，换言之，植入进去的3D打印脊椎将跟原脊椎牢牢地生长在一起，这也意味着未来不会发生松动的情况，如图 4-64 所示。

图 4-63

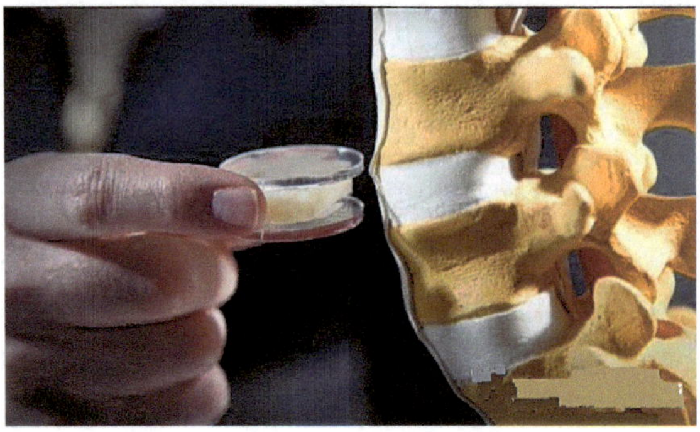

图 4-64

3）3D 打印手掌治疗残疾。2014 年 10 月，医生和科学家们使用 3D 打印技术为英国苏格兰一名 5 岁女童装上手掌。这名女童名为海莉·弗雷泽，出生时左臂就有残疾，没有手掌，只有手腕。在医生和科学家的合作下，为她设计了专用假肢并成功安装，如图 4-65 所示。

4）3D 打印心脏救活两周大的先天性心脏病婴儿。2014 年 10 月 13 日，纽约长老会医院的埃米尔·巴查医生（Dr. Emile Bacha）就讲述了他使用 3D 打印的心脏救活一名两周大婴儿的故事。这名婴儿患有先天性心脏缺陷，它会在心脏内部制造“大量的洞”。在过去，这种类型的手术需要停掉心脏，将其打开并进行观察，然后在很短的时间内来决定接下来应该做什么。但有了 3D 打印技术之后，巴查医生就可以在手术之前制作出心脏的模型，从而使他的团队对其进行检查，然后决定在手术当中到底应该做什么。这名婴儿原本需要进行 3～4 次手术，而现在一次就够了，这名原本被认为寿命有限的婴儿可以过上正常的生活。巴查医生说，他使用了婴儿的 MRI（磁共振成像）数据和 3D 打印技术制作了这个心脏模型。整个制作过程共花费了数千美元，不过他预计制作价格会在未来降低，如图 4-66 所示。

图 4-65

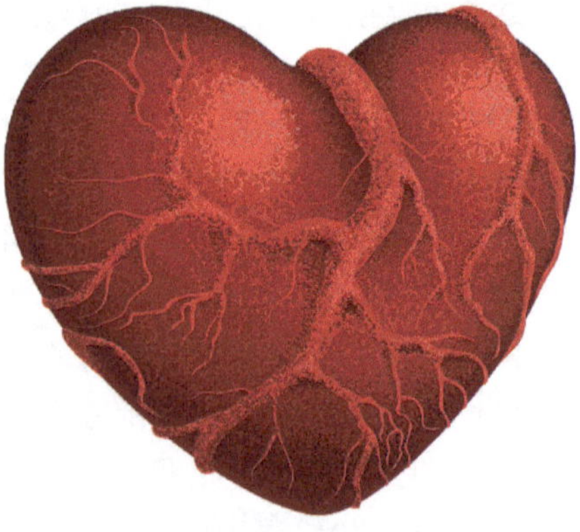

图 4-66

（4）打印房屋建筑 2014年8月，10幢3D打印建筑在上海张江高科青浦园区内交付使用，作为当地动迁工程的办公用房，如图4-67所示。这些建筑墙体是用建筑垃圾制成的特殊油墨，按照计算机设计的图样和方案，经一台大型3D打印机层层叠加喷绘而成，10幢小屋的建筑过程仅花费24h。

图 4-67

2014年9月5日，世界各地的建筑师们正在为打造全球首款3D打印房屋而竞赛。3D打印房屋在住房容纳能力和房屋定制方面具有意义深远的突破。在荷兰首都阿姆斯特丹，一个建筑师团队已经开始制造全球首栋3D打印建筑，而且采用的建筑材料是可再生的生物基材料。这栋建筑名为“运河住宅（Canal House)”，由13间房屋组成。这个项目位于阿姆斯特丹北部运河的一块空地上，有望3年内完工。在建中的“运河住宅”已经成为公共博物馆，美国总统奥巴马曾经到那里参观。荷兰DUS建筑师汉斯·韦尔默朗（Hans Vermeulen）在接受BI采访时表示，他们的主要目标是能够提供定制的房屋。

（5）打印汽车 2014年9月15日，世界上已经出现3D打印建筑、裙帽及珠宝等，第一辆3D打印汽车也终于面世。这辆汽车只有40个零部件，建造花费了44h，最低售价1.1万英镑（约合人民币11万元）。

这辆名叫“Strati”的由美国Local Motors公司设计制造的小巧两座家用汽车开启了汽车行业新篇章。这款创新产品在为期六天的2014年美国芝加哥国际制造技术展览会上公开亮相，如图4-68所示。整个车身上靠3D打印出的部件总数相较传统汽车的20000多个零件来说可谓十分简洁。充满曲线的车身由黑色塑料制造，再层层包裹碳纤维以增加强度，这一制造设计尚属首创。汽车由电池提供动力，最高车速约为64km/h，车内电池可供行驶190~240km。

图 4-68

尽管汽车的座椅和轮胎等可更换部件仍以传统方式制造，但用3D打印制造这些零件的计划已经提上日程。制造该轿车的车间里有一架超大的3D打印机，能打印长3m、宽1.5m和高1m的大型零件，而普通的3D打印机只能打印25cm^{3}大小的东西。

2. 3D打印的发展趋势

今后3D打印领域值得关注的趋势如下。

（1）3D打印成为工业化力量 3D打印原先只能用于制造产品原型以及玩具，从2013年已经成为工业化力量。例如，乘坐的飞机将使用3D打印制造的零部件，这些零部件能够让飞机变得更轻和更省油。事实上，一些3D打印的零部件已经被应用于飞机上。该技术也将被国防和汽车等工业应用于特种零部件的直接制造。总之，在不知不觉的情况下，通过 3D 打印制造的飞机、汽车乃至家电的零部件数量将越来越多。

（2）3D 打印开始治病救人　通过 3D 打印制造的医疗植入物将提高部分人的生活质量，因为 3D 打印产品可以根据确切的体型匹配定制，如今这种技术已被应用于制造更好的钛质骨植入物、义肢以及矫正设备。

打印制造软组织的实验正在进行当中，通过 3D 打印制造的血管和动脉就有可能很快应用于手术之中。至 2013 年为止，3D 打印技术在医疗应用方面的研究涉及纳米医学、制药乃至器官打印。最理想的情况是，3D 打印技术在未来某一天有可能使定制药物成为现实，并缓解（如果不能消除的话）器官供体短缺的问题。

（3）定制化成为常态　今后购买的产品将根据自己确切的具体信息进行定制，该产品通过 3D 打印制造并直接送到家门口。通过 3D 打印技术，创新公司将凭借与竞争对手标准化产品相同的价格为用户提供定制化体验，以此获得竞争优势。

起初，这种体验可能包括定制智能手机外壳这样的物品或是为标准化工具进行符合人体工程学的改造，但它很快就会扩张到新的市场。

公司领导者将对销售、分销以及营销渠道进行调整，以充分利用其直接向消费者提供定制化体验的能力。定制化同样也将在医疗器械领域发挥重要作用，如通过 3D 打印制造助听器和义肢。

（4）产品创新速度加快　从新车型到更好的家电，一切产品的设计速度都将加快，从而将创新更快地推向消费者。

由于运用 3D 打印的快速原型制造技术能够缩短把产品概念转化为成熟产品设计的时间，设计人员将能够专注于产品的功能。

虽然使用 3D 打印的快速原型制造技术并不是新鲜事物，但迅速降低的成本和功能、得到改进的设计软件以及越来越多的打印材料意味着设计人员将能更方便地使用 3D 打印机，能够在设计的早期阶段就打印出原型产品、进行修改以及重新打印等，从而加速创新，其结果将是获得更好的产品以及更快的设计速度。

（5）基于 3D 打印开发出创新的商业模式　新一代公司将作为发明家、黑客以及“制造者”大量涌现，利用 3D 打印技术创造新的产品，并向蓬勃发展的 3D 打印机市场提供服务。

一些公司将走向失败，并有可能出现一个盛衰循环，但 3D 打印将催生出创造性的新商业模式。

（6）3D 打印店在购物商场开张　3D 打印店将开始出现，它们最初会凭借高品质的 3D 打印技术为本地市场提供服务。一开始是快速原型制造以及其他利基功能，但这些打印店会逐步转移到消费市场。

零售商开始运送设计，而不是产品，在这种情况下，本地的 3D 打印店有一天将成为用户获取自己定制本地制造产品的地方，就像如今用户在本地沃尔玛商场内冲印照片一样。

（7）关于知识产权归属的激烈辩论　3D 打印机可以很容易地复制拥有版权的产品设计，随着制造商和设计者开始应对这种情况，未来将出现关于产品设计知识产权归属的高调诉讼案例。

文件共享网站使音乐的复制和共享变得简单，从而撼动了整个音乐行业，与此类似，3D 打印技术轻松复制、共享、修改以及打印 3D 产品的能力将引发新一波知识产权问题。

（8）具备神奇特性的新产品　跟传统制造产品相比，那些只能通过3D打印机制造的新产品将新材料、纳米尺度以及印刷电子器件融于一体，从而展示出堪称神奇的新特性。这些通过3D打印制造的产品将令人喜爱，并具备明显的竞争优势。

其秘诀在于，3D打印技术可以在制造过程中控制所用材料，精度可达分子和原子级别。随着对未来商用3D打印机的研究不断完善，期待令人兴奋和向往的新产品携带惊人的特性出现在世人面前。至2013年为止，它的问题是：这些产品都是什么以及谁将销售它们？

（9）3D打印机为制造工厂提供助力　制造工厂里有望看到3D打印机。一些特殊的零部件已经由3D打印机更经济地生产出来了，但仅仅是在小规模范围内。对于3D打印技术，很多制造商将开始尝试原型制造以外的应用。

随着3D打印机的性能不断提高以及制造商将其整合进生产线和供应链的经验变得更加丰富，集成了3D打印零部件的混合制造工艺有望产生。而消费者渴望的那些需要通过3D打印机制造的产品将进一步加速此进程。

（10）3D打印机进入教育行业　在学校，数字素养（包括网页和应用程序开发、使用电子设备、协作以及3D设计的能力）的培育将得到3D打印机的支持。有些学校已经装备了3D打印机，随着3D打印技术的成本持续下降，更多的学校将会开始使用。

（11）3D打印开始广泛应用于电影工业　3D打印也开始在电影工业中取得广泛应用。由于3D打印是一种快速成型技术，对于制作复杂的电影道具具有成本低、时间快的优势，高仿真的电影道具已经使用了3D打印技术来制作面具模型、汽车模型和其他功能性道具。

第五章　制作及后处理

第一节　FDM 技术的制作及后处理

一、FDM 技术的注意事项

在使用 FDM 打印机前首先要掌握基本的安全常识和日常维护方法，本节将以太尔的 UP 系列 FDM 打印机为例进行讲解。

1. 使用 FDM 打印机的安全常识

1）打印机一般只能使用本公司提供的电源适配器，否则会有损坏或发生火灾的危险。

2）为避免燃烧或模型变形，当打印机正在打印或打印刚完成时，禁止用手触碰模型、喷头、打印平台或机身其他部分。

3）在移除辅助支撑材料时建议佩戴护目镜。

4）打印过程中会产生轻微的气味，但不会使人感到不适，因此建议在通风良好的环境下使用。此外，在打印时，尽量使打印机远离气流，因为气流可能会对打印质量造成一定影响。

5）不要让打印机接触水源，否则可能会造成机器的损坏。

6）在加载模型时，不要关闭电源或者拔出 USB 线，否则会导致模型数据丢失。

7）在进行打印机调试时，喷头会挤出打印材料，因此需要保证在此期间，喷头与打印平台之间保持 50mm 以上的距离，否则可能会导致喷头阻塞。

2. 打印机的基本维护

（1）更新材料　首先撤出打印机的剩余材料。初始化打印机并选择 3D 打印菜单，单击“退出”按钮，系统会自动开始加热喷头。当喷头达到适当温度时，打印机会发出蜂鸣声，然后就可以慢慢地撤出材料。

把一卷新的材料放在材料卷上，通过丝材管拉出，直到通过丝材管大概 10cm 左右，然后从喷头的孔内插入。

在 3D 打印菜单中选择维护菜单的“维护”选项，然后单击“挤出”按钮。在喷头的温度上升到 260℃后，打印机就会发出蜂鸣声，将丝材从喷头的孔内拉出，稍稍用力，喷头就会自动挤出丝材。通过喷头挤出的塑料丝材应该薄、光亮而平滑。

（2）垂直校准　垂直校准程序可以确保打印平台完全符合 X、Y 和 Z 轴的方向。

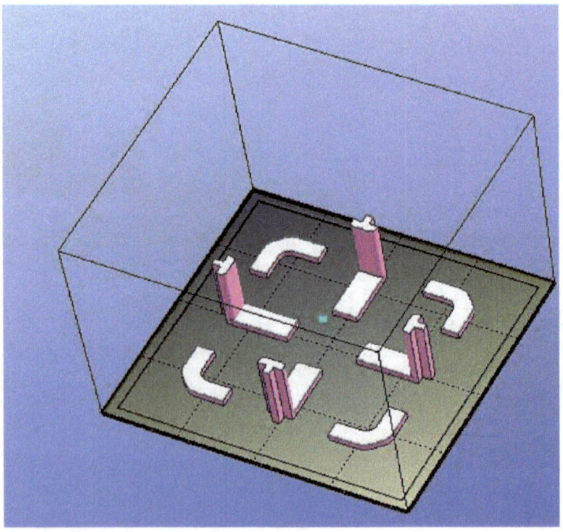

图　5-1

首先，打印支撑材料校准模型，如图 5-1

所示。

在校准模型打印完成之后，测量 X1 和 X2 的长度，如图 5-2 所示。

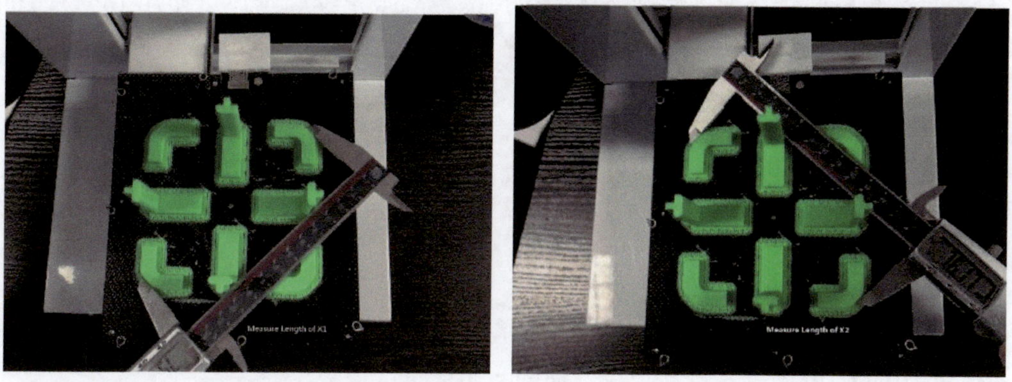

图 5-2

从 3D 打印菜单中打开“校准”对话框，在相应的文本框中输入 X1 和 X2 的测量值，如图 5-3 所示。

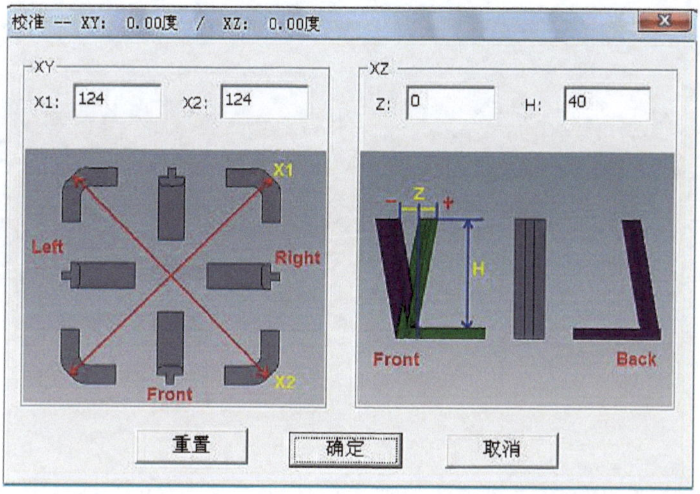

图 5-3

接着，取下 L 形组件，测量其偏差。在 Z 文本框中输入准确值。如果此值在图 5-3 中偏离右侧，输入 Z 文本框中的值就是一个正值；如果此值在图 5-3 中偏离左侧，输入 Z 文本框中的值就是一个负值。

最后，测量中心组成部分的高度，在不进行缩放的情况下应该是 40mm。在 H 文本框中输入测量的准确值。

单击“确定”按钮记录所有数值，并退出“校准”对话框。

（3）清洗喷嘴　多次打印之后，喷嘴可能会覆盖一层氧化的 ABS。当打印机工作时，氧化的 ABS 可能会熔化，造成模型表面变色，所以需要定期清洗喷嘴，步骤如下：

首先预热喷嘴，熔化被氧化的 ABS，然后单击“维护”对话框中的“挤出”按钮，然后降低平台至底部。

最后，需要一些耐热材料，如纯棉布或软纸，还需要一个镊子，用其他耐热材料清理喷嘴。

（4）拆除/更换喷嘴　如果喷嘴堵住，用户需拆除或更换喷嘴。可使用 UP 打印机随机配备的喷嘴扳手来拆卸喷嘴。注意：不要在喷头温度过低（小于 200℃）的情况下进行此操作。

二、打印机的操作演示

在打印之前首先要连接 3D 打印机，并初始化机器。载入模型并将其放在软件窗口的适当位置，检查剩余材料是否足够打印此模型（开始打印时，软件通常会提示剩余材料是否足够使用），如果不够，则更换一卷新的丝材。

FDM 打印机的基本操作流程如下所示。

1. 启动程序

单击桌面上的 UP 图标，打开程序，如图 5-4 所示。

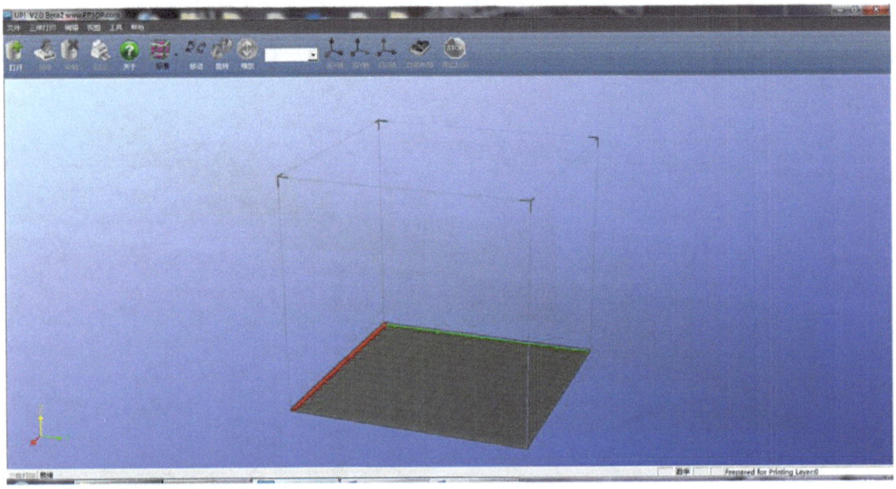

图 5-4

2. 载入模型

单击菜单栏中的“文件”→“打开”，或者单击工具栏中的“打开”按钮，选择一个想要打印的模型。

3. 编辑模型

单击菜单栏中的“编辑”选项，可以通过不同的方式观察目标模型（也可通过单击菜单栏下方相应的按钮实现）。

旋转：按住鼠标中键，拖动鼠标，视图会旋转，可以从不同的角度观察模型。

移动：同时按住〈Ctrl〉键和鼠标中键，拖动鼠标，可以将视图平移，也可以用箭头键平移视图。

缩放：滑动鼠标滚轮，视图就会随之放大或缩小。

视图：该系统有 8 个预设的标准视图，存储于工具栏的“视图”选项中。

移动模型：单击“移动”按钮，选择或者在文本框内输入想要移动的距离，然后选择想要移动的坐标轴。每单击一次“坐标轴”按钮，模型都会重新移动。

旋转模型：单击工具栏上的“旋转”按钮，在文本框中选择或者输入想要旋转的角度，然后再选择按照哪个轴旋转。

缩放模型：单击“缩放”按钮，在工具栏中选择或者输入一个比例，然后再次单击“缩放”按钮缩放模型；如果只想沿着一个方向缩放，只需选择这个方向的轴即可。

4. 初始化打印机

在打印之前，需要初始化打印机。单击“三维打印”菜单下面的“初始化”选项，如图 5-5 所示，当打印机发出蜂鸣声时，即开始初始化，打印喷头和打印平台将再次返回打印机的初始位置，准备好后将再次发出蜂鸣声。

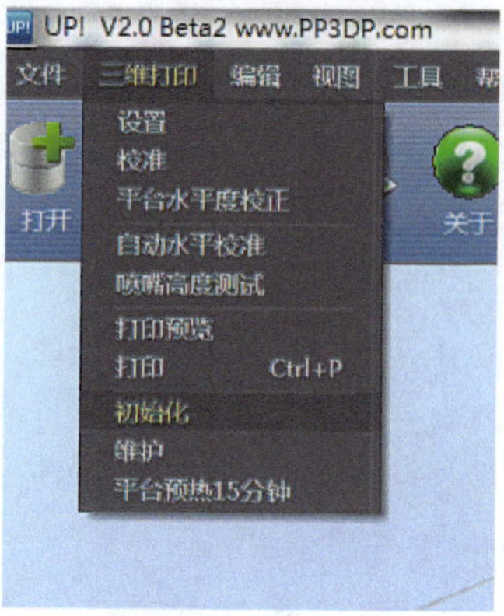

图　5-5

5. 校准喷嘴

在正确校准喷嘴高度之前，需要检查喷嘴和打印平台四个角的距离是否一致。借助配件附带的“水平校准器”可以进行平台的水平校准。校准前先将水平校准器吸附至喷头下侧，并将 3.5mm 双头线依次插入水平校准器和机器后方底部的插口，当单击软件中的“自动水平校准”选项时，水平校准器将会依次对平台的九个点进行校准，并自动列出当前各点数值。

在设定喷嘴高度前，借助打印平台后部的“自动对高块”可以测试喷嘴高度。测试前先将水平校准器自喷头取下，并确保喷嘴干净以便准确测量。将 3.5mm 双头线分别插入自动对高块和机器后方底部的插口，然后单击软件中的“喷嘴高度测试”选项，平台会逐渐上升，接近喷嘴时上升速度会变得非常缓慢，直至喷嘴触及自动对高块上的弹片，测试即完成，软件中将会弹出喷嘴当前高度的提示框。

6. 准备打印平台

打印前，须将平台备好，才能保证模型稳固，不至于在打印的过程中发生偏移。借助平台自带的八个弹簧可固定打印平板（在打印平台下方有八个小型弹簧），将平板按正确方向置于平台上，然后轻轻拨动弹簧以卡住平板，如图 5-6 所示。

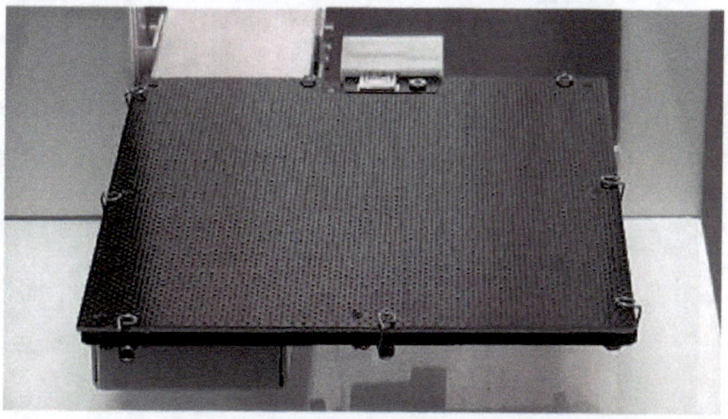

图　5-6

7. 设置打印参数

打印质量分为“普通”“快速”“精细”三个选项。此选项同时也决定了打印机的成型速度。在通常情况下，打印速度越慢，成型质量越好。对于模型高的部分，以最快的速度打印会因为打印时的颤动影响模型的成型质量。对于表面积大的模型，由于表面有多个部分，打印的速度设置成“精细”也容易出现问题，打印时间越长，模型的角落部分越容易卷曲。

非实体模型：当所要打印的模型为非完全实体时（如存在不完全面），则选择此项。

无基底：如选择此项，在打印模型前将不会产生基底。该模式可以提升模型底部平面的打印质量。选择此项后，系统将不能进行自动水平校准。

暂停：在方框内输入想要暂停打印的高度，当打印机打印至该高度时，将会自动暂停打印，直至单击“恢复打印位置”按钮。注意：在暂停打印期间，喷嘴将会保持高温。

8. 打印

在菜单栏中单击“三维打印”→“打印”，或者按〈Ctrl + P〉快捷键进行打印。

三、FDM技术的后处理

虽然FDM技术设备能够制造出高品质的零件，但不得不说，零件上逐层堆积的纹路是肉眼可见的，这往往会影响用户的判断，尤其是当外观是零件的一个重要因素时。FDM技术打印后表面及模型的细节需进行后期相关的处理。常用的后处理方法有砂纸打磨、珠光处理和蒸汽平滑等。

1. 移除模型

1）当完成模型打印时，打印机会发出蜂鸣声，喷嘴和打印平台会停止加热。

2）将扣在打印平台周围的弹簧顺时针别在平台底部，将打印平台轻轻撤出。

3）把铲刀慢慢地滑动到模型下面，来回撬松模型。注意：在撬动模型时要佩戴手套，以防烫伤。

2. 去除支撑材料

模型由两部分组成，一部分是模型本身，另一部分是支撑材料。

支撑材料和模型主材料的物理性能是一样的，只是支撑材料的密度小于主材料的密度，所以很容易从主材料上移除支撑材料。

图5-7中左边的图片展示了支撑材料移除后的状态，右边的图片是还未移除支撑的状态。

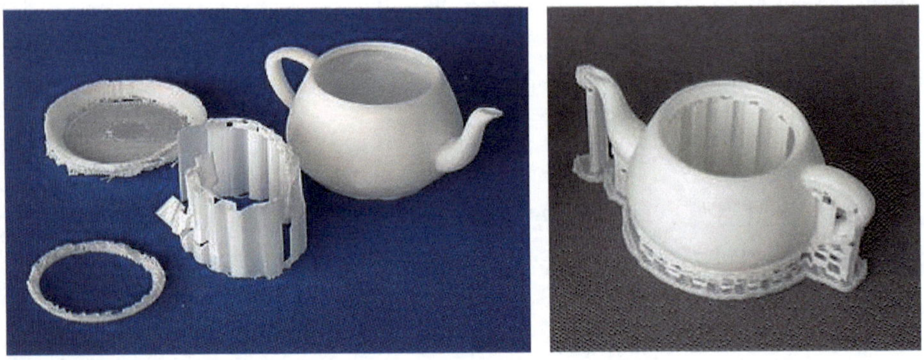

图 5-7

可以使用多种工具来拆除支撑材料。一部分可以很容易地用手拆除，较接近模型的支撑，使用钢丝钳或者尖嘴钳更容易移除。

3. 砂纸打磨

砂纸打磨可以是手工打磨或者使用砂带磨光机这样的专业设备。砂纸打磨是一种廉价且行之有效的方法，一直是3D打印零部件后期抛光中最常见和使用范围最广的技术。

砂纸打磨在处理比较微小的零部件时会有问题，因为它是靠人手或机械的往复运动进行打磨的。不过砂纸打磨处理起来还是比较快的。一般用FDM技术打印出来的对象往往有一圈圈的纹路，用砂纸打磨消除电视机遥控器大小的纹路只需15min。

如果零件有精度和耐用性的最低要求，则一定要记住不要过度打磨，应提前计算好要打磨去除多少材料，否则会使零部件变形，甚至报废。

4. 珠光处理

操作人员手持喷嘴朝着抛光对象高速喷射介质小珠从而达到抛光的效果，称为珠光处理。珠光处理一般比较快，约 5 ~ 10min 即可处理完成，处理后的产品表面光滑，有均匀的亚光效果，如图 5-8 所示。

图　5-8

珠光处理比较灵活，可用于大多数 FDM 材料。它可用于产品开发到制造的各个阶段，从原型设计到生产都能使用。珠光处理的喷射介质通常是很小的塑料颗粒，一般是经过精细研磨的热塑性颗粒。

因为珠光处理一般是在一个密闭的腔室里进行的，所以它能处理的对象有尺寸限制，而且整个过程需要用手拿着喷嘴，一次只能处理一个，因此不能大规模应用。

珠光处理还可以为对象零部件进行上漆、涂层和镀层做准备，这些涂层通常用于强度更高的高性能材料。

5. 蒸汽平滑

3D 打印零部件被浸渍在蒸汽罐里，其底部有已经达到沸点的液体。蒸汽上升可以融化零件表面 2μm 左右的一层，几秒钟内就能把它变得光滑闪亮，如图 5-9 所示。

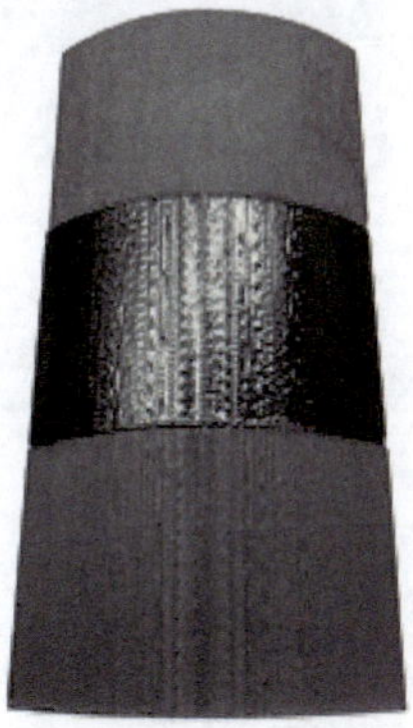

图　5-9

蒸汽平滑技术被广泛应用于消费电子、原型和医疗应用等方面。该方法不显著影响零件的精度。

不幸的是，与珠光处理相似，蒸汽平滑也有尺寸限制，其处理的最大零件尺寸为 3ft㊀ × 2ft × 3ft。另外，蒸汽平滑不能对 ABS 和 ABS-M30 材料（常见的热塑性塑料）进行处理。

四、FDM 技术的实际案例制作

通过制作笼中球，掌握 FDM 技术打印机软件的基本参数设置、打印机的基本操作和打印模型的后置处理方法。

【操作步骤】

1）在 CAD 软件里建立三维模型，并输出 STL 文件。

2）将 STL 文件导入软件，如图 5-10 所示。

3）调整模型大小与位置，如图 5-11 所示。

4）设置打印参数，如图 5-12 和图 5-13 所示。

选择相应的打印机，质量设置成“一般”，平台加热选择“No”。

㊀ 英尺，1ft = 0. 3048m。

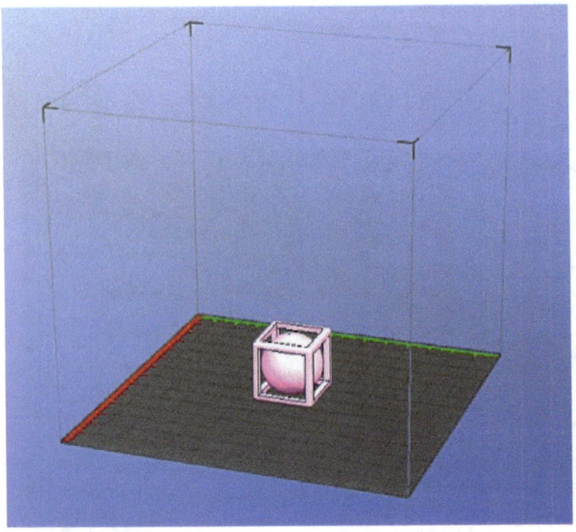

图 5-10

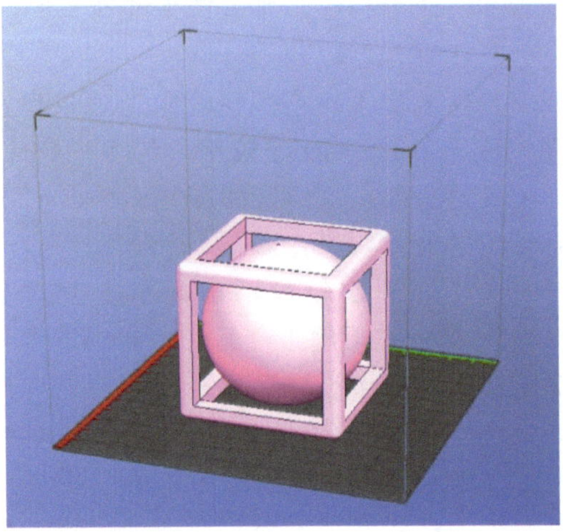

图 5-11

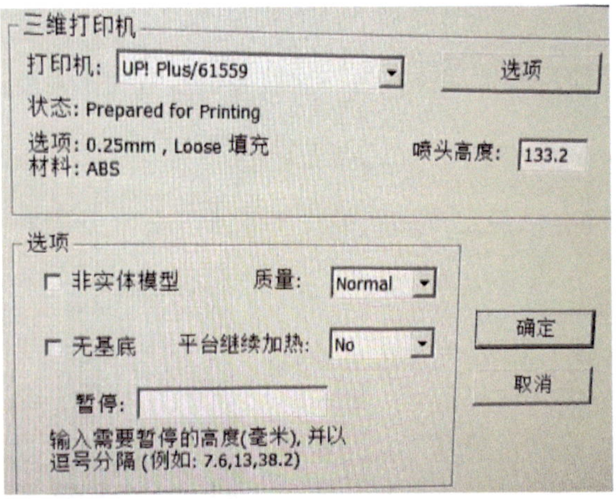

图 5-12

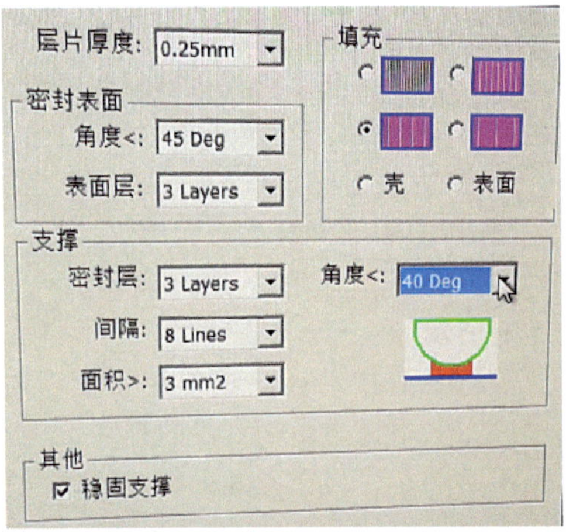

图 5-13

层片厚度：0. 25mm。
角度＜：45Deg。
表面层：3Layers。
密封层：3Layers。
间隔：8Lines。
选择相应填充密度，勾选“稳固支撑”复选框。
5）打印模型如图 5-14 所示。
6）移除打印模型。
7）去除支撑材料。
8）后置处理。

图 5-14

第二节　其他技术后处理流程简介

一、多喷孔立体光固化技术后处理流程简介

打印结束的模型位置：置于机器内部的托盘上。

模型材料的特性与形态：树脂材料，固化并且被支撑材料包裹。

支撑材料的特性与形态：石蜡材料，固化并且包裹模型结构。

所以，这里要完成后处理，只需要把包裹模型的石蜡支撑结构去掉即可，如图5-15所示。

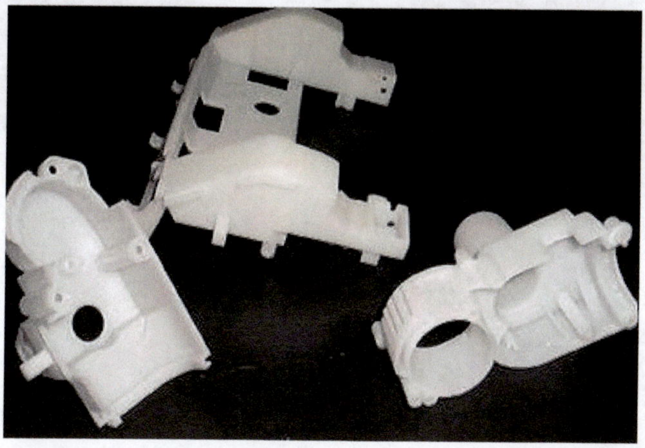

图　5-15

后处理工序及需要配置的相关配件或工具如下所示。

1）取件。从设备中将模型和托盘一起取出，放到小电冰箱里，使模型托盘分离，使用的机器如图5-16所示。

2）去除大部分蜡支撑。将模型放置到干燥箱内置托盘上，烘烤使用的机器如图5-17所示，设置处理温度和处理时间。

图　5-16

图　5-17

3）去除残余蜡支撑。将模型放置到盛有植物油（或其他满足要求的油脂）的超声波清洗机内，设置处理温度和处理时间，然后进行振荡，使用的机器如图 5-18 所示。

4）去除模型外表残余油脂。将模型放到盛有碱液的容器（普通容器即可）内清洗，如图 5-19 所示，该步骤需少量人工操作。

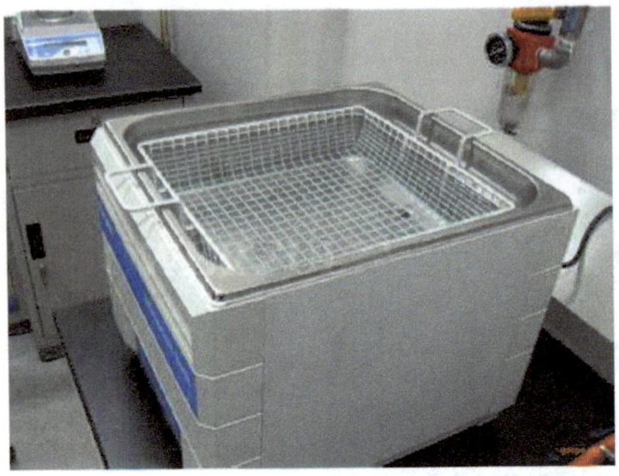

图 5-18

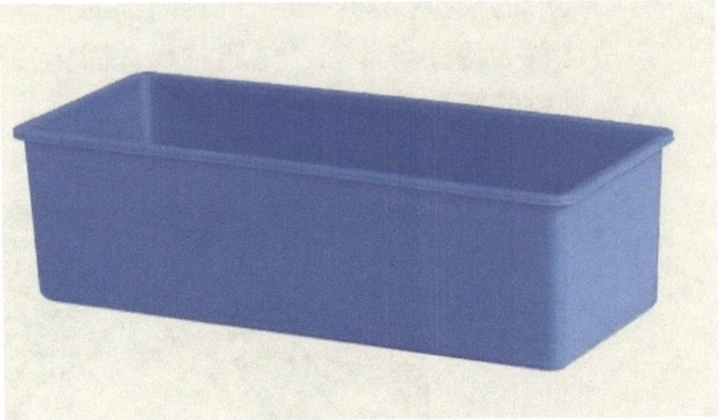

图 5-19

多喷孔立体光固化技术后处理流程的特点是少人工且智能化。

二、紫外光立体光固化技术后处理流程简介

打印结束的模型位置：置于机器内部的托盘上。

模型材料的特性与形态：树脂材料，固化成型，有网状结构，有残余树脂附着在模型表面。

支撑材料的特性与形态：树脂材料，固化成型，有网状结构，与模型的接触为点接触。

所以，这里要完成后处理，需要去除支撑结构和外表残余的液态树脂。

其后处理工序及需要配置的相关配件或工具如下所示。

1）从平台上取件。使平台上升，等模型上的树脂大部分流掉后从平台上取件（用铲刀铲）如图 5-20 ~ 图 5-22 所示。

图 5-20

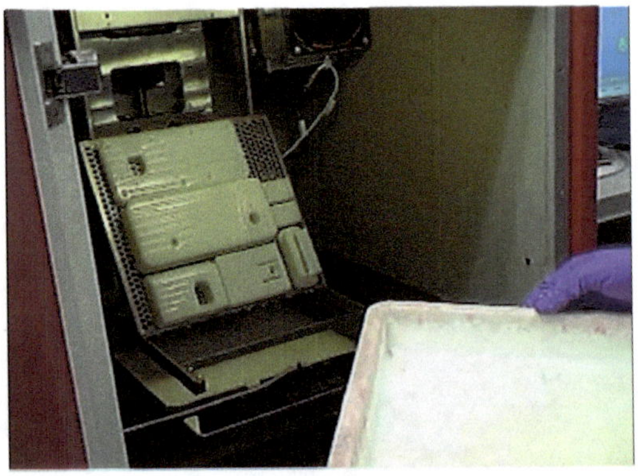

图 5-21

2）模型初步处理。用酒精把模型表面的残余树脂清洗干净并同时使支撑结构软化，如图 5-23 所示。

3）去除支撑。用手剥离支撑，并用毛刷刷洗残余在模型内部的残渣，如图 5-24 和图 5-25 所示。

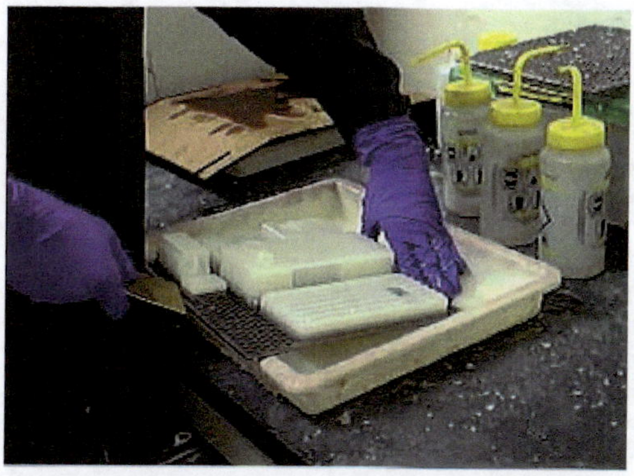

图　5-22

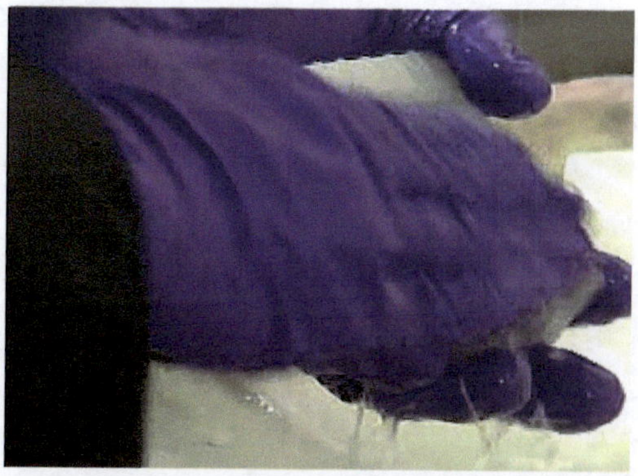

图　5-23

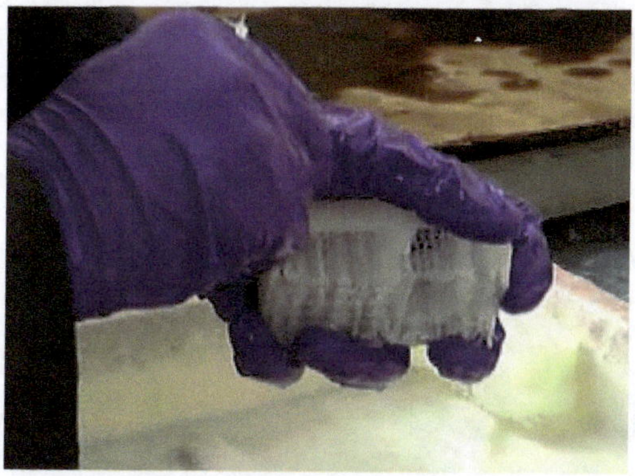

图　5-24

图　5-25

4）模型打磨。对支撑部位残余的支撑结构进行打磨（死角部分的支撑无法打磨），如图5-26所示。

5）二次固化。用风枪吹干模型，保证模型的干燥性，然后放入紫外光固化箱进行二次固化，如图5-27所示。

图　5-26

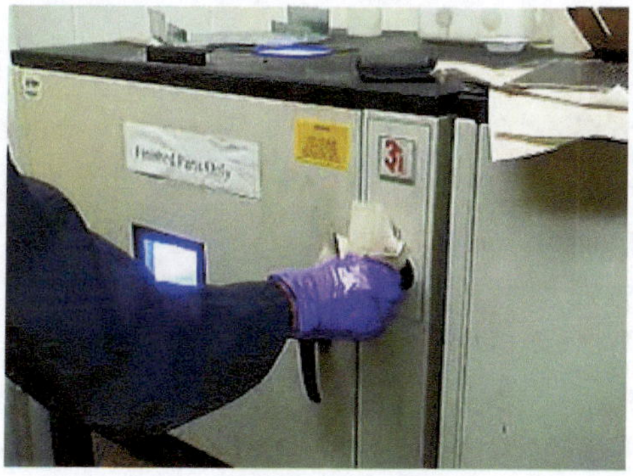

图　5-27

三、分层实体制造技术后处理流程简介

打印结束的模型位置：置于机器内部的托盘上，如图 5-28 所示。

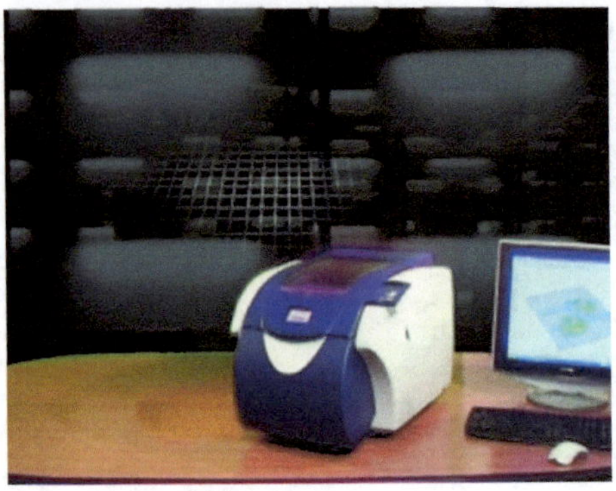

图 5-28

模型材料的特性与形态：PVC 薄膜，分层间通过胶水粘接，成型件与支撑结构连接。

支撑材料的特性与形态：PVC 薄膜，由于胶水作用连接在模型表面。

所以，这里要完成后处理，只需要用手撕掉连接在模型表面的残余薄膜即可，由于胶水的粘接作用有限，虽然模型外观粗糙，但是不建议进行打磨处理，如图 5-29 所示。

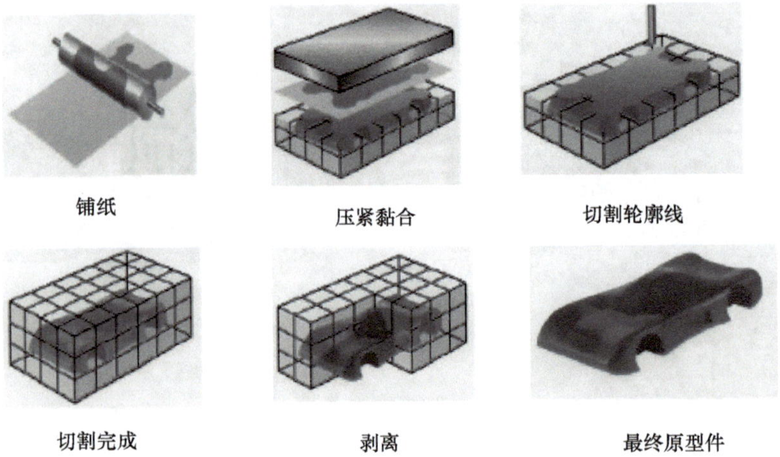

图 5-29

四、选择性激光烧结技术后处理流程简介

打印结束的模型位置：置于机器内部的材料缸体内。

模型材料的特性与形态：尼龙粉末，激光烧结成型，外表有颗粒状触觉，成型件被粉体包围。

支撑材料的特性与形态：尼龙材料，支撑材料呈粉状，包围模型，且可回收利用。

所以，这里完成要后处理，需要将模型从粉堆中取出来，并做基本的残余粉末处理，以保证模型外观光滑，如图 5-30 所示。

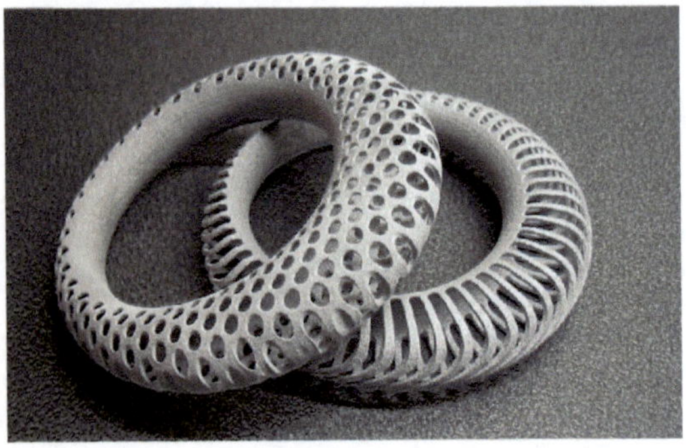

图 5-30

后处理工序及需要配置的相关配件或工具如下所示。

1）模型转移。使用托盘和塑料桶将机器内置材料缸内的粉体和模型从机器内转移到后处理平台，此步骤需要工具加人工操作。

2）取件。使用毛刷刷开粉堆，将模型从粉堆里面取出来，并用毛刷把附着在模型上

的大部分粉体刷掉，如图 5-31 所示。

3）渗透处理。使用风枪将附着在模型表面的粉体吹掉。

4）支撑材料处理。将后处理平台上的粉体捣碎，并用粉末筛选系统进行粉末筛选，保证回收的粉末能继续使用，如图 5-32 所示。

图 5-31

图 5-32

选择性激光烧结技术后处理的特点是步骤简单，不过会有少量粉尘。

五、粉末粘接技术后处理流程简介

打印结束的模型位置：置于机器内部的材料缸体内，如图 5-33 所示。

模型材料的特性与形态：类石膏粉聚合物，胶水粘接立体成型，外表有颗粒状触觉，被粉体包围，如图 5-34 所示。

图 5-33

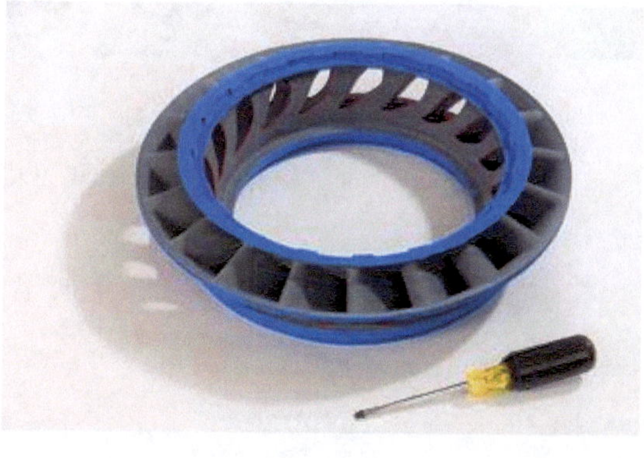

图 5-34

支撑材料的特性与形态：类石膏粉聚合物，其形态为粉状，包围模型，可回收利用。

所以，这里要完成后处理，需要将模型从粉堆中取出来，并通过处理加强模型强度和外观色泽。

后处理工序及需要配置的相关配件或工具如下所示。

1）取件。使用毛刷刷开覆盖在模型上面的粉体，从材料缸体内将模型取出，如图 5-35 和图 5-36 所示。

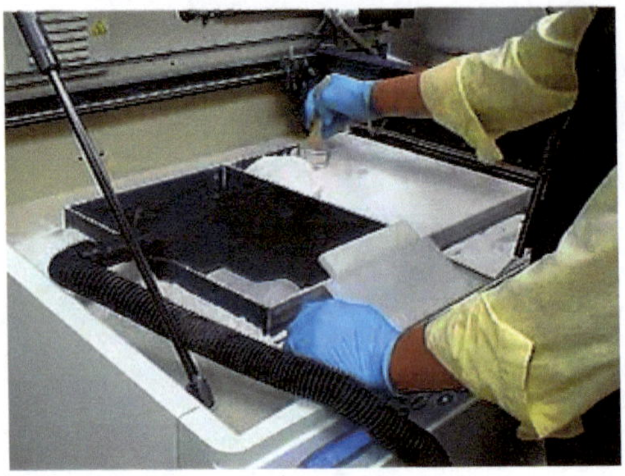

图 5-35

图 5-36

2）残余粉体的清理。使用风枪将附着在模型表面的粉体吹掉，如图 5-37 所示。

3）渗透处理。使用喷壶对模型喷渗透剂，增加模型的色泽及强度，放置模型至干燥，如图 5-38 所示。

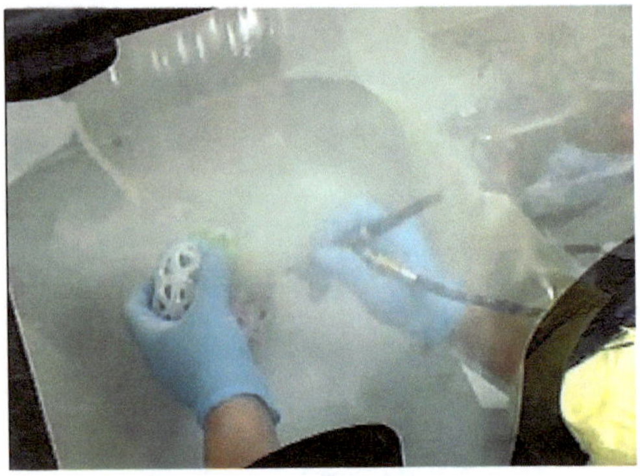

图 5-37

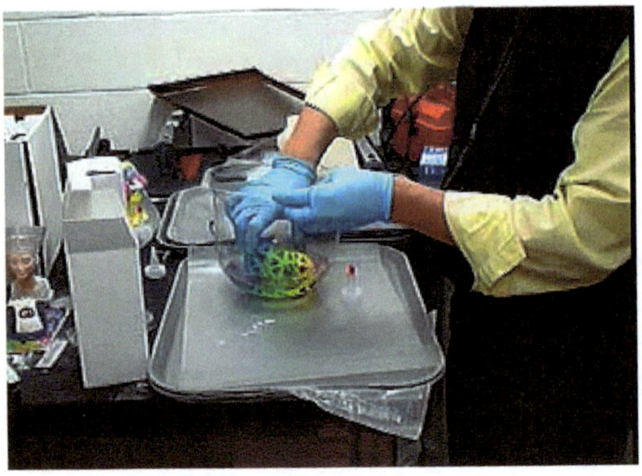

图 5-38

4）粉体回收处理。用粉末回收机器吸取残留在设备内部的粉体，并筛选粉末，保证回收的粉末能继续使用。

粉末粘接技术后处理的特点是步骤简单，不过会有粉尘。

第六章　桌面 3D 打印机的拆装与维修

第一节　桌面 3D 打印机的安装与使用

1. 桌面 3D 打印机安装的准备（图 6-1）

包装检查：收到设备后检查外包装是否完好。

设备检查：打开包装后仔细检查设备是否有破损情况。

2. 打印机的安装说明

1）检查玻璃板是否松动，并调整玻璃锁片使玻璃板和铝板周边平齐。

2）选用配件包中合适的工具（12 号扳手）将 3D 打印机的料丝四氟管安装于铝合金滑块的 A1 孔位。

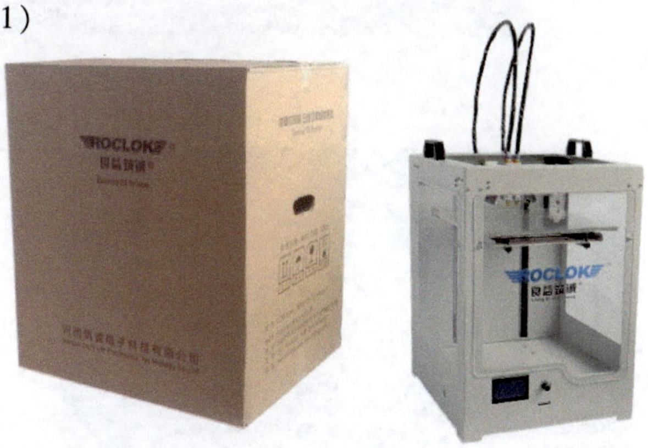

图　6-1

3）连接电源线，开启电源开关进行预热，如图 6-2 所示。

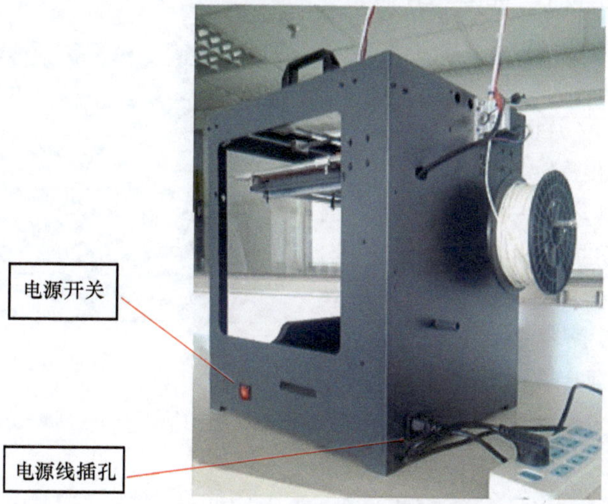

图　6-2

4）如图 6-3 所示，向下按压旋钮，在程序菜单中选择“Prepare”，再次按压旋钮，选择“Preheat PLA”（图 6-4）。

5）喷头加热至 210℃时，可以安装 PLA 耗材（安装耗材前须调节热床和喷头间距），如图 6-5 所示。

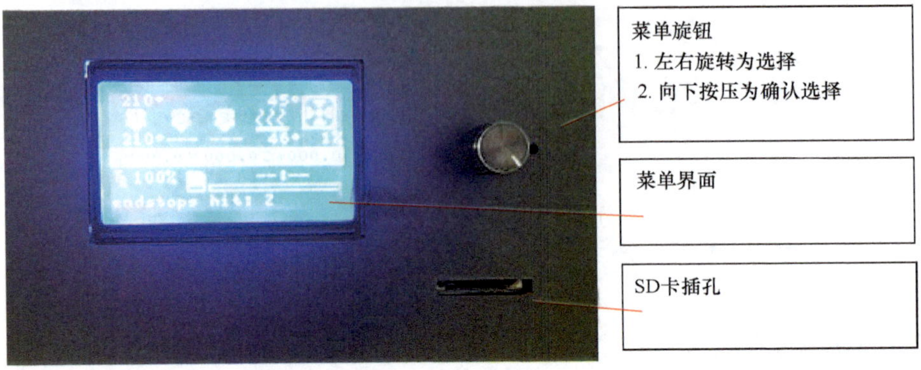

图 6-3

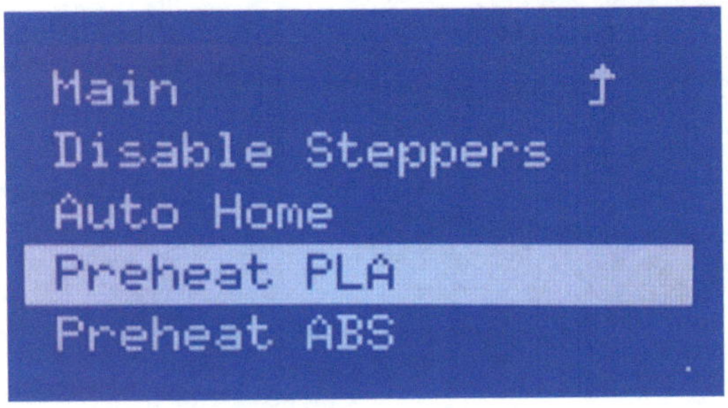

图 6-4

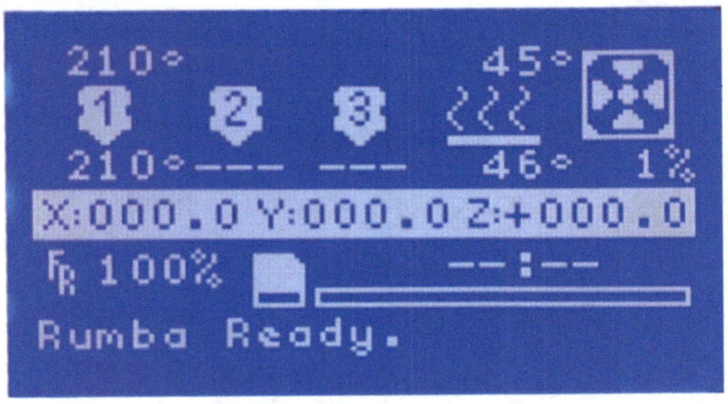

图 6-5

6）归位（Auto Home），如图 6-6 所示。

7）调整热床和喷头的间距，便于观察喷头出丝状况，如图 6-7 所示。

8）首先打开料盘取出料丝，用剪刀将料头修整为锥形状态，如图 6-8 所示。

9）使修整好的料丝（一端为锥形）通过减速电动机固定座的下端孔，并向上推，通过四氟管将料丝送至加热喷头，确保出丝均匀、顺畅，如图 6-9 所示。

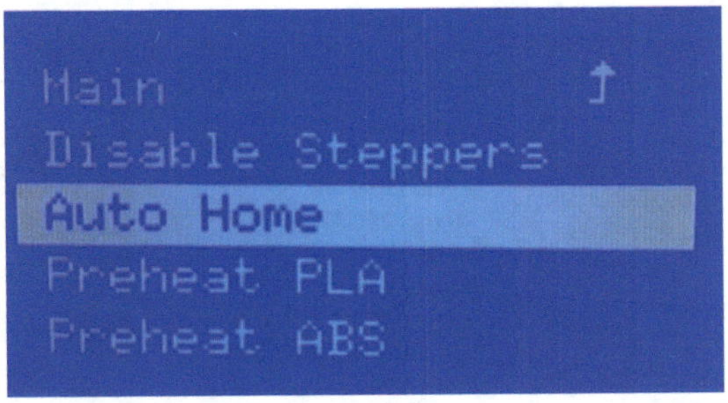

图 6-6

10）出丝顺畅后须固定挤出绞轴，选用配件包中合适的工具（内六方扳手）将弹簧锁的螺母扣固定好，弹簧需要压紧到一定程度，如图 6-10 所示。

11）调节打印平台。出厂前将打印平台/热床均调节平整，运输途中可能出现振动致使热床失准。通常会要求用户将打印机归位（旋转旋钮进入“Prepare”，选择“Auto Home”）并让电动机处于断电状态（调节旋钮进入“Prepare”，选择“Disable Steppers”）；将一张白纸放置于喷嘴和玻璃板中间并用手拖动，如纸张受阻力过大，则逆时针方向调节热床固定螺母，反之则顺时针方向调整，确保纸张滑动并伴随轻微阻力；通过微调实现热床平衡。移动打印喷头和纸张，并重复以上操作，如图 6-11 所示。

图　6-7

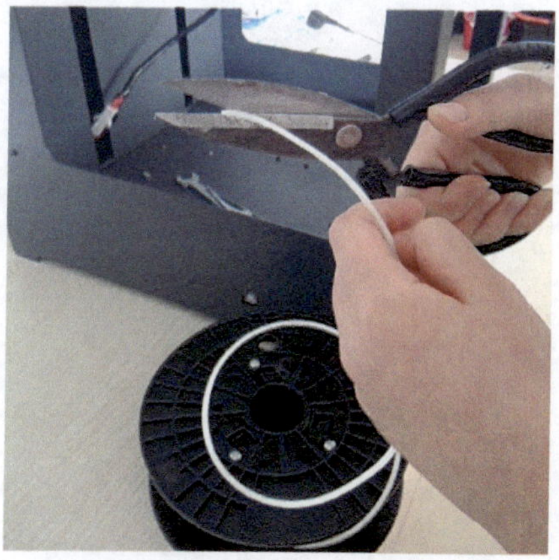

图　6-8

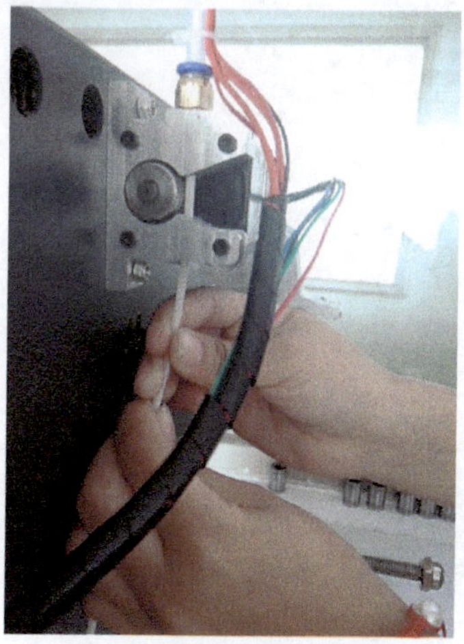

图　6-9

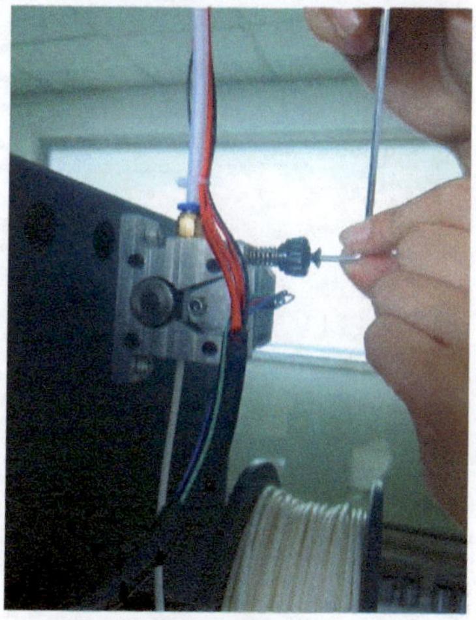

图　6-10

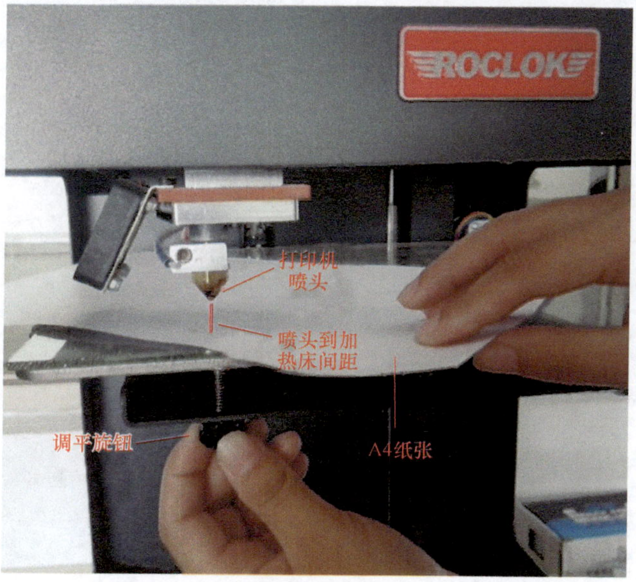

图　6-11

第二节 桌面 3D 打印机的参数设置

1. Cura 基本界面中英文对照（图 6-12 和图 6-13）

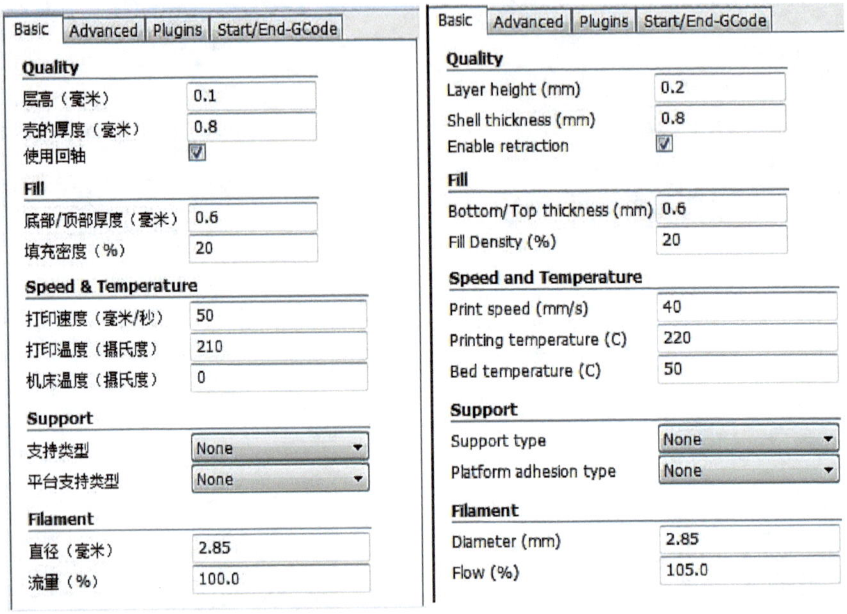

图 6-12

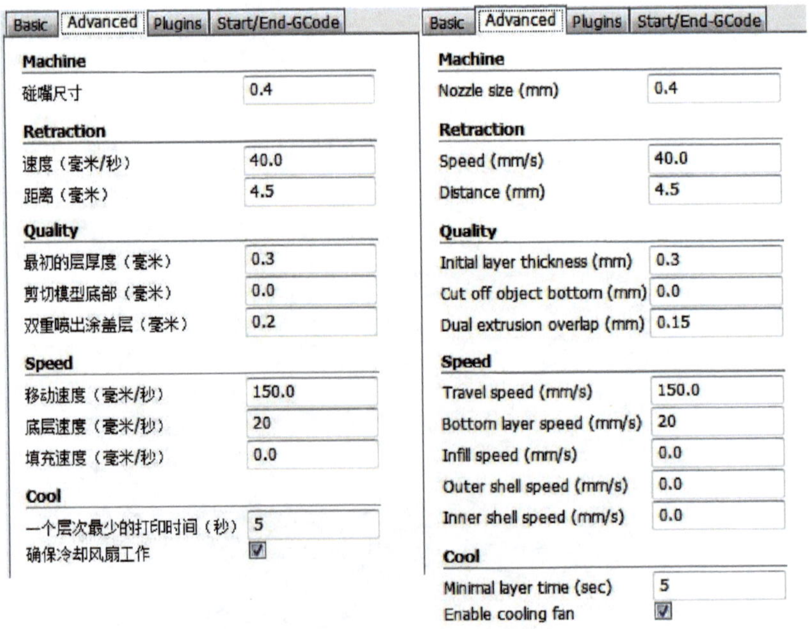

图 6-13

2. Cura主要参数的介绍

1）层高（Layer Height）。每一层高度通常为0.2mm，如果想得到更高的精度，则设置较小的层高。层高设置得过小（如0.05～0.1mm），将花费更长的打印时间。

2）壳的厚度（Shell Thickness）。该参数确保打印物体的壁厚，尤其是中空的物体。外围层厚最好设置为喷头直径的整数倍，壁厚一般不大于2.0mm。

3）顶部/顶部厚度（Bottom/Top Thickness）。该参数一般建议取为层厚的整数倍（建议范围为3～5倍）。

4）填充密度（Fill Density）。通常设置在10%～20%比较合适，如需要打印件比较结实，该项设置为30%～40%。

5）打印速度（Print Speed）。合适的打印速度对精度影响较大，一般建议设置在30～80m/s。

6）打印温度（Printing Temperature）。PLA耗材一般为190～230℃，ABS耗材一般为220～240℃。

7）支撑类型（Support Type）。打印物有悬空部分的需选择支撑类型（TOUCHING BUILDPLATE能接触到平台的悬空处，EVERYWHERE支撑布满整个打印物），无悬空的选择“NONE”。

8）增加底座（Add Raft）。在物体下面打印一层，使打印物更牢固。

9）直径（Diameter）。打印所使用耗材的直径下限值，精确测量后填入，一般为1.75mm或2.9mm。

10）打包密度（Packing Density）。如果耗材是PLA，则设置为1.00；如果耗材是ABS，则设置为0.85。

第三节　桌面3D打印机的维护

1. 故障排除（表6-1）

表　6-1

问题或错误	解决方法
无电	确认电源线是否插入牢固
喷头或平台未能达到工作温度	1）检查打印机是否初始化，如果没有，则初始化打印机 2）加热器损坏，更换加热器
打印材料无法挤出	1）材料在喷头内堵住 2）喷嘴与打印平台间隙过小，料丝遇到的阻力过大 轴承和送丝机之间的间隙过大

2. 移除模型与支撑

（1）移除模型

1）模型打印完毕后，设备将自动停止工作。

2）等待设备热床降温。

3）移除模型前戴上手套，用割纸刀或铲刀切入打印件角落部位，将模型移除。

注意：厂家强烈建议移除模型时佩戴防护手套，以免割伤。

（2）移除支撑

1）支撑通常密度较小，须用水口钳或坡口钳将支撑移除。

2）去除支撑时须佩戴防护手套，避免割伤。

3. 桌面打印机的日常维护及注意事项

1）3D 打印机的平台调整，科学方法是打印比较大平面的打印件时，打印的同时调节平台下的四颗螺钉（顺时针方向拧，平台调高；逆时针方向拧螺钉，平台降低），查看出丝是否均匀。

2）在 3D 打印机待机的时候，不要手动沿光轴移动喷头（因为手动移动喷头时，光轴上的步进电动机会逆转，产生一定的电流，电流通过导线流至打印机电路板，会对电路板产生冲击，久而久之对打印机会有一定的损害）。

3）在 3D 打印机工作时，光轴发出比较刺耳的声音，需要加些润滑油（因为打印机长时间工作时，光轴上的润滑油会慢慢减少，需要定时、定量地添加润滑油。所以，定时维护机器对打印机的正常工作以及打印件的精度有很大影响）。

4）3D 打印机在打印时出现不出丝的情况，检查一下喷头加热的温度，若正常，则证明喷头堵了，需要将喷头拆开，将内部清理干净（因为打印机在打印时需要经常换料，喷头里可能留有不同颜色的残料，或者退丝时有残料脱落在喷头里，导致再次进料时，加热喷头没有熔化丝料，进而堵塞喷头。所以需要定时将喷头拆下并清理干净，确保打印机正常运行）。

5）3D 打印机打印大平面工件时，发现翘边问题，应降低床温和打印速度，并关闭喷头风扇（床温太高、打印速度太快、风扇开着，会导致打印件成型过快，塑料件冷却过快导致收缩，底板粘不住，所以打印件为大平面时应注意这些细节，避免打印件变形）。

6）3D 打印机打印时，进料器发出“咔咔”的响声，导致打印机不正常工作，需要将进料器后从动轮稍微拧松，并将进料器清理干净，再加些润滑油（注意：进料器也需要定时清理，添加润滑油）。

第七章　3D 打印相关软件的安装

第一节　Creo 2.0 系列 Win32/64 详细图文安装教程

1. 制作许可证文件

在安装文件夹的 CRACK 目录下找到“ptc_licfile. dat”文件，将其复制到“D:\Program Files\PTC”（不能删除），然后用记事本打开“ptc_licfile. dat”，选择“编辑”→“替换”命令，如图 7-1 所示，查找内容“00-00-00-00-00-00”，替换为用户主机 ID；输入完成后单击“全部替换”按钮然后保存“ptc_licfile. dat”文件。

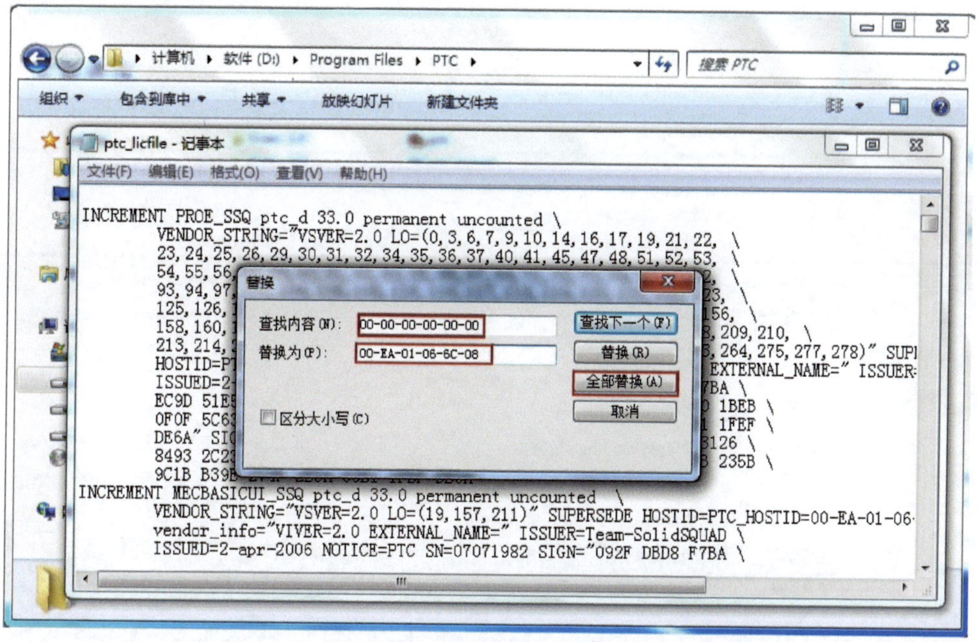

图　7-1

2. 运行 setup. exe

开始安装，界面如图 7-2 所示，选中“安装新软件”单选按钮，单击“下一步”按钮。

3. 接受许可协议

选中“我接受许可协议”单选按钮，然后单击“下一步”按钮，如图 7-3 所示。

4. 输入许可证位置

在许可证汇总中输入许可证的位置“D:\Program Files\PTC\ptc_licfile. dat”，软件会自动检测许可证是否可用，如果提示“可用的”，则单击“下一步”按钮继续安装，如图 7-4 和图 7-5 所示。

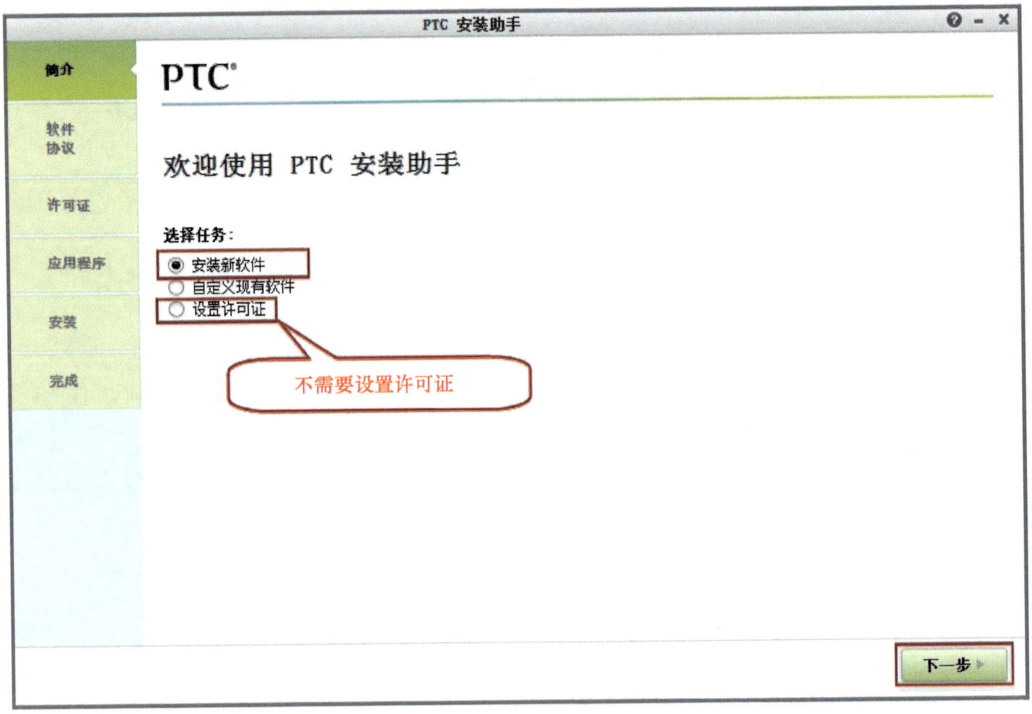
PTC 安装助手
简介
软件协议
许可证
应用程序
安装
完成
PTC
欢迎使用 PTC 安装助手
选择任务：
安装新软件
自定义现有软件
设置许可证
不需要设置许可证
下一步

图 7-2

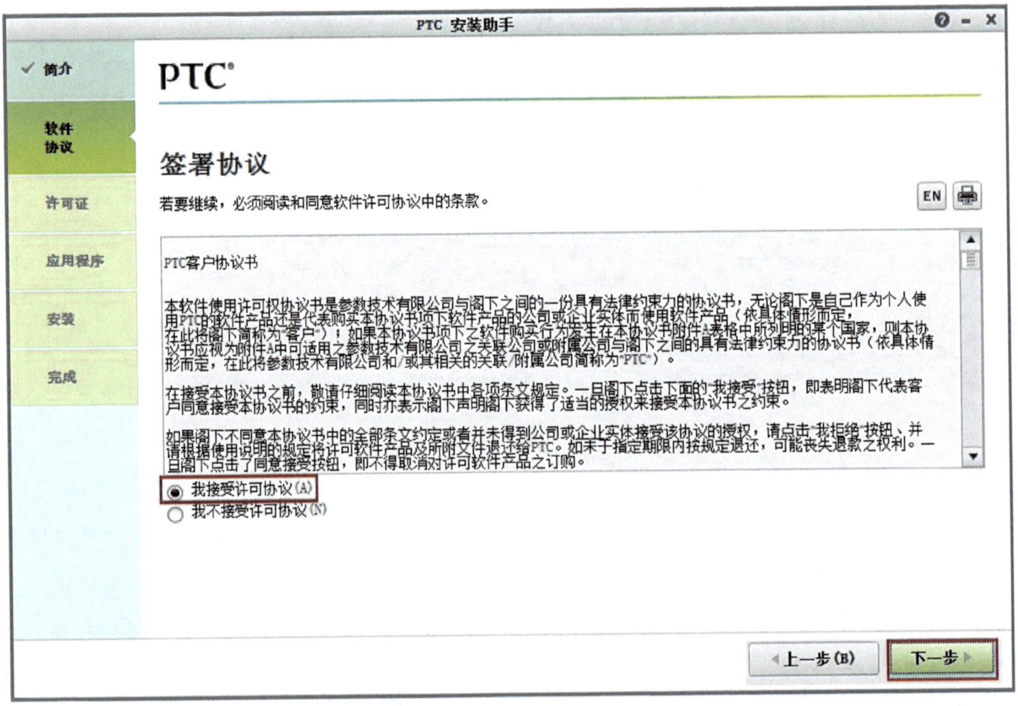
PTC 安装助手
简介
软件协议
许可证
应用程序
安装
完成
PTC
签署协议
若要继续，必须阅读和同意软件许可协议中的条款。
EN
PTC客户协议书
我接受许可协议(A)
我不接受许可协议(N)
上一步(B)
下一步

图 7-3

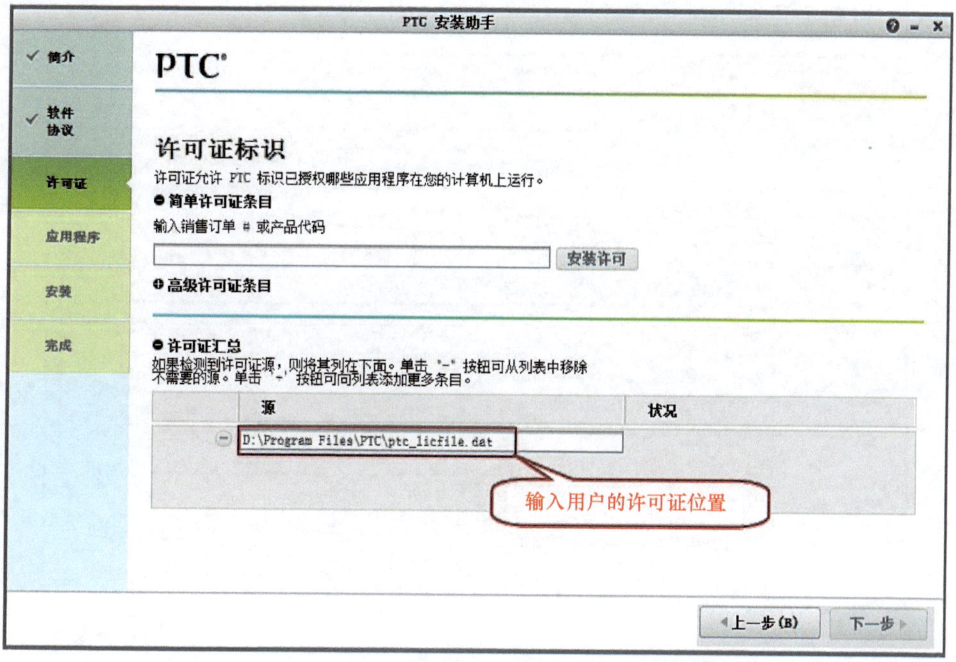

图　7-4

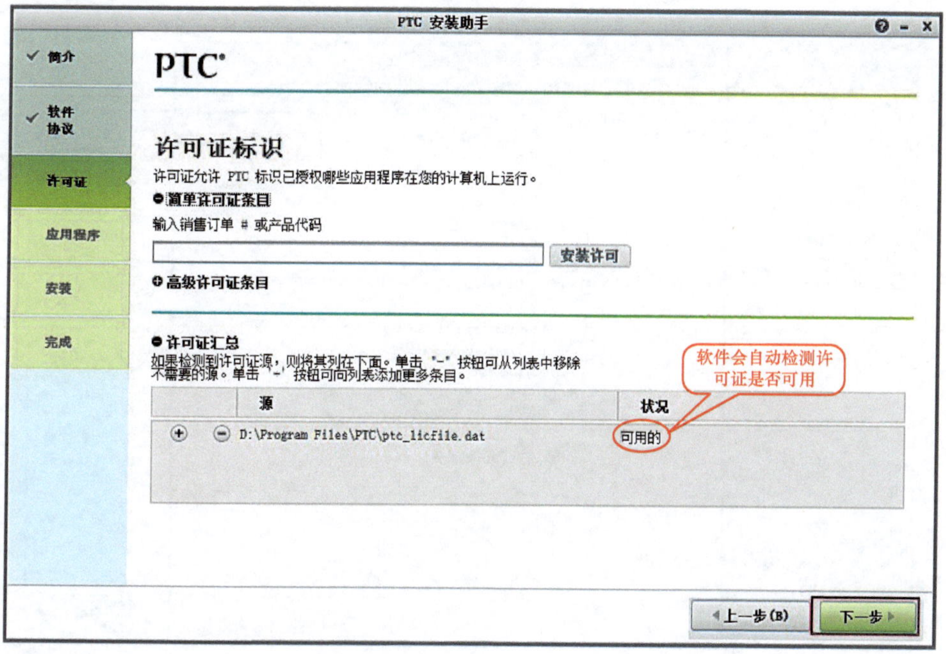

图　7-5

5. 选择软件安装位置

选择软件的安装位置和需要安装的应用程序，如果需要详细配置应用程序的功能，单击“自定义”按钮，选择需要的应用程序功能，选择完成后单击“安装”按钮，开始安装程序，如图 7-6 和图 7-7 所示。

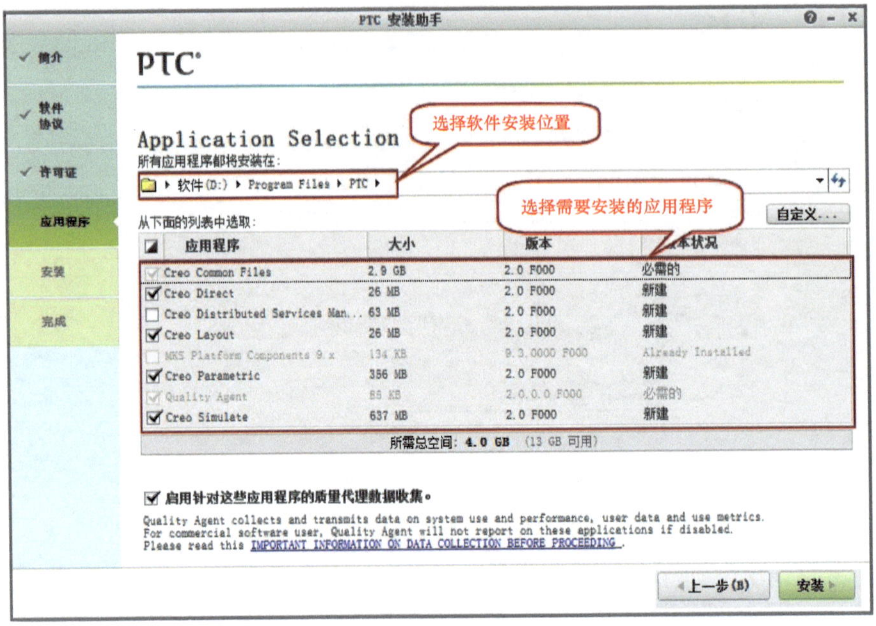

图 7-6

图 7-7

6. 程序安装（图 7-8）

7. 安装完成

软件安装完成后单击“完成”按钮，退出安装，如图 7-9 所示。

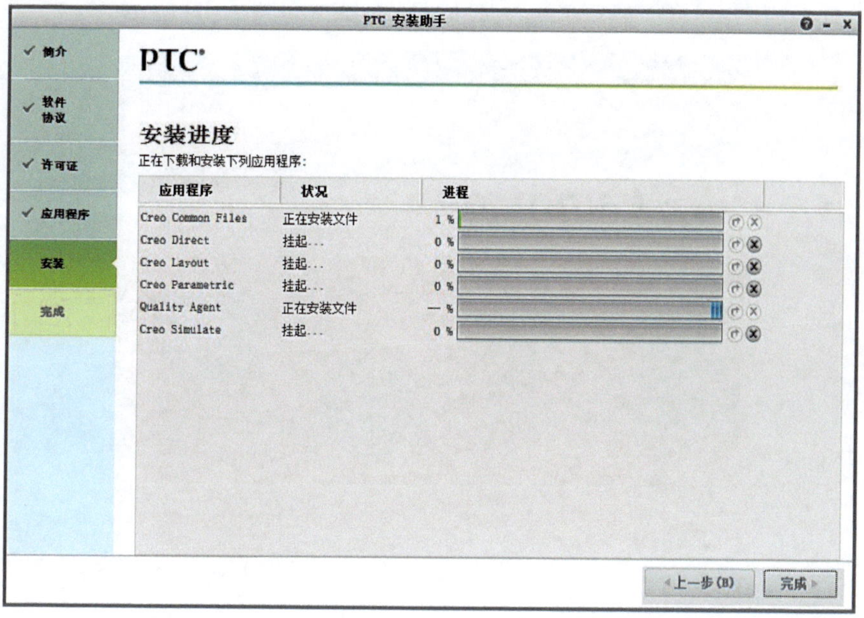

图　7-8

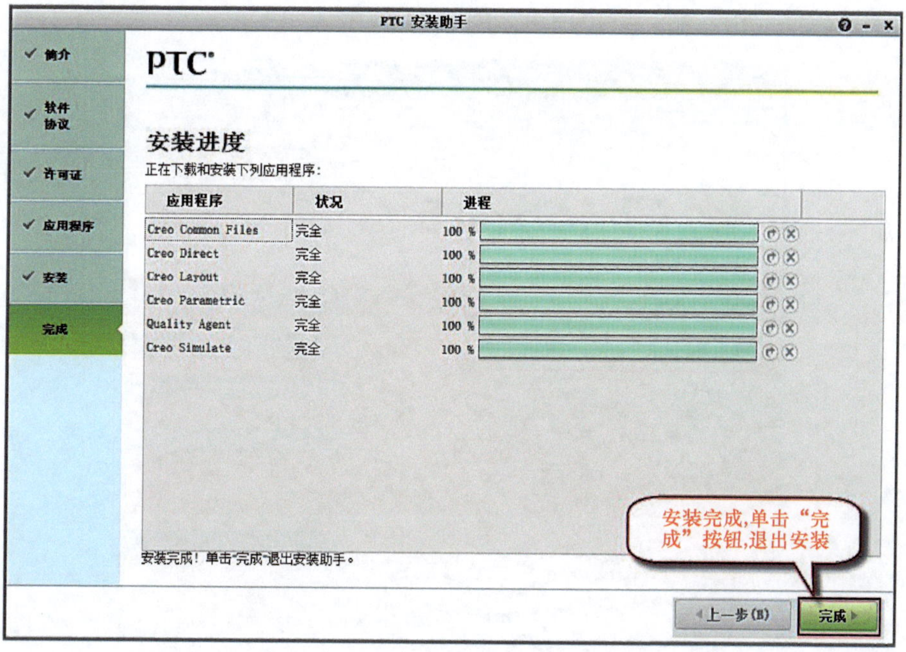

图　7-9

第二节　Cimatron 单机版软件的安装

1）将 CD 放入驱动器。

2）如没有关闭光盘自动播放功能，则桌面自动显示如图 7-10 所示。

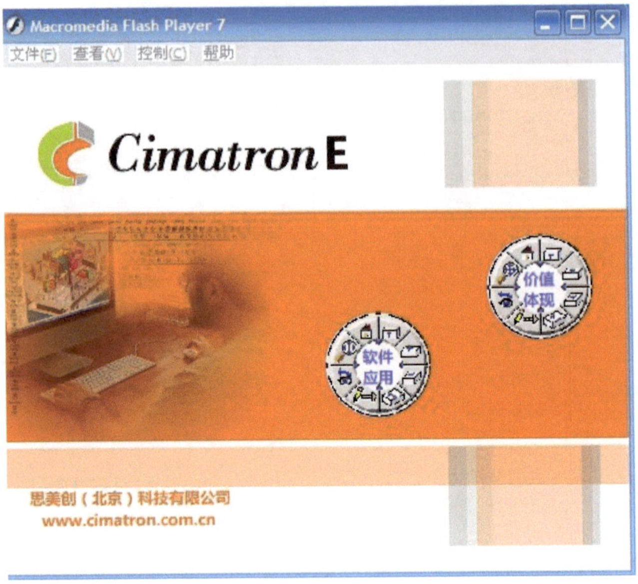

图 7-10

3）选择“软件应用”后，弹出窗口如图 7-11 所示。

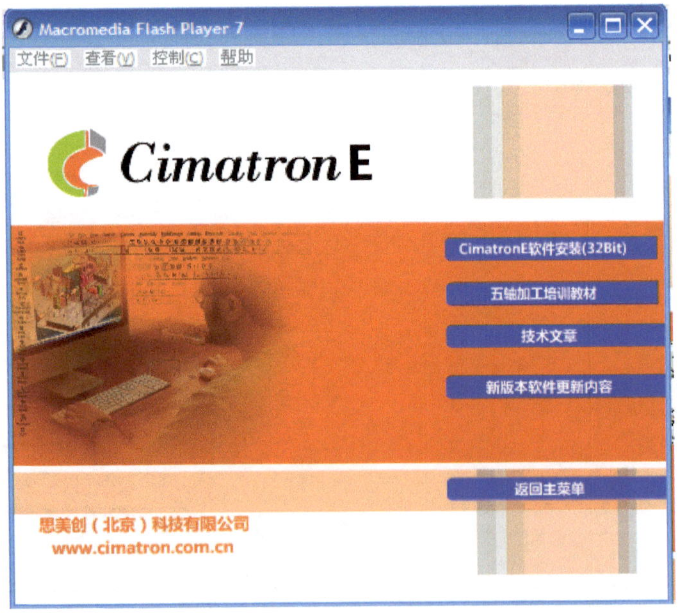

图 7-11

4）单击第一个选项即自动进入安装程序。

如为运行光盘自动播放，则将光盘中的“X:\CimatronE_Tech”目录复制到计算机中。运行“X:\CimatronE_Tech\CimatronE_Install\cimatronE\32 位”目录下的 setup 文件即进入安装程序。

根据安装提示执行安装操作，如图 7-12 所示。

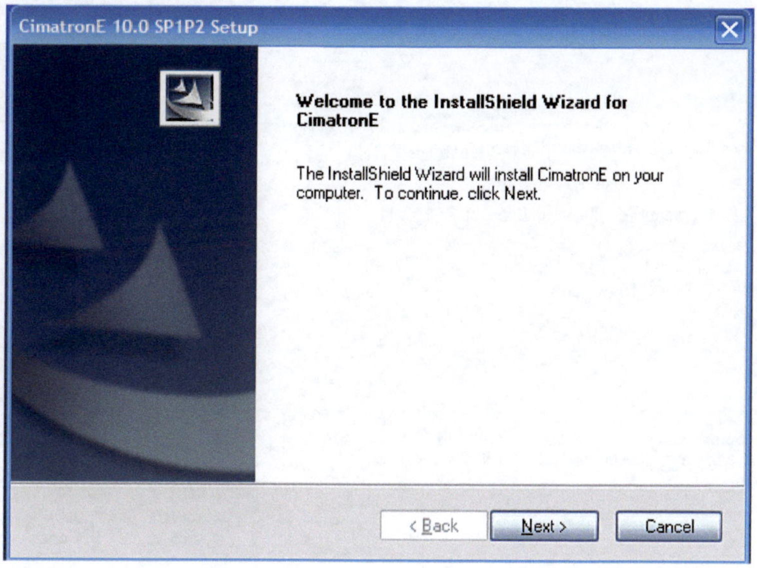

图 7-12

单击“Next”按钮，出现如图 7-13 所示的对话框。

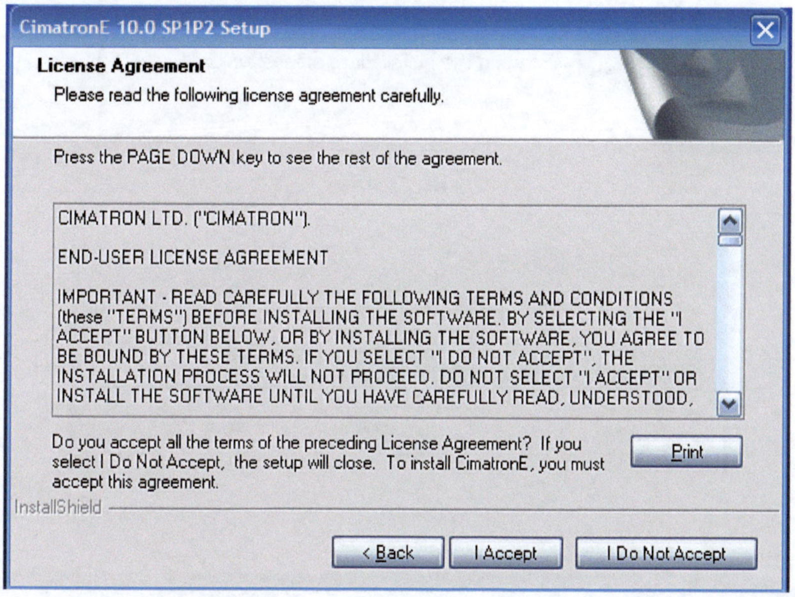

图 7-13

单击“I Accept”按钮后，再次单击“Next”按钮，出现如图 7-14 所示的对话框。

重新指定好软件的安装目录和文件工作目录后，单击两次“Next”按钮，软件开始安装，如图 7-15 ~ 图 7-17 所示。

软件安装完成之后，开始安装 License，如图 7-18 所示。

单击“Invoke License Manager”按钮后，出现如图 7-19 所示的窗口。

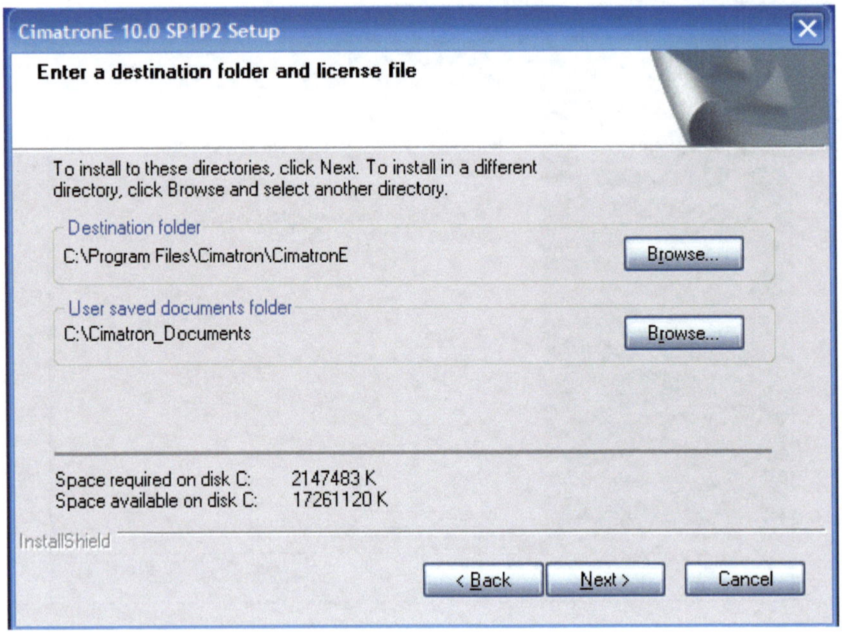

图 7-14

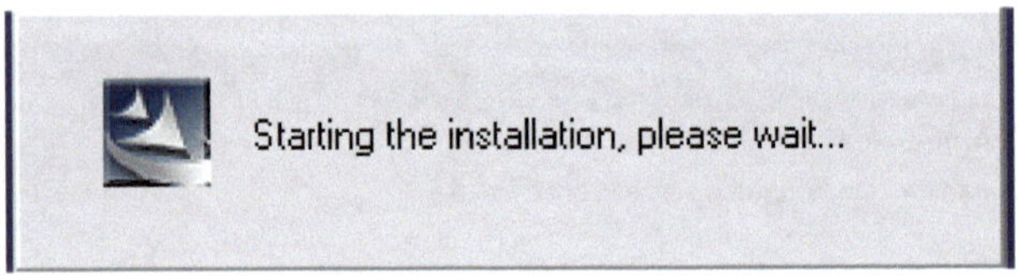

图 7-15

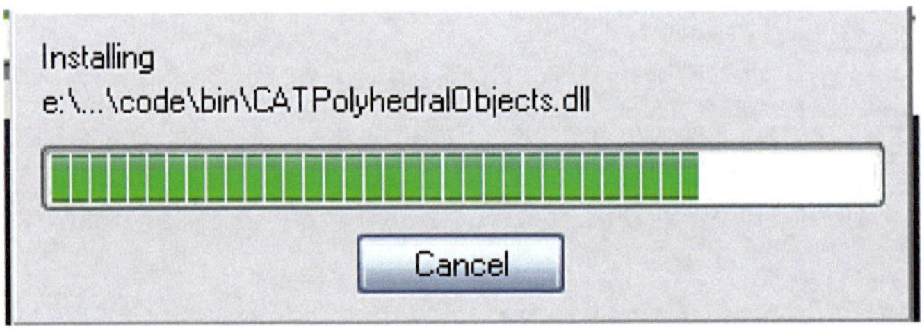

图 7-16

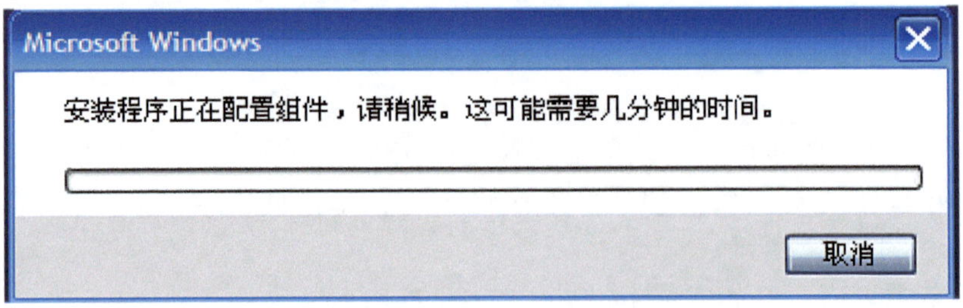

图 7-17

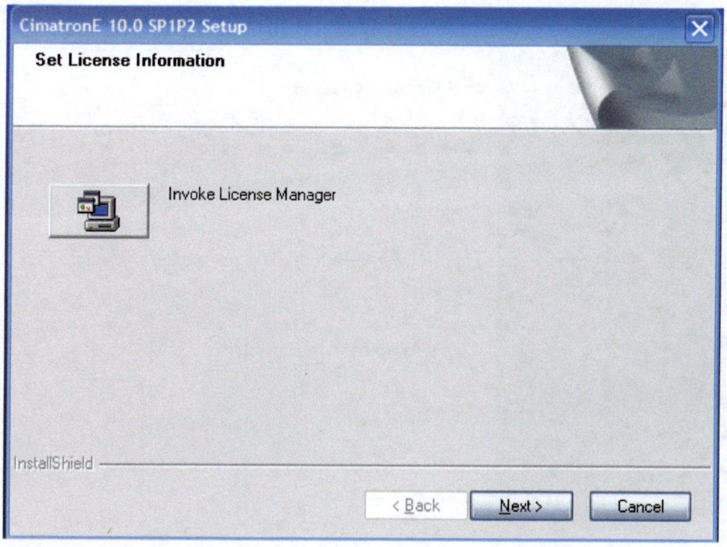

图　7-18

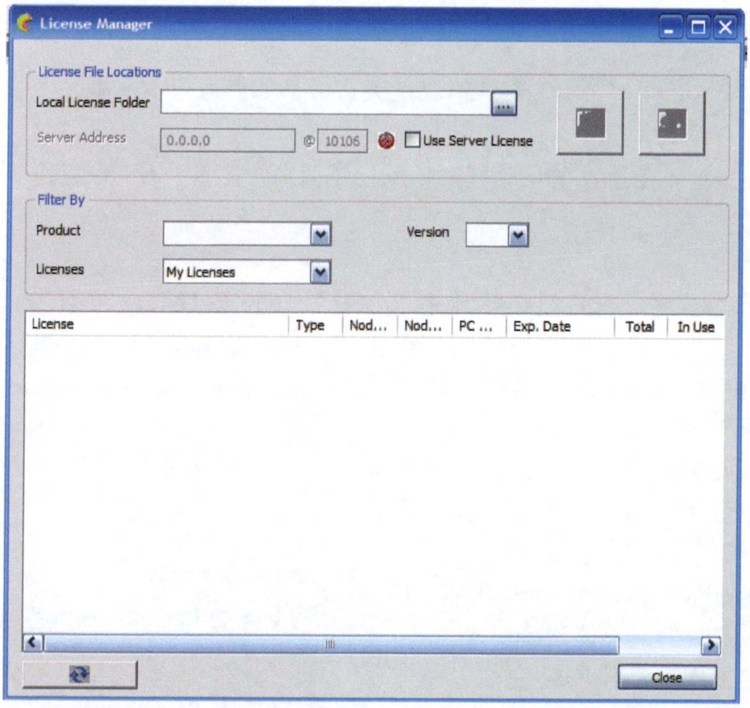

图　7-19

单击“…”按钮，选择指向 License 文件的路径即可。通常 License 文件是由软件供应商发给客户的扩展名为“. cml”的文件，建议将此文件放入 Cimatron 软件的安装目录中。如以后再安装 License，则可运行 Cimatron 程序组中的 Control Panel，单击左边第二项 Licensing，再双击右边第二项 License Manager。如果是网络版，则勾选“User Server License”复选框，在左侧输入 Cimatron 软件服务端的 IP 地址即可。

安装完成后，出现如图 7-20 所示的对话框，单击“Finish”按钮完成安装。

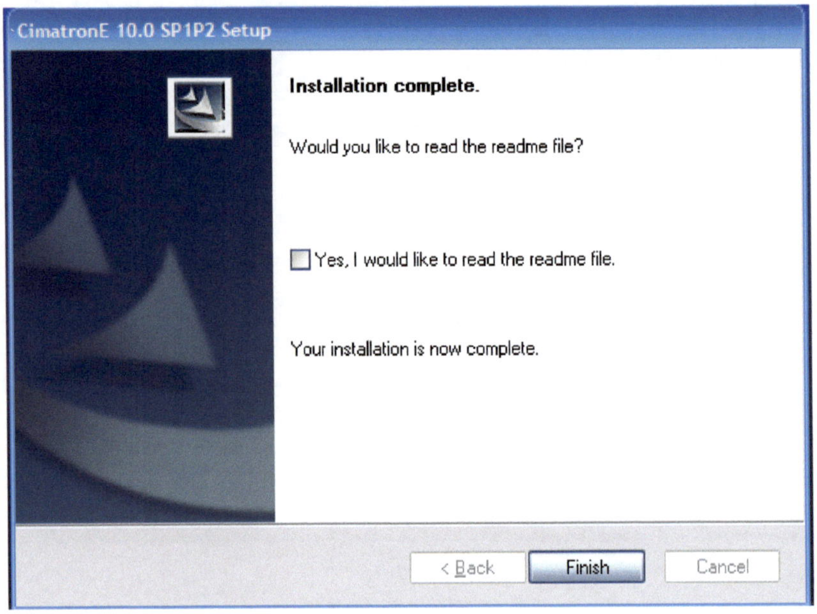

图 7-20

现在可运行 Cimatron E10 了，默认情况是英文版，如需运行中文版，安装中文补丁即可。

第三节 切片软件 Cura 的安装

1. 安装软件

双击 Cura 安装程序，安装过程就开始了。因为 Cura 安装程序没有发布者的电子签名，因此 Windows 会提示用户小心。如果用户确信下载的渠道没有问题，则单击“运行”或“确定”按钮，如图 7-21 所示。

图 7-21

这时，Cura 安装程序正式启动，第一步是选择安装的目标位置。单击“Next”按钮进入下一步，如图 7-22 所示。

下一步是选择需要安装的 Cura 功能。Cura 主程序是一定要安装的，不能取消。Arduino 驱动在之前的准备工作中已经安装完成，就不需要再安装了。取消勾选“Install Arduino Drivers”复选框。STL、OBJ 和 AMF 是三种 3D 模型格式。STL 是最常见的格式，其他两种比较少见，按照默认设置即可。这时单击“Install”按钮开始正式安装，如图 7-23 所示。

整个安装过程需要一些时间，待进度条达到 100%，文件复制步骤结束。这时单击“Next”按钮，如图 7-24 所示。

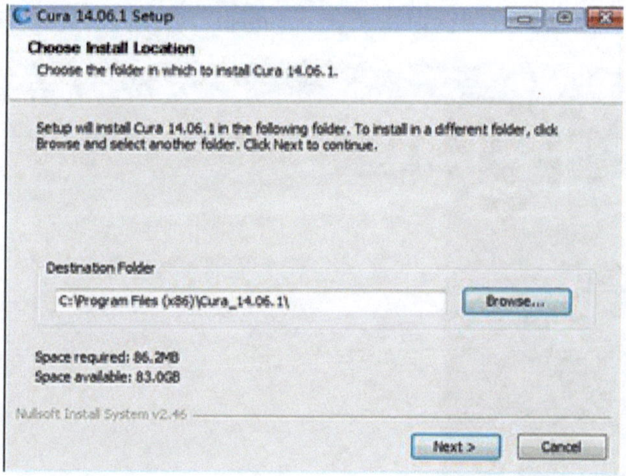

图　7-22

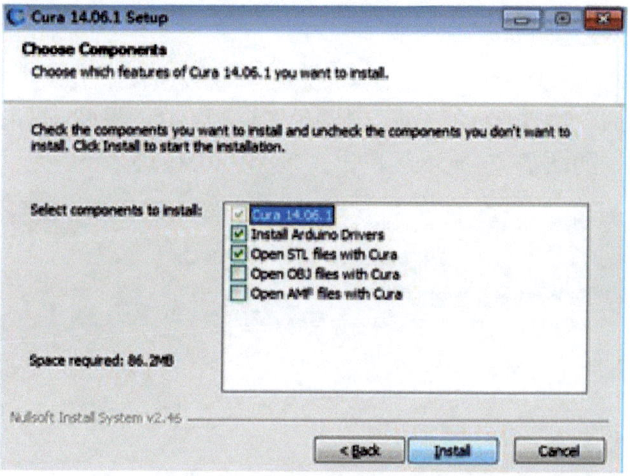

图　7-23

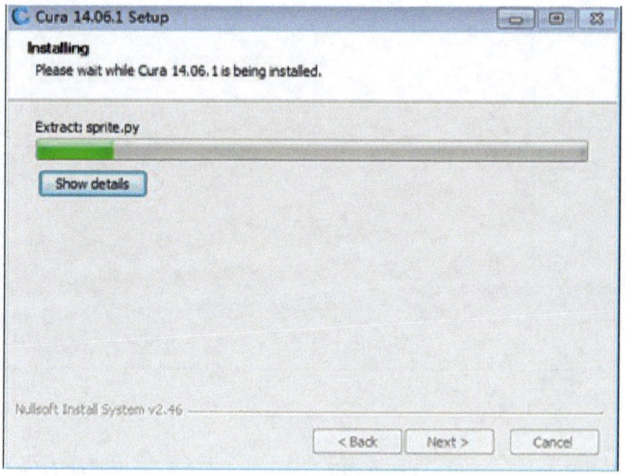

图　7-24

这时安装过程结束，在最后的窗口中单击“Finish”按钮，如图 7-25 所示。

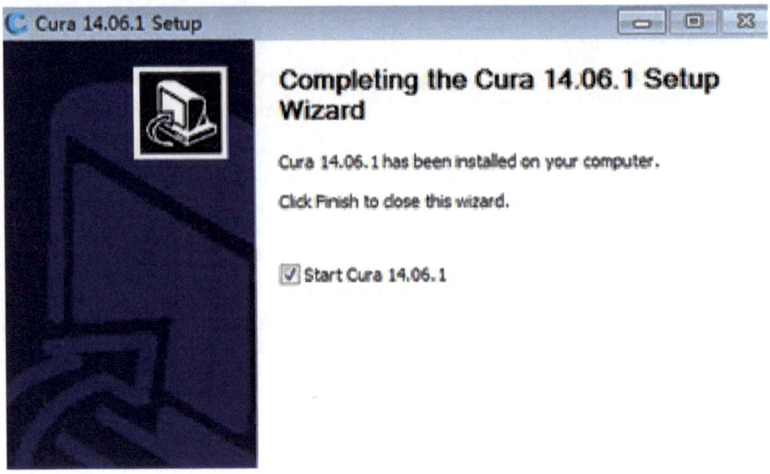

图 7-25

2. Cura 首次启动设置向导

安装过程结束之后，Cura 自动启动。因为是首次启动，设置向导会弹出来，帮助用户进行初步的设置工作，如图 7-26 所示。单击“Next”按钮进入下一步，如图 7-27 所示。

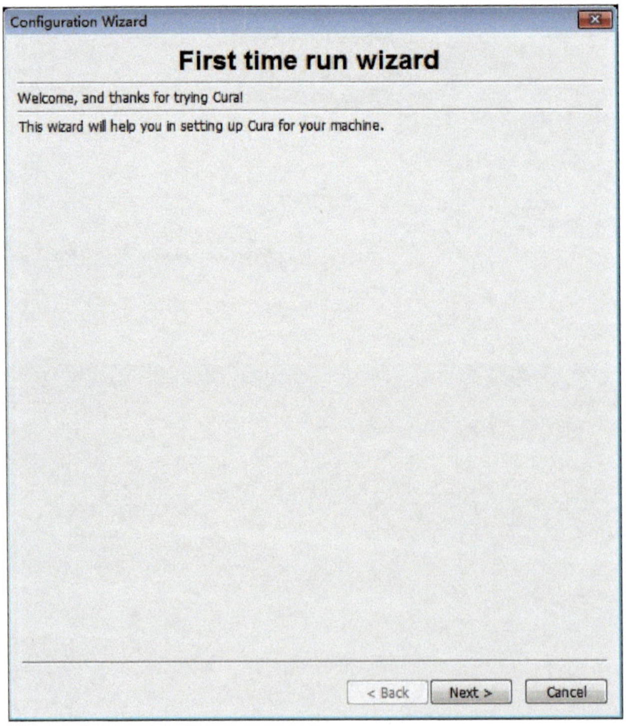

图 7-26

单击“Finish”按钮之后，设置向导会提示设置用户的打印机机型，如图 7-28 所示。选中“Other”单选按钮，再单击“Next”按钮进入下一步。

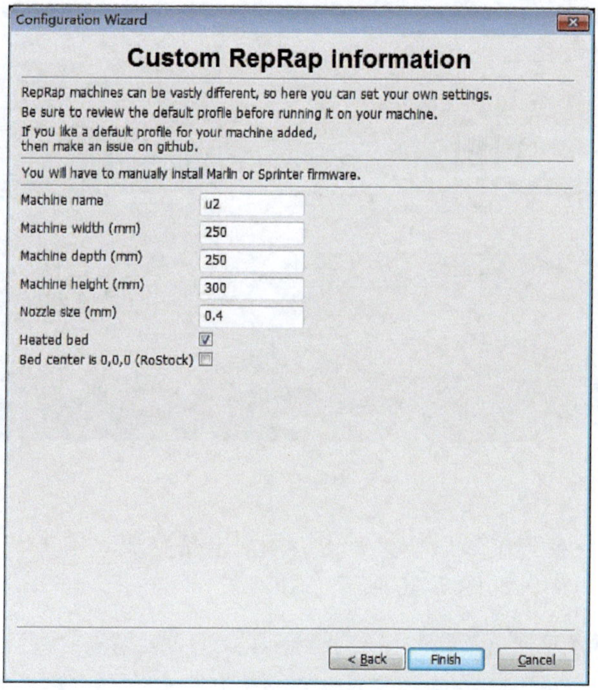

图　7-27

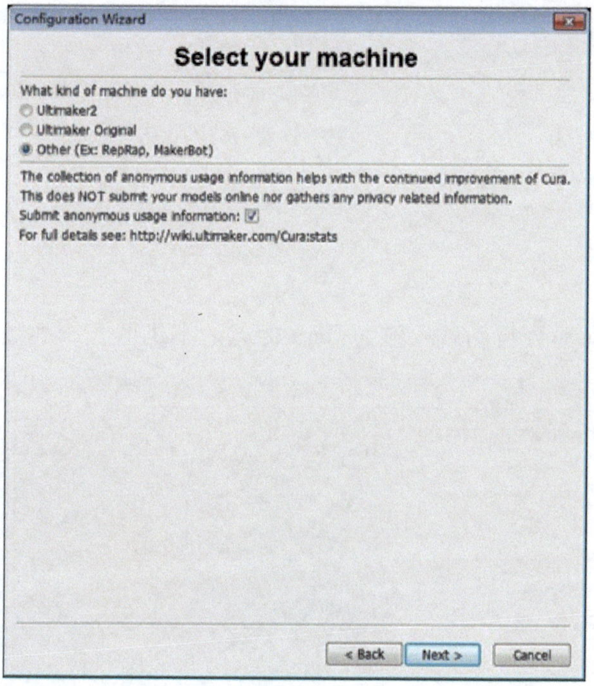

图　7-28

注意：如果没有出现图 7-28 中的对话框，则按照图 7-29 所示找到设置参数页面。如需专家设置，则切换到“Switch to full settings”。

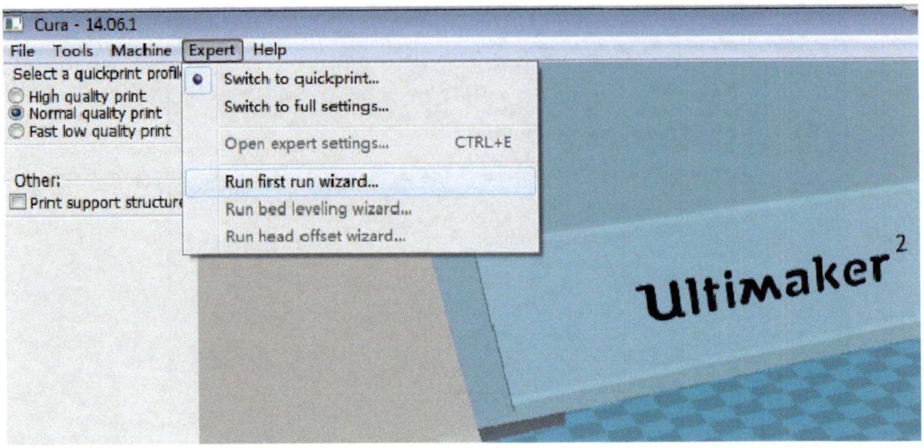

图 7-29

这时 Cura 设置向导会弹出最后一页，告诉用户准备完成。单击“Finish”按钮，设置向导关闭，弹出 Cura 主界面，如图 7-30 所示。

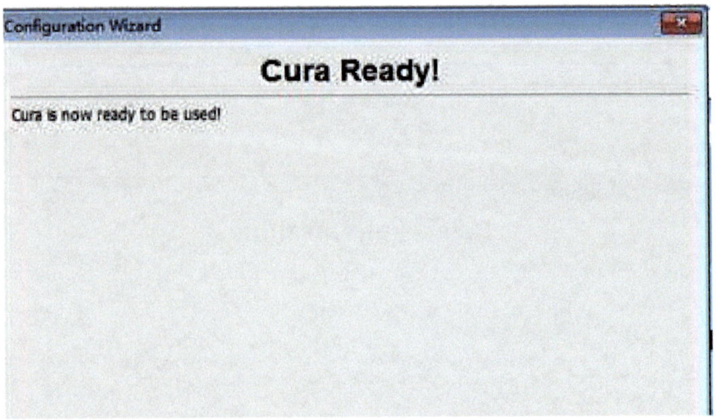

图 7-30

第一次启动时，Cura 会自动载入作为 Cura 标志的小机器人，如图 7-31 所示。

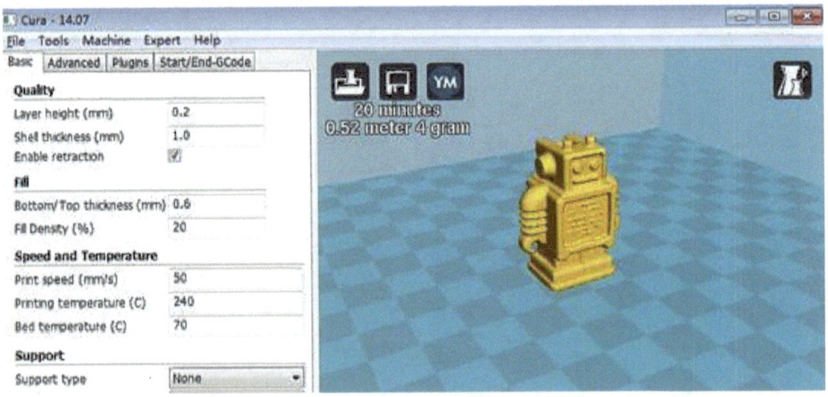

图 7-31

参 考 文 献

［1］王运赣，王宣．3D 打印技术［M］．武汉：华中科技大学出版社，2014.
［2］吴怀宇．3D 打印三维智能数字化创造［M］．2 版．北京：电子工业出版社，2015.
［3］王永信．产品快速制造技术实用教程［M］．西安：西安交通大学出版社，2014.
［4］钟日铭．Creo 2.0 中文版完全自学手册［M］．北京：机械工业出版社，2013.